パワーMOS FET 活用の基礎と実際

実験で学ぶ高速パワー・スイッチングのノウハウ

稲葉 保 [著]
Tamotsu Inaba

CQ出版社

はじめに

　半導体を使用したスイッチング回路は，今日のキーワードである"省エネルギ"に大きく貢献しています．

　低周波大電力用途では"IGBT"が，高速スイッチング用途では本書で取り上げる"パワー MOS FET"が多く使われており，いずれも電子機器の小形・軽量化に不可欠なデバイスです．

　このうちパワー MOS FET は，スイッチング電源，高周波電源，モータ制御，PWM 方式オーディオ・パワー・アンプなどに多く採用されています．

　パワー MOS FET はドライブ電力が小さくスイッチング速度が速いので，高速スイッチング素子として優れた特性をもっていますが，実際にスイッチング周波数を高速化していくとスイッチング損失の増加，スイッチング・ノイズの増加，インダクタンス負荷におけるパワー MOS FET の破壊などの諸問題を解決する必要があります．

　トラブルを解決し正しく動作させるには，パワー MOS FET 自身のゲート特性，ゲート・ドライブ回路技術，実装技術などの基本的な知識を必要とします．

　第1章では，従来からのバイポーラ・トランジスタとパワー MOS FET の相違について簡単な実験回路で確かめます．

　第2章は，パワー MOS FET 活用で最も重要なゲート特性について詳しく紹介しています．パワー MOS FET の電極間容量は，ドレイン-ソース間電圧に大きく依存することを理解します．

　高速スイッチングに適したパワー MOS FET の選定においては"低入力容量，低ゲート・チャージ"な品種を選ぶことを学びます．

　第3章はゲート・ドライブ回路の基本について実験・解説します．パワー MOS FET の特性を最大限に引き出すには，ゲート・ドライブ回路が鍵を握っていると言っても過言ではありません．

　第4章は絶縁ドライブ回路について実験・解説します．パワー MOS FET は大電力を扱う用途で多く使われますが，AC ラインを整流・平滑する応用回路では，ゲート・ドライブ回路の出力を AC ラインから絶縁することが欠かせません．

第5章ではパワー MOS FET の安全対策について解説します．パワー回路をはじめて製作するとき，"パワー半導体を壊した"といった経験はよくあることです．
　破壊については予測できない面も多くありますが，破壊要因を理解しておくと素子の性能を最大限に引き出せます．もちろん過電流・過電圧への具体的な回路技術も紹介します．

　第6章は P チャネル・パワー MOS FET の有効的な応用を紹介します．パワー MOS FET のほとんどは N チャネル型ですが，P チャネル型と組み合わせる…コンプリメンタリ回路にすると回路を簡素化することができます．
　高耐圧・大電流をスイッチングできる P チャネル・パワー MOS の商品化に期待します．

　第7章からは実際に回路を設計・試作してパワー MOS FET の応用を学びます．ただし，試作した回路はパワー MOS FET の理解を，実験を通して学ぶことが目的で，回路の性能を保証するものではありません．応用に当たってはご注意ください．

　本書は月刊"トランジスタ技術"2000年11月から2002年4月号まで，「実験で学ぶパワー・スイッチング回路」に掲載された内容を再編集・加筆してまとめたものです．

　最後に，本書発行の機会を与えて頂いた CQ 出版㈱ 蒲生社長，再編集にあたり不明点の指摘や文章チェック，部品情報の追加などに多くのご苦労を頂いた後田敏氏にお礼申しあげます．

2004年9月
著者

目次

第1章 パワー MOS FET のあらまし ———— 015

1-1 パワー MOS をスイッチングさせる ———— 015
スイッチング動作をトランジスタと比べる　015
パワー MOS が圧倒的な高速スイッチング　017
電力損失でもパワー MOS が有利　018
トランジスタは電流駆動，FET は電圧駆動　019
Column 1　MOS FET の表記シンボル　019

1-2 パワー MOS の種類と特徴 ———— 021
FET の仲間をダイジェストする　021
P チャネルを含めていろいろなパワー MOS も急速に台頭　023
Column 2　アナログ・テスタでパワー MOS をチェックする方法　024

第2章 活用の決め手はゲート特性を理解すること ———— 027

2-1 抵抗負荷をスイッチングするだけでも… ———— 027
スイッチング測定ではテスト回路の構成が重要　027
スイッチング特性… V_{GS} の波形が綺麗ではない　029
V_{GS} の波形が綺麗ではない…他のパワー MOS でも傾向は同じ　030
スイッチングのもう一つの特徴…オフ時間 t_{off} が長い！　031
Column 3　パワー MOS のスイッチング時間定義　031

2-2 パワー MOS のスイッチング特性と電極間容量 ———— 032
電極間容量が V_{DS} によって変化する　032
入力容量 C_{iss} が V_{DS} の影響で大きく変化する…ミラー効果　034
パワー MOS の電極間容量を測定すると　034
ゲート入力電荷…ゲート・チャージ Q_G を測定する　037
内部ゲート直列抵抗 r_G と入力容量 C_{iss} の影響　039
ゲート・チャージからドライブ電力を求める　040

2-3　ゲート直列抵抗とスイッチング時間の関係 ——— 041
　ゲート直列抵抗を変化させると　041
　ゲート直列抵抗 R_G ＝ 0Ω/25Ω/50Ω でのスイッチング特性　043

2-4　パワー MOS の電気的特性と特徴 ——— 044
　低オン抵抗と高耐圧は両立しない　044
　低オン抵抗と低ゲート・チャージは両立しない　045
　最大ドレイン電流と入力容量 C_{iss} は比例する　046
　スイッチング速度を速くしたいなら　046
　Column 4　パワー MOS のキー・パラメータ　046

第3章　パワー MOS ドライブ回路設計の基礎 ——— 049

3-1　ゲート・ドライブで重要な電気的特性 ——— 049
　パワー MOS をドライブするときの検討事項　049
　ゲート・ドライブ回路の負荷は静電容量　050
　ゲート-ソース間の入力インピーダンス　050

3-2　ゲート電流波形を観測してみよう ——— 051
　C_{iss} ＝ 3300 pF のパワー MOS　051
　基本的なロー・サイド・ゲート・ドライブ回路　053
　入力容量 10000 pF をドライブする　054

3-3　ゲート・ドライブ電圧と負荷の影響 ——— 056
　ゲートのオーバ・ドライブはスイッチングを遅くする　056
　純抵抗の負荷はあり得ない　057
　配線材のインダクタンスを測ってみると　058
　LR 直列回路が負荷になるときのスイッチング特性　059
　負荷をインダクタンスだけとした場合　060
　リーケージ・インダクタンスのあるトランスをドライブすると　060

3-4　パワー MOS の基本ドライブ回路 ——— 062
　もっとも簡単な例…ソース接地 1石/2石スイッチング回路　063
　センタ・タップ付きトランスを使うプッシュプル・スイッチング回路　064
　中電力回路ではハーフ・ブリッジ回路　065
　大電力回路ではフル・ブリッジ回路　065
　P チャネル・パワー MOS による回路　066
　Column 5　ハイ・サイド・ゲート・ドライブ用ブートストラップのしくみ　067

3-5 過電流保護付きロー・サイド・ゲート・ドライブ回路 ——— 068
過電流保護の必要性　068
ロー・サイド・ゲート・ドライブ回路での過電流保護動作の確認　068
過電流保護付きロー・サイド・ゲート・ドライブ回路の実際　070
過電流保護動作のテスト　070
負荷を短絡したときのテスト　071

3-6 電流制限付きドライバ専用IC IR2121を使う ——— 072
専用ICの定番 IR2121　072
10000 pFのドライブ能力がある　073
負荷短絡状態をテストすると　074
エラー出力端子の電圧波形を観測する　075

第4章 パワーMOSの絶縁ゲート・ドライブ技術 ——— 077

4-1 なぜ絶縁ゲート・ドライブ回路か ——— 077

4-2 パルス・トランスの特性を理解しよう ——— 078
パルス・トランスは難物だが…　078
パルス・トランスの周波数特性　079
パルス・トランスの応答特性　080
トランスによる絶縁ドライブ回路　081

4-3 パルス・トランスによるPWM用絶縁ドライブ回路 ——— 083
プッシュプル用センタ・タップ付きパルス・トランスを使用する　083
ハーフ・ブリッジ用絶縁ドライブ回路では　084

4-4 パルス・トランスによるデューティ比の問題を解決する ——— 087
広範囲にデューティ比を可変させるには微分トランス　087
インダクタンス 6.4 μH のトランスで絶縁ドライブ回路を実験　089
Column 6　ゲート・ドライブ回路の出力強化法　092

4-5 フォト・カプラによる絶縁ゲート・ドライブの検討 ——— 094
パルス・トランスとどう違うか　094
フォト・カプラのハイ・サイド・ドライブ回路用補助電源はどうするか　095

4-6 各種フォト・カプラの特性を検討する ——— 096
汎用フォト・カプラ TLP521 の特性…応答が遅い　096
高速フォト・カプラ TLP559 の特性　097
超高速フォト・カプラ 6N137 の特性　098

IGBTゲート・ドライブ用フォト・カプラ TLP250 の特性　099
4-7　**フォト・カプラを使用した絶縁ゲート・ドライブ回路の実際** ── 100
　　　高速フォト・カプラ TLP559 を使用したゲート・ドライブ回路　100
　　　0 〜 120V・1A 非絶縁型可変電源への応用　101
　　　超高速フォト・カプラ 6N137 を使用した高速ゲート・ドライブ回路　103
　　　Column 7　パワー MOS を使う同期整流とは　105

第5章 パワー MOS の安全対策…過電圧/過電流保護回路 ── 107

5-1　**パワー MOS が壊れる要因** ──────── 107
　　　パワー MOS が晒される電気的ストレス　107
　　　基本は消費電力を抑えてチップ温度の上昇を防ぐ　108
　　　Column 8　パワー MOS の静電破壊対策　108
　　　パワー MOS 特有のアバランシェ破壊　109

5-2　**ボディ・ダイオードの特性と破壊** ──────── 111
　　　ボディ・ダイオードは逆回復時間 t_{rr} が遅い　111
　　　逆回復時間 t_{rr} を測定するには　112
　　　逆回復時間 t_{rr} の実測　114
　　　ハーフ・ブリッジ回路のボディ・ダイオードに流れる電流　115

5-3　**パワー MOS の並列接続におけるドレイン電流アンバランス** ──────── 117
　　　パワー MOS の並列接続ドライブにはソース抵抗を挿入する　117
　　　ソース抵抗なしに並列化すると　118
　　　実装を変更してアンバランスを小さくする　120

5-4　**破壊につながるあれこれとその対策** ──────── 121
　　　ハーフ・ブリッジ回路における短絡電流防止…デッド・タイム　121
　　　大きな dv/dt による誤ターン・オン　123
　　　スナバ回路で誤動作や破壊を防止する　124

5-5　**電流制限回路の設計と実験** ──────── 126
　　　パワー回路で欠かせない保護回路とは　126
　　　過電流センシングには微小抵抗　128
　　　電力用抵抗器のインピーダンスおよび周波数特性に注意する　129
　　　インダクタンス分のある抵抗器にパルス電圧が加わると微分波形が現れる　130
　　　スイッチング回路における実際の電流センス電圧波形　131
　　　カレント・トランスによる電流検出は電力損失がない　133

カレント・トランスのパルス応答　134
CTによるハーフ・ブリッジ出力回路でのセンシング波形　136
ACライン入力では大きな突入電流に留意する　137
パワーMOSによる突入電流制限回路の実現　138
パワーMOSによる電子ヒューズの実現　140

5-6　過電圧保護回路の設計と実験 ─── 142
過電圧保護回路とは　142
どこにでも使える過電圧検出回路の実現　143
プッシュプル出力回路で負荷がオープンになると　145
プッシュプル出力回路構成の実際　146
負荷オープン時のサージ電圧を検出するには　147
負荷オープン時のドレイン電圧波形とスナバ電圧波形　148

第6章　Pチャネル・パワーMOSの応用技術 ─── 151

6-1　Pチャネル・パワーMOSを使うと ─── 151
PチャネルMOSの特徴　151
PチャネルMOSの効果的な応用例　152

6-2　ハイ・サイド・スイッチング…ロード・スイッチ回路の設計 ─── 153
ハイ・サイド・スイッチング回路の基本構成　153
12V・10Aライン・ロード・スイッチの設計　154
負荷側コンデンサへの充放電電流に留意する　155

6-3　コンプリメンタリ・プッシュプル出力回路の設計 ─── 157
回路構成はシンプルになる　157
Column 9　カレント・プローブを自作する　158
コンプリメンタリ・スイッチング回路の実際　160
スイッチング波形は良好だが…　161

6-4　コンプリメンタリ・ハーフ・ブリッジ回路の設計 ─── 163
Nチャネルを使った一般的なハーフ・ブリッジ回路の確認　163
Pチャネルを利用したコンプリメンタリ型ハーフ・ブリッジ回路　164
コンプリメンタリ型ハーフ・ブリッジ回路のトランス　165
コンプリメンタリ型ハーフ・ブリッジ回路の各部動作波形　166

6-5　リニア動作の可能なハーフ・ブリッジ回路 ─── 168
コンプリメンタリ型回路のクロスオーバひずみを改善する　168

Column 10　クロスオーバひずみ改善のポイント　169
クロスオーバひずみの改善を確認する　170

第7章　電子式ステップ・ダウン・トランスの設計　171

7-1　PWM制御の原理と構成　171
電圧制御…なぜPWM方式が良いのか　171
PWM…パルス幅制御による電圧制御のしくみ　172
PWM制御回路の構成　173

7-2　ステップ・ダウン回路の構成　174
基本はPWMステップ・ダウン・コンバータ　174
大電力アナログ・スイッチが必要　175
パワーMOSを交流スイッチとして使うときの動作　176
交流に対するアナログ・スイッチ動作の確認　177
Column 11　フォトMOSリレーとは　178

7-3　絶縁ゲート・ドライブ回路の設計　180
パルス・トランスによる絶縁ゲート・ドライブ回路　180
実際のゲート・ドライブ波形　181
PWM制御用IC…μPC1909CXのあらまし　182

7-4　電子式ステップ・ダウン・トランスの試作と評価　184
動作のあらまし　184
過電流保護回路はシャット・ダウン方式　185
出力フィルタの設計　186
AC入力ライン側にもフィルタが必要　186
各部の動作波形を確認するには　186
デッド・タイムの設定　187
応答性…ソフト・スタートが実現できている　188

第8章　12V・2.5Aスイッチング電源の設計　191

8-1　スイッチング電源を設計しよう　191
設計するスイッチング電源のあらまし　191
スイッチング電源の種類　191
スイッチング電源の代表…フォワード方式の基本構成　192

8-2　12V・2.5Aフォワード型スイッチング電源の設計　193

設計する電源回路のあらまし　193
電源コントローラの周辺回路　195
Column 12　スイッチング電源のその他の回路方式　196

8-3　スイッチング・トランスの製作ー200
コアの種類と巻き数　200
各巻き線の特性　201
コアが磁気飽和するとトランスのインダクタンスが激減する　202
使用したコア材の特性　203

8-4　各部の動作波形観測と評価ー204
パワー MOS の V_{DS} と I_D 波形を見る　204
無負荷時の Tr_1 の V_{DS} と I_D　205
スイッチング・トランス T_1 の 2 次巻き線出力と L_1 に流れる電流　205
過負荷時の Tr_1 の V_{DS} と I_D　206
出力ノイズ波形　206
出力応答波形　207

第9章　力率補正付き 0～100 V・2 A 電源の設計ー209

9-1　設計する電圧可変型スイッチング電源のあらましー209
出力電圧を可変できるようにするには　209
可変電源構成のあらまし　210

9-2　PFC およびプリレギュレータの設計と評価ー212
PFC …パワー・ファクタ・コレクションとは　212
PFC およびプリレギュレータ周辺の設計　213
PFC の出力電圧を制御するには　218
AC ラインの電圧・電流波形を測定すると　218
ブースト・インダクタに流れる電流　220
Column 13　高速スイッチング・ダイオードの違い　222

9-3　可変電源制御部の設計と評価ー222
ハーフ・ブリッジと PWM 制御回路から構成する　222
出力トランスと周辺回路の設計　224
PWM 制御回路のあらまし　225
PWM 制御 IC MC34025P の周辺設計　225
PWM コントローラ MC34025P の動作を観測すると　227

　　　　ハーフ・ブリッジ出力と平滑インダクタに流れる電流　228
　　　　無負荷時の出力波形は　229
　　　　電圧可変型電源の応答を改善する　230
　　　　AC電源ON時の出力電圧応答は　232

第10章　PWM方式D級アンプの設計 ——————————— 233

10-1　D級アンプの原理と基本回路 ——————— 233
　　　増幅回路としてのA級/B級/C級アンプ　233
　　　ON/OFFスイッチング素子で構成するD級アンプ　235
　　　PWMアンプのあらまし　236

10-2　PWM回路の設計と評価 ——————— 237
　　　PWMスイッチング周波数は最高入力周波数の約10倍に　237
　　　スイッチング電源ICでPWM信号を発生させる　237
　　　Column 14　LCフィルタの特性　238
　　　発振周波数 f_{osc} の設定　240
　　　PWM信号と復調信号の測定　241

10-3　ドライブ＆パワー・スイッチング回路の設計と評価 ——————— 243
　　　単極性の信号を両極性に変換する　243
　　　本回路の最大出力電力　244
　　　Column 15　BTL(Bridged Transformer-Less)方式とは　245
　　　出力ローパス・フィルタの設計と製作　246
　　　オープン・ループにおける動作波形　248

10-4　ポイントは負帰還回路の設計 ——————— 248
　　　μPC1099CXの出力を帰還する　248
　　　ローパス・フィルタの出力側から帰還すると　250
　　　クローズド・ループでの動作波形　251
　　　PWM出力波形とゲート・ドライブ波形の観測　252
　　　出力インダクタに流れる電流波形　252
　　　周波数特性の確認　253

第11章　38kHz-100W 超音波発振器の設計 ——————————— 255

11-1　超音波発振器の原理と構成のあらまし ——————— 255
　　　超音波発振器は何をするもの　255

　　　　メインの部品…超音波振動子　255
　　　　超音波発振器の全体構成　256
　　　　PLLによる発振回路の構成　257
　　　　BLTとの整合とパワー・スイッチング回路　258

11-2　超音波振動子 BLT の特性を測定する ─── 259
　　　　BLTの等価回路は…　259
　　　　水中でのインピーダンスと位相の周波数特性　260
　　　　ゴム・シート上でのインピーダンスと位相の周波数特性　260
　　　　アドミタンスで評価する　261

11-3　インピーダンス整合回路の設計 ─── 262
　　　　整合回路のあらまし　262
　　　　LCR 直列回路で整合する　263
　　　　位相推移特性を考慮する　265

11-4　ドライブ回路とスイッチング回路を設計して整合回路に接続する ─── 266
　　　　絶縁ゲート・ドライブ回路とパワー・スイッチング回路　266
　　　　整合回路の出力電圧と出力電流の波形　267
　　　　発振周波数と出力電流の位相　268
　　　　整合回路における昇圧動作　269
　　　　絶縁ゲート・ドライブ回路の波形を観測する　270

11-5　PLL 回路（VCO と PSD）の設計と動作の確認 ─── 271
　　　　MC34025P による VCO 回路の設計　271
　　　　定電流回路を外付けして内蔵の発振回路を制御する　272
　　　　位相比較回路 PSD の設計　272
　　　　周波数ロック時の位相比較器の入出力波形　273
　　　　発振周波数の自動制御のようす　274

11-6　定電流制御回路の設計と動作の確認 ─── 275
　　　　BLT に流れる負荷電流と設定電流の比較回路　276
　　　　PWM 制御信号を生成する回路　276
　　　　定電流制御回路の動作波形を観測する　278

11-7　可変電源とアラーム/保護回路の構成 ─── 279
　　　　可変電源はハーフ・ブリッジ型　279
　　　　可変電源回路の動作　281
　　　　アラーム回路と保護回路の構成　282

11-8 製作した超音波発振器の特性確認 ——— 283
　二つの制御ループから構成されている　283
　起動特性で動作の安定性を見る　284

第12章 高周波誘導加熱装置の設計 ——————— 285

12-1 高周波誘導加熱装置のしくみと構成 ——— 285
　高周波誘導加熱装置とは　285
　高周波誘導加熱の原理　285
　高周波誘導加熱装置を作る　286

12-2 加熱用コイルの設計・製作 ——— 287
　加熱用コイルの仕様　287
　Qの高いコイルを直列共振させる　288
　平板コイルの交流特性　289
　コイルを直列共振させると…　291
　ソレノイド・コイルの交流特性　292

12-3 高周波誘導加熱用発振器の製作 ——— 293
　回路構成のあらまし　293
　ハーフ・ブリッジ出力回路とLC直列共振回路の製作と動作の確認　294
　ゲート・ドライブ回路の製作と動作の確認　296
　PLL回路とPWM回路のあらまし　297
　定電流制御回路の製作　300
　電源回路の製作と動作の確認　300
　高周波誘導加熱装置の評価　301

参考・引用文献 ——————— 303
索引 ——————————————— 304

パワー MOS FET 活用の基礎と実際

第1章
パワー MOS FET のあらまし

電子回路のパワー・スイッチング用にパワー MOS FET が
広く使われるようになってきました．
パワー・スイッチング技術を学ぶ前に，
まずパワー MOS のおよそのあらましを理解しておきましょう．

1-1　パワー MOS をスイッチングさせる

● スイッチング動作をトランジスタと比べる

　図 1-1 に普通の**トランジスタ**（バイポーラ・トランジスタ）とパワー MOS FET（以降，パワー MOS と呼ぶ）のスイッチング動作を確かめるための実験回路を示します．スイッチングのための駆動信号はパルス・ジェネレータから 50 Ω の抵抗で終端して与えます．パルス電圧はとりあえず 5 Vpeak（5 V/0 V）として，トランジスタとパワー MOS を同時に駆動しています．出力の負荷抵抗はいずれも 100 Ω にしましたから，電源電圧を +50 V とすれば約 0.5 A のスイッチングを行うことに

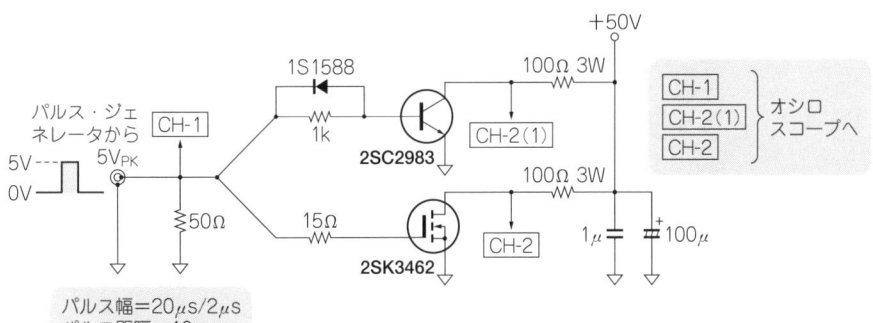

[図 1-1] バイポーラ・トランジスタとパワー MOS のスイッチング・テスト回路
2SC2983 と 2SK3462 に 5 V パルスを同時に加え，スイッチング特性を確認するためのテスト回路

1-1　パワー MOS をスイッチングさせる　| 015

[写真1-1] バイポーラ・トランジスタとパワーMOSのスイッチング回路実験基板

なります．**写真1-1**に実験回路を示します．

バイポーラ・トランジスタはベース電流を順方向に流すことで動作…ONします．パワーMOSは，ゲートにパワーMOS自身の**スレッショルド電圧**（$V_{GS(\text{th})}$）以上の電圧を加えることで動作…ONします．同一条件で比較するのは問題もありますが，ここは"違い"を実感することを目的でテストします．

表1-1に実験に使用したトランジスタとパワーMOSの電気的特性の違いを示しておきますが，外観はたいへんよく似ています（ほとんど同じ）．

バイポーラ・トランジスタ 2SC2983 は最大定格が 160 V・1.5 A で，電力増幅などに使われるものです．トランジスタをドライブしている抵抗…ベース直列抵抗が 1 kΩ ですから，負荷電流の大きさから考えるとやっとトランジスタが飽和する程度のベース電流です．ベース抵抗への並列ダイオードはスイッチングの遅延時間を短縮する目的で挿入しています．一般には高速スイッチングのためにスピードアップ・コンデンサが入れてある例が多いようです．

パワーMOS 2SK3462 は最大定格が 250 V・3 A の素子で**オン抵抗**は 1.2 Ω です．4 V 駆動タイプと呼ばれるロジック駆動用デバイスで，5 V ロジックで容易に駆動できることを特徴としている素子です．

[表1-1] 実験に使用したトランジスタとパワーMOS

型名	電圧	電流	電力	用途
2SC2983 （東芝）	V_{CEO} 160V	I_C 1.5A	P_C 15W	オーディオ電力増幅用
2SK3462 （東芝）	V_{DSS} 250V	I_D 3A	P_D 20W	スイッチング用

● パワー MOS が圧倒的な高速スイッチング

写真 1-2 はバイポーラ・トランジスタ 2SC2983 をパルス・スイッチングさせたときの波形です．ON させる入力パルス幅は 20 μs で，スイッチング周期は 10 ms … 100 Hz です．一見ちゃんとスイッチングしているようですが，よく見ると，

- スイッチング波形の立ち上がり，立ち下がりがあまり速くありません．
- スイッチングしている電流は約 0.5 A ですが，トランジスタが ON したときコレクタ電圧が完全には 0 V になっていません．

なお，スイッチング・スピードについてはスピードアップ・コンデンサを追加してオーバドライブすれば，ある程度は改善することができます．

写真 1-3 はパワー MOS 2SK3462 のスイッチング波形です．高速できれいにスイッチングしているようすがわかります．スイッチングしたときのドレイン電圧がほぼ 0 V になっているのも特徴的です．

写真 1-4 はオシロスコープの時間軸を 10 倍の 500 ns/div に拡大して両者を比較したものです．ここでの入力パルス幅は 2 μs ですが，上のトレース(バイポーラ)と下のトレース(パワー MOS)の差は歴然としています．入力パルスの周期が 4 μs ですから，周波数にすると 250 kHz ということです．25 kHz のスイッチングではさほどの違いは感じないのですが，250 kHz になると歴然たる違いがおわかりになると思います．

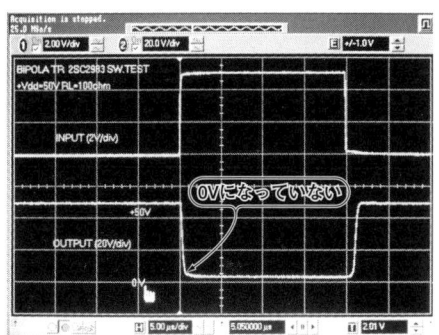

[写真 1-2] バイポーラ・トランジスタのスイッチング波形(上：2 V/div., 下：20 V/div., 5 μs/div.)
立ち上がり，立ち下がりが遅く，ON 時には 0 V にならない

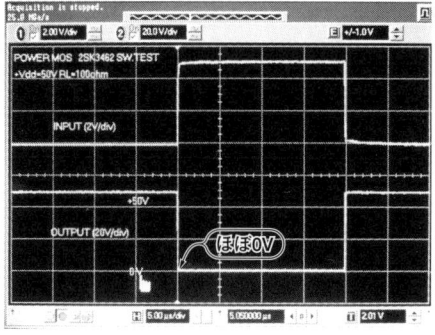

[写真 1-3] パワー MOS のスイッチング波形 (上：2V/div., 下：20 V/div., 5 μs/div.)
高速できれいにスイッチングしている

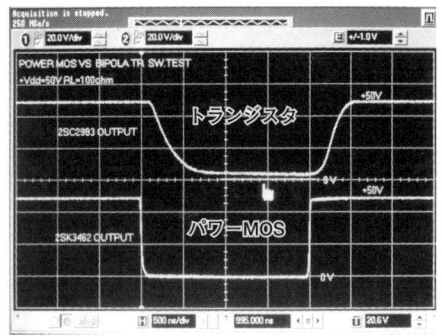

[写真1-4] バイポーラ・トランジスタとパワーMOSの比較（上：20 V/div.，下：20 V/div.，500 ns/div.）
時間軸を10倍に拡大するとスイッチング波形の違いがはっきりする

● 電力損失でもパワーMOSが有利

写真1-4においてトランジスタがONしている状態での飽和電圧を見ると，正確ではありませんが5V近くの飽和電圧があるのがわかります．一方，パワーMOSの飽和電圧は0Vに近くなっています．スイッチング素子のON時の電力損失P_{on}は，ONしているときの飽和電圧をV_{on}，動作電流をI_{on}，スイッチングのデューティ比（スイッチングのON/周期時間比）をDとすると，

$$P_{on} = V_{on} \times I_{on} \times D$$

となるので，電力損失を小さくするためにはスイッチング素子の飽和電圧はできるだけ小さいことが望まれています．

トランジスタのスイッチング飽和電圧はベース電流を大きくするオーバドライブによってある程度低くすることは可能ですが（スイッチングする電流の大きさによっては），非常に難しいものがあります．オーバドライブのためのベース電流による消費電力増大も無視できません．

一方，パワーMOSは最新のLSI製造技術の恩恵を受けています．LSIの基本素子はMOSトランジスタで構成されています．MOSトランジスタの微細化技術の進歩によって，同性能のMOSトランジスタが日に日に小形化されており，結果，小形MOSトランジスタの集合体であるパワーMOSのオン抵抗も小さくなってきています．後述しますが，5mΩというオン抵抗のパワーMOSも出現しています．5mΩということは，10Aの電流を連続で流しても0.5Wの消費電力で収まるということです．

このようにパワーMOSでスイッチングを行うと，バイポーラよりも高速に小さな飽和電圧でスイッチングすることができ，トランジスタに代わるスイッチング素子として，パワー・エレクトロニクス分野で広く使われるようになってきました．

● トランジスタは電流駆動,FET は電圧駆動

図 1-2 に NPN トランジスタの基本動作を示します.ベースからエミッタに電流 I_B を流すと h_{FE} 倍のコレクタ電流 I_C が流れるというものです.したがって,トランジスタは**電流駆動素子**と呼ばれています.ところがこの回路では,ベース電圧を OFF にしてもコレクタ電流はしばらく流れつづけるのです.理由はベースに蓄積されたキャリアによるもので,キャリアが消費されるまでコレクタ電流が流れます.この時間を蓄積時間(ストレージ・タイム)t_s と呼んでいます.

トランジスタのスイッチング特性はこの t_s によって左右されます.トランジスタを飽和しないように駆動するとキャリアの蓄積はなくなってストレージ時間は短くなるのですが,トランジスタは飽和しないとオン電圧…飽和電圧が高くなってしま

Column 1
MOS FET の表記シンボル

パワー MOS と言っても,基本的には普通の MOS FET です.したがって回路図表記のシンボルは従来の MOS FET と変わりません.ただ,親類に JFET がありますので表記には注意が必要です.図 1-A に MOS FET と JFET の表記シンボルを整理しておきます.N チャネルと P チャネルとは矢印の向きが違いますから,これだけはしっかり覚えておきましょう.

なお,**エンハンスメント型**か**デプレッション型**かはシンボルでは区別がありませんので,場合によっては注記するなどの工夫があってもよいでしょう.

	P チャネル	N チャネル	P チャネル・デュアル・ゲート	N チャネル・デュアル・ゲート
ジャンクション FET(JFET)				
MOSFET (パワー MOS) エンハンスメント型				
デプレッション型			[図 1-A] FET の表記シンボル	

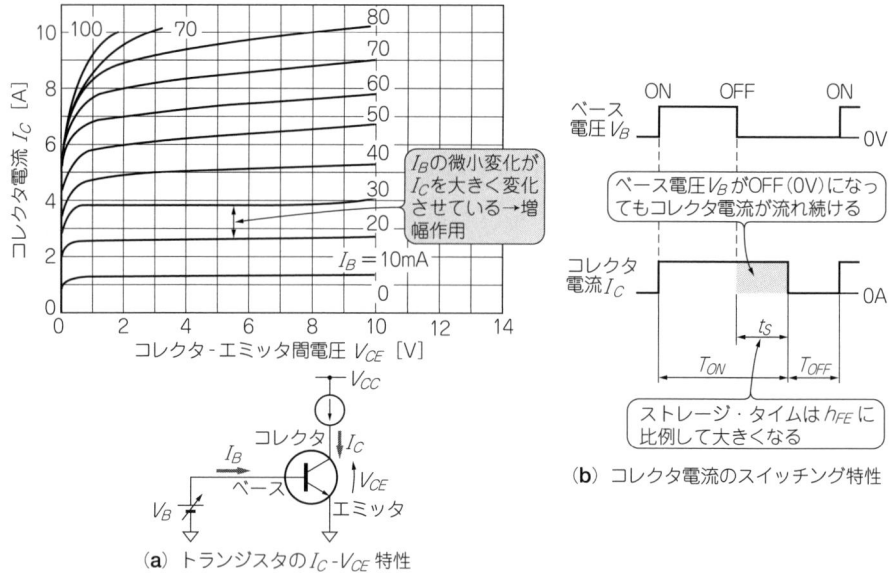

[図1-2] バイポーラ・トランジスタの基本動作

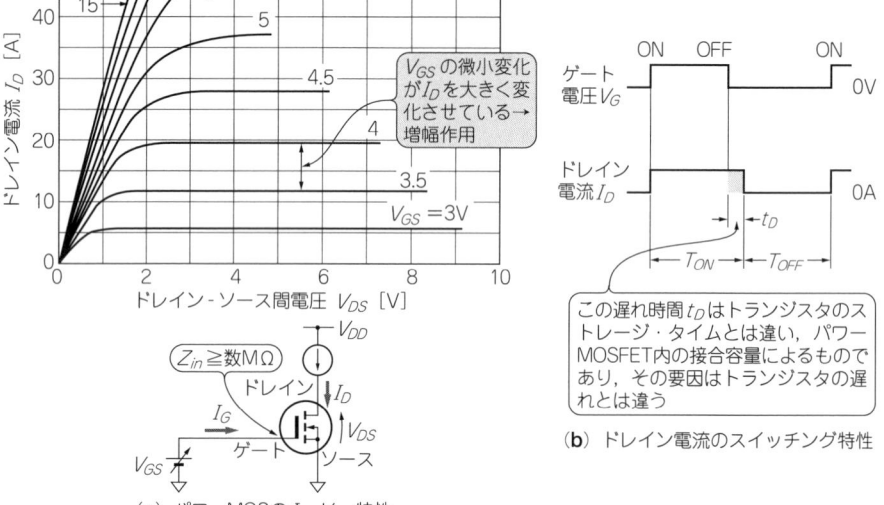

[図1-3] パワーMOS（Nch）の基本動作

うという別の問題が出てきます．オン電圧が高くなると消費電力が問題になります．

図 1-3 にパワー MOS の基本動作を示します．パワー MOS はゲート-ソース間に加える電圧 V_{GS} によってドレイン電流 I_D を制御します．つまり**電圧駆動素子**ということができます．パワー MOS にはトランジスタに見られたような蓄積時間 t_s がありません．

しかし，蓄積時間 t_s はありませんが高速スイッチングを妨げる要因として大きな入力容量 C_{iss} があります（第 2 章で詳述）．パワー MOS は電圧駆動素子ですから直流的な入力抵抗が非常に高く，電流はわずかであっても電圧を加えればパワー MOS は ON します．しかし，ゲートに電圧を加えるとその電圧がゲート入力容量 C_{iss} に充電されて，この電荷が放電されるまでゲートは ON 状態が保たれます．

パワー MOS を高速スイッチングさせるためには，ゲート入力容量 C_{iss} を素早く放電させることのできるゲート・ドライブ回路が重要になります．本書の目的の一つはパワー MOS による高速スイッチング回路の実現にあります．

1-2　パワー MOS の種類と特徴

● FET の仲間をダイジェストする

FET（Field Effect Transistor …電界効果型トランジスタ）にはその基本構造から，図 1-4 に示す MOS（Metal Oxide Semiconductor …金属酸化膜）FET と呼ばれるものと J（Junction …ジャンクション …接合）FET と呼ばれるものがあります．20 数年前…パワー MOS が登場するまでの FET というとほとんどは **JFET** だったのですが，LSI（大規模集積回路）が MOS 主流で構成されるようになったことから，パワー MOS のアイデアが開花しました．図 1-5 に示すように，パワー MOS は LSI と似たプロセスで作られているのです．

FET にもトランジスタの PNP/NPN 型に相当する極性があります．FET の場合

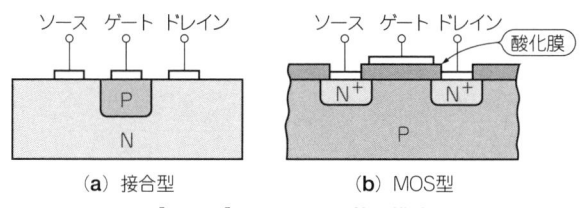

[図 1-4] FET 二つの基本構造

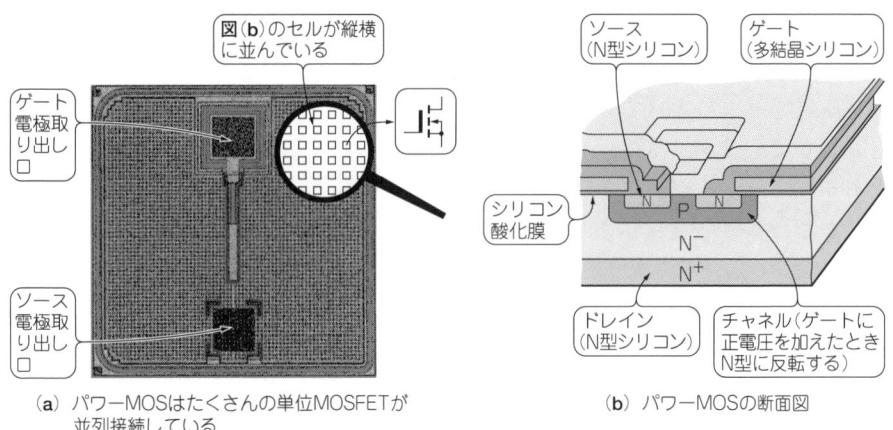

(a) パワーMOSはたくさんの単位MOSFETが並列接続している

(b) パワーMOSの断面図

[図1-5][(1)] パワーMOSはLSIと同じように作られている

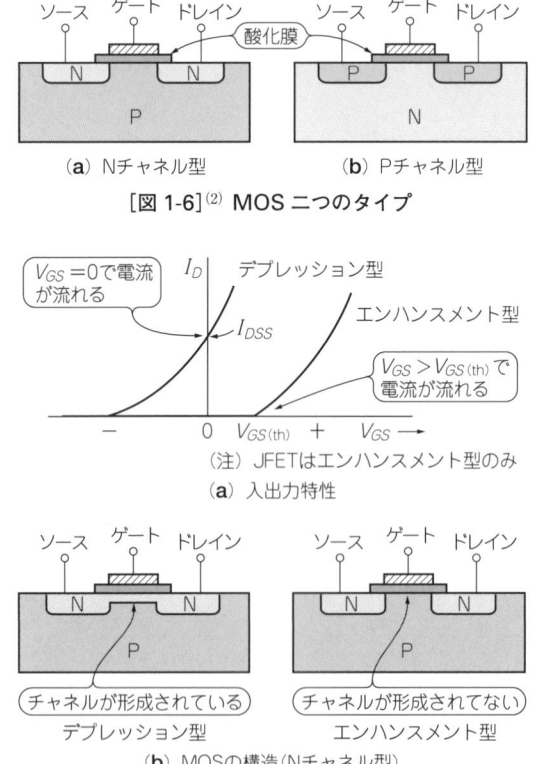

(a) Nチャネル型　　(b) Pチャネル型

[図1-6][(2)] MOS 二つのタイプ

(注) JFETはエンハンスメント型のみ

(a) 入出力特性

(b) MOSの構造（Nチャネル型）

デプレッション型　　エンハンスメント型

[図1-7][(2)] MOS 二つの動作タイプ

はそれぞれPチャネル/Nチャネル型と呼ばれます（図1-6）．一般にトランジスタはNPN型（2SCタイプ）が多く使われているのと同じように，パワーMOSの場合も普通はNチャネル型が使われています．性能的にも価格的にもNチャネルが有利です．トランジスタもFETもそうですが，PNP型/Pチャネル型とNPN型/Nチャネル型では電子の移動度（速さ）が3倍ほど違います．NPN型/Nチャネル型のほうが移動度が速いのです．

FETにはまた伝達特性による分類があります．FETはゲート-ソース間に加える電圧 V_{GS} によってドレイン-ソース間に流れる電流 I_{DS} を制御するのですが，図1-7に示すように V_{GS} の値が大きくなるにつれてドレイン電流が増大するものを**エンハンスメント型**，V_{GS} の値が大きくなるにつれてドレイン電流が減少するものを**デプレッション型**と呼んでいます．デプレッション型は $V_{GS}=0$ V でもドレイン電流を流すことができるのが大きな特徴です．

パワーMOSではほとんどがNチャネル・エンハンスメント型です．本書で使用しているパワーMOSもとくに断らない限りは，**Nチャネル・エンハンスメント型**です．

● Pチャネルを含めていろいろなパワーMOSも急速に台頭

本書で扱うパワーMOSはどちらかというと，高速・大電力用デバイスです．しかしながら世の中では，単なるスイッチの代わりにもパワーMOSが多く使用されています．

図1-8に示すのはロジック回路あるいはマイコン回路などから駆動して，バッテリ機器のパワー・スイッチをON/OFFする例です．**ロード・スイッチ**と呼ばれていますが，この場合はPチャネルMOSが使用されます．ロジック・レベルの信号…Hレベル/Lレベルを加えるだけでスイッチをOFF/ONすることができます．この回路の場合，Hレベルがゲートに加わると V_{GS} がほとんど0Vになってパワ

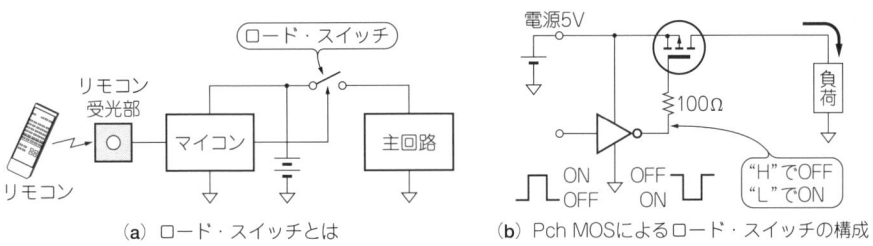

[図1-8] Pch MOSはロード・スイッチとして便利に使える

－MOS は OFF になり，L レベルがゲートに加わると V_{GS} が－V_{DD} 加わった形になりパワー MOS は ON します．

　従来のスイッチ…リレーなどの多くはパワー MOS に置き換わりました．パワー MOS は電圧駆動ですから（ゲートには過渡電流が流れるだけで），駆動電力はほとんどいらず，回路の低消費電力化に大いに貢献しています．

　写真 1-5 はさまざまな用途に使用されているパワー MOS の一例です．**図 1-9** に示すように複合回路になって特定用途に特化した IC とほとんど変わらない外観のものもあります．

　スイッチング電源でもパワー MOS は大活躍です．**写真 1-6** などはパワー MOS の

Column 2
アナログ・テスタでパワー MOS をチェックする方法

　パワー MOS は正しく動作させれば破損しませんが，回路を製作するときに素子の破損に気がつかないことがあります．ここでは素子単体でチェックする方法を説明します．パワー MOS が回路に実装されている場合でも良否の判断はある程度可能です．

　アナログ・テスタを**抵抗計（Ωレンジ）に設定**すると 3 V 程度の開放電圧が発生しています．テスタのプラス端子（赤いリード線）にはマイナスの電圧，－端子（黒いリード線）にはプラスの電圧が発生していることに注意してください．

　説明では N チャネル型のパワー MOS を例にとっていますが，P チャネル型の場合は，テスタの極性を逆にします．また，N チャネル型/P チャネル型とも端子の並びは，ほとんどの場合は**図 1-B** に示すように左から G-D-S（ゲート-ドレイン-ソース）の順になっています．

　まず，ドレイン-ソース間を調べるため，テスタの極性を替えて 2 回チェックします．**図 1-C（a）**のようにテスタを使ってドレインに黒（プラス電圧）のリード線，ソースに赤（マイナス電圧）のリード線をあてます．通常ゲート-ソース間はリークして電位は発生していませんから，ドレイン-ソース間は OFF して，テスタの針は

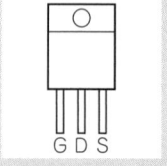

[図 1-B] パワー MOS の端子配置
（N チャネル型）

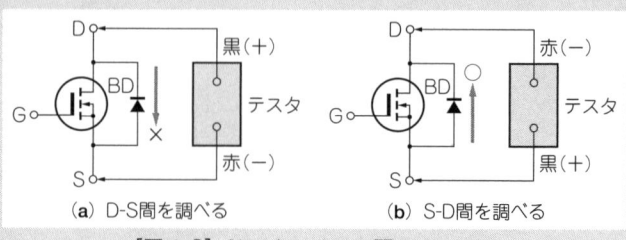

[図 1-C] ドレイン-ソース間のチェック

[写真 1-5] さまざまなパワー MOS の例
ほぼ原寸大．左の一番小さいタイプが 2SK2504 (P_D＝20 W，V_{DSS}＝100 V) で，右の一番大きいタイプが 2SK1522 (P_D＝250 W，V_{DSS}＝500 V)．用途によって多品種から選択できる

振れません．
　パワー MOS の破損の多くは内部で多数並列されたチップが焼損し短絡していますから，抵抗値はほぼゼロΩを示します．この段階でほとんどの良否を判断できます．
　次に図 1-C(b) のように，テスタのリード棒を逆に当てて，**ボディ・ダイオード**のチェックをします．正常なとき，通常のダイオードと同じ指示 (数十Ω以下) をしますが，先の焼損しているようなときは，同じくゼロΩを示します．
　ドレイン-ソース間が正常な場合，ゲートにテスタの黒リード線，ソースに赤リード線を少しの時間だけ当てて，入力容量 C_{iss} をチャージし，先の図 1-C(a) の接続に戻します．
　最初は抵抗値が低く，時間の経過とともに抵抗値が大きくなり，やがて無限大になるのが良品です．つまりゲートを ON して，スイッチングできるかを確認したのです．
　ゲートのチェックも同様に行います．ゲートの確認は図 1-D(a) のようにゲートに黒 (プラス電圧) のリード線，ソースにマイナス電位を与えると，その抵抗値は無限大です．そこで極性を逆にしても同じく無限大です．ある程度の抵抗値を指示した場合は，不良品です．焼損している場合は，ゼロΩを示します．
　図 1-D(b) のようにゲート-ドレイン間に抵抗値がある場合も不良品です．

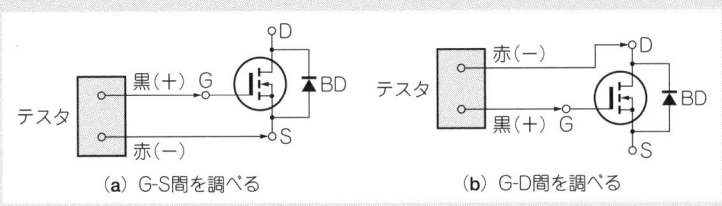

(a) G-S 間を調べる　　　(b) G-D 間を調べる

[図 1-D] ゲートをチェックする

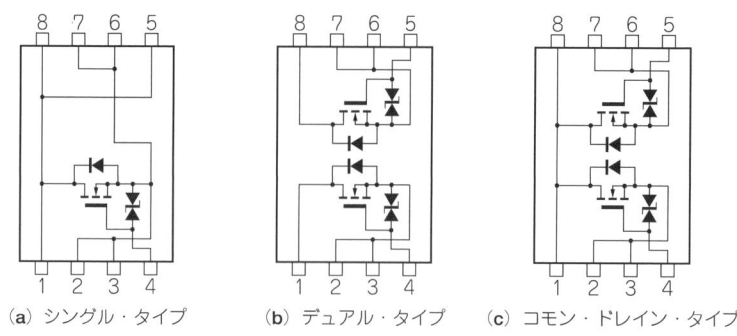

(a) シングル・タイプ　　(b) デュアル・タイプ　　(c) コモン・ドレイン・タイプ

[図 1-9][(3)] **複合タイプで便利になったパワー MOS**
小形 SO パッケージで IC のようになっており，用途によっては便利に利用できる

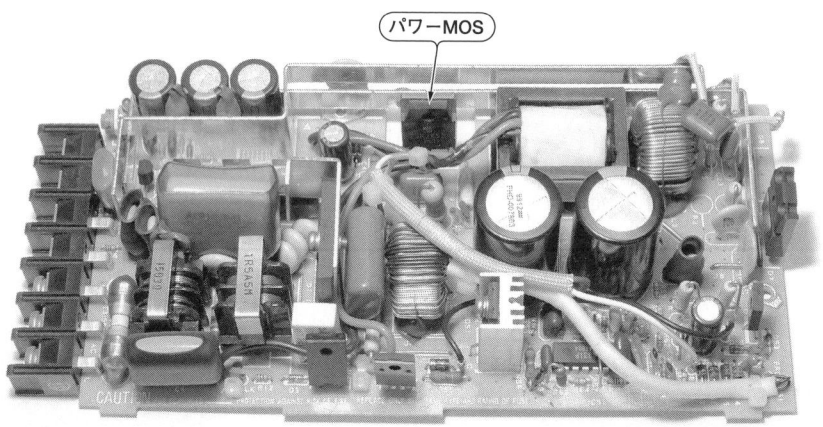

[写真 1-6] スイッチング電源ではパワー MOS（矢印）が小形化に大きく貢献している

　高速・大電力スイッチング能力によって小形化が図られた電源モジュールの例です．
　パワー MOS は今，あらゆる電子機器回路において欠かせないものとなってきています．

パワー MOS FET 活用の基礎と実際

第2章
活用の決め手はゲート特性を理解すること

高速スイッチング動作を実現する資質をもったパワー MOS ですが，
高速動作を現実のものとするには
ゲート入力容量の非線形な性質をしっかり理解する必要があります．
ここでは実験を通してパワー MOS のゲート特性を確認します．

2-1　抵抗負荷をスイッチングするだけでも…

● スイッチング測定ではテスト回路の構成が重要

図 2-1 にパワー MOS の基本スイッチング動作の測定回路を示します．普通の(エンハンスメント型) N チャネル・パワー MOS をターン・オン…スイッチ ON させるには，数 V (パワー MOS 固有の $V_{GS}*$) の電圧をゲート-ソース間に加えるだけです．ターン・オフ…スイッチ OFF するにはゲート-ソース間を 0 V にします．

パワー MOS を ON/OFF するためのデバイス固有の $V_{GS}*$ はメーカによって呼び方が異なります．ゲートしきい値電圧 $V_{GS(OFF)}$ と呼んだり，ゲート・スレッシ

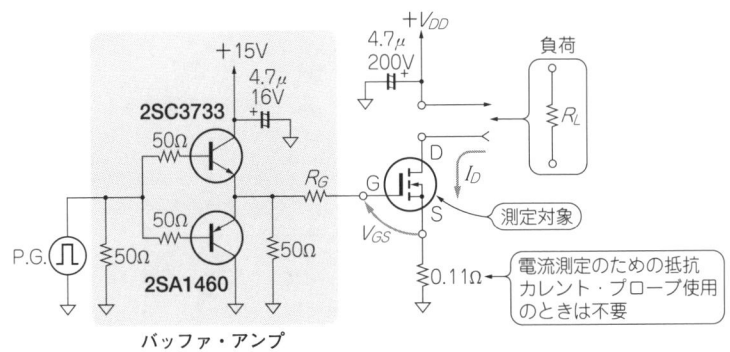

[図 2-1] パワー MOS のスイッチング特性テスト回路

ョルド電圧 $V_{GS(\text{th})}$ と呼んだり，ゲート・カットオフ電圧 $V_{GS(\text{off})}$ と呼んだりしています．本書では**ゲート・スレッショルド電圧** $V_{GS(\text{th})}$ と呼ぶことにします．

　第1章・図1-1の実験でもわかるように，パワーMOSはスイッチング速度が普通のトランジスタより原理的に速いのが大きな特徴です．そのため，測定にはスイッチング動作を行うためのテスト回路も大切です．

　理想に近いスイッチング回路を作るためには，ゲートをドライブする側…ここではパルス・ジェネレータの出力インピーダンスを十分下げる必要があります．図2-1では，パルス・ジェネレータ出力に高速動作のバッファ・アンプ…**プッシュプル・エミッタ・フォロワ**を追加しています．

　また，測定時にスイッチング素子が発熱しないような工夫も必要です．発熱を抑えるために，ゲート・ドライブ波形のパルス幅が400 nsであるのに対してパルス周期を10 ms（100 Hz）にしています．ON時間に比べて周期を十分長めにすることで発熱を抑えています．

　パワーMOSのスイッチング特性の詳細は後述しますが，特性そのものは結論としてゲート・ドライブ・インピーダンスに大きく依存します．そのため図2-1の

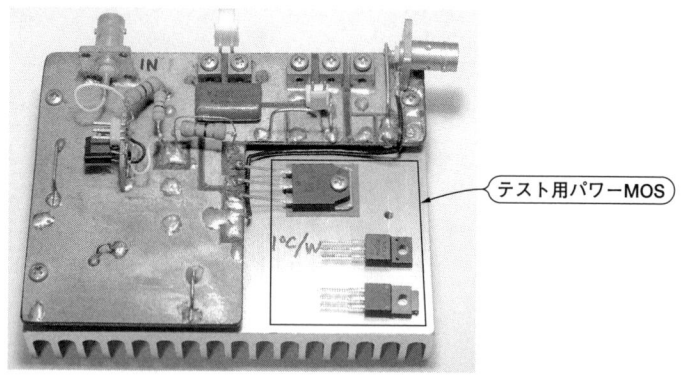

［写真2-1］パワーMOSスイッチング特性の実験回路
上から 2SK1499, 2SK811, 2SK1994

［表2-1］実験するパワーMOSの主な電気的特性

	最大定格		オン抵抗 $R_{DS(\text{on})}$	ゲート入力容量 C_{iss}
	電圧	電流		
2SK1994	900V	2A	7.5Ω	430pF
2SK811	100V	12A	0.11Ω	1200pF
2SK1499	450V	25A	0.25Ω	3300pF

実験回路では，**ゲート直列抵抗** R_G を自由に変更できるようにしました(**写真 2-1**)．電源電圧には可変電圧源を使い，電源端子は 4.7 μF のフィルム・コンデンサでバイパスしてあります．

表 2-1 が，ここで実験するパワー MOS の主な電気的特性を比較したものです．

● **スイッチング特性… V_{GS} の波形が綺麗ではない**

2SK1994 は許容ドレイン損失 P_D＝30 W タイプの高電圧スイッチングに適するパワー MOS で，スイッチング特性が優れていると言われているデバイスです．

写真 2-2 は R_L＝50 Ω, V_{DD}＝50 V(したがって I_D＝1 A)，ゲート直列抵抗 R_G＝25 Ω でのスイッチング波形です．パワー MOS のスイッチング回路では，安定動作の目的でゲートに数 Ω から数十 Ω の抵抗 R_G を挿入するのが常識です(詳細は後述)．

写真 2-2 において上の波形がドレイン-ソース間電圧 V_{DS}, 下の波形がゲート-ソース間電圧 V_{GS} です．V_{GS} がパワー MOS 自体のもつスレッショルド電圧 $V_{GS(th)}$ を越えると，ドレイン電流 I_D が流れ始めて V_{DS} が低下して，ドレイン-ソース間が ON していることがわかります．

ところが下の波形… V_{GS} に目を向けると，観測された波形にはノイズが乗っているように見えます．電圧駆動でインピーダンスが高いはずの V_{GS} の波形がスイッチングのときこのように汚くなるというのは，何か問題がありそうです．

また，パワー MOS が完全に ON した状態ではドレイン-ソース間は飽和しているはずですが，波形をよく見ると V_{DS} も 0 V ではなくて 6～7 V の電圧が残っています．しかし，これはパワー MOS のオン抵抗 $R_{DS(on)}$ の存在によるもので，理由ははっきりしています．実験に使用した 2SK1994 の仕様では，**表 2-1** からドレイン電流 I_D＝1 A 時のオン抵抗は 7.5 Ω です．約 1 A のドレイン電流 I_D ですから，6～7 V の電圧降下は妥当です．

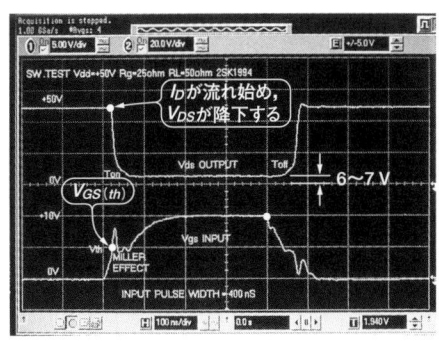

[写真 2-2] 2SK1994, R_G＝25 Ω, 50 Ω 抵抗負荷，入力パルス幅 400ns 時のスイッチング特性(上：20 V/div., 下：5 V/div., 100 ns/div.)
パワー MOS で，スイッチング特性が優れていると言われても V_{GS} 波形はきれいではない

● V_{GS} の波形が綺麗ではない…他のパワー MOS でも傾向は同じ

　パワー MOS はパワー・トランジスタの種類を凌ぐほど，多くのメーカから多くの品種が発売されています．しかし，あまり多くの品種に対して実験を行っても意味がありません．代表的な他のパワー MOS について，同じように V_{GS} の変化と V_{DS} の変化の確認実験を行っておきましょう．

　2SK811(注)は $P_D = 35\mathrm{W}$ タイプの 5 V ロジック・レベルでドライブできるパワー MOS です．

　写真 2-3 が 2SK811 のスイッチング波形です．V_{GS} は $+4\,\mathrm{V}$ でドライブしました（$V_{GS} = 4\,\mathrm{V}$ になるようにパルス・ジェネレータ出力を調整）．この V_{GS} を上げるとパワー MOS のオン抵抗はさらに下がります．

　2SK811 の動作でも V_{GS} が立ち上がるとき波形は綺麗ではありません．また 2SK1994 に比べてオン時間およびオフ時間が長くなっています．スイッチング時間はゲート直列抵抗 R_G を 25 Ω より下げれば短縮できます．スイッチング特性を改善する実験は後ほど行います．

　次にもう少し大形のデバイス… $P_D = 160\,\mathrm{W}$ タイプの **2SK1499** を使ってみましょう．**写真 2-4** が 2SK1499 のスイッチング波形です．やはり V_{GS} の波形の傾向は同じです．

　この 2SK1499 はドレイン電流が 25 A ですから，大電力パワー・スイッチング回

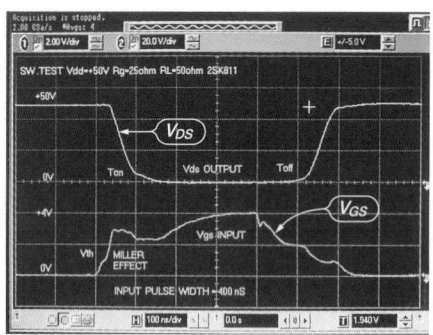

[写真 2-3] 2SK811，$R_G = 25\,\Omega$，50 Ω 抵抗負荷，入力パルス幅 400 ns 時のスイッチング特性（上：20 V/div., 下：2 V/div., 100 ns/div.）
2SK811 の動作でも V_{GS} 波形はきれいではない

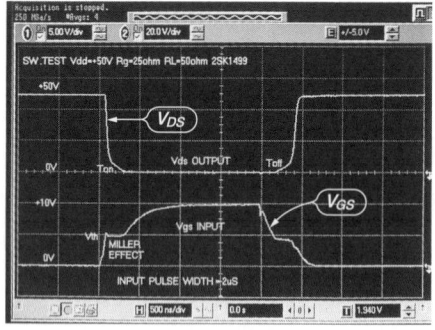

[写真 2-4] 2SK1499，$R_G = 25\,\Omega$，50 Ω 抵抗負荷，入力パルス幅 2 µs 時のスイッチング特性（上：20 V/div., 下：5 V/div., 500 ns/div.）
2SK1499 も V_{GS} の波形は同じ傾向を示す

注：2SK811 は 2004 年 9 月現在では保守廃止品となっている．代替品としては 2SK2778（サンケン），2SK2428（ローム）などがある．

路に応用しやすいデバイスです．しかしゲート入力容量 C_{iss} を見ると 3300 pF となっています．V_{GS} の波形の変化を見ていると，V_{GS} の波形変化と入力容量 C_{iss} との間に何か関連がありそうな感じがしませんか．

このように大きな容量分をもっている回路を高速スイッチングさせるには，ゲート・ドライブ能力，回路方式などの項目についての検討が必要になりそうです．

● スイッチングのもう一つの特徴…オフ時間 t_{off} が長い！

再び写真 2-2 ～写真 2-4 を見てください．パワー MOS が ON するまでの時間…**オン時間**を t_{on}，OFF するまでの時間…**オフ時間**を t_{off} と呼んでいますが，t_{on} 時間が短く，t_{off} 時間が長くなっていることがわかります．

つまり，パルス・ジェネレータの出力が 0 V になってゲートを OFF にしたいとき，V_{GS} 波形は下がり始めますが，ドレイン-ソース間電圧はすぐに上昇してくれません．この遅れがオフ時間 t_{off} と呼ばれるものです．

パワー MOS はオン時間 t_{on} に比べてオフ時間 t_{off} が長い傾向があります．したがって，図 2-2 に示すように例えばプッシュプルのスイッチング回路に応用する

Column 3

パワー MOS のスイッチング時間定義

▶ $t_{d(on)}$：turn-on delay time …**オン遅延時間**
ゲート-ソース間電圧 V_{GS} の立ち上がり 10 ％から，ドレイン電流 I_D が 10 ％に達するまでの時間です．$V_{GS(th)}$ 電圧に達するとドレイン電流が流れ始めます．

▶ t_r：rise time …**立ち上がり時間**
ドレイン電流が立ち上がって 10 ％から 90 ％に達するまでの時間です．オン時間 t_{on} は $t_{on} = t_{d(on)} + t_r$ で表せます．

▶ $t_{d(off)}$：turn-off delay time …**オフ遅延時間**
ゲート電圧 V_{GS} の立ち下がり 90 ％からドレイン電流が 90 ％（10 ％降下）に降下するまでの時間です．

▶ t_f：fall time …**立ち下がり時間**
ドレイン電流の立ち下がり 90 ％から 10 ％まで降下する時間で，オフ時間 t_{off} は $t_{off} = t_{d(off)} + t_f$ で表せます．

▶ t_{rr}：reverse recovery time …**逆回復時間**
パワー MOS のドレイン-ソース間に寄生するダイオードの逆回復時間です．規定の順方向電流を流した後，印加電圧を逆転すると蓄積された電荷を放出する際に流れる逆電流が，最大逆電流 $I_{DR(max)}$ の 10 ％に復帰するまでの時間です．

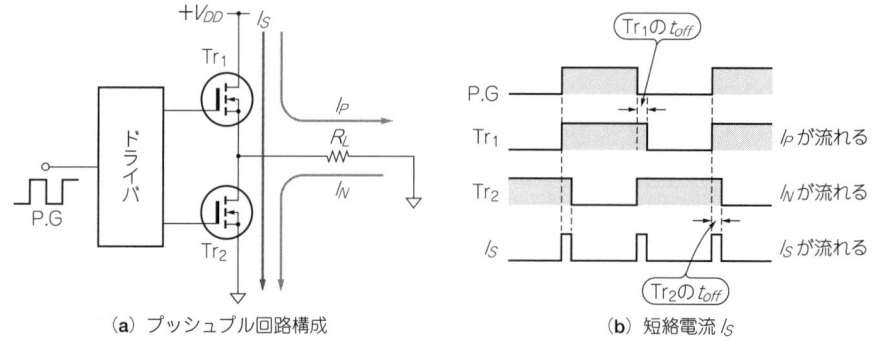

[図 2-2] プッシュプル・スイッチングでは同時 ON に注意する
このようなスイッチング回路に応用するときは，二つのパワー MOS の同時スイッチング時の短絡事故にならないように注意する必要がある

ときは，二つのパワー MOS の**同時スイッチング時の短絡事故…シュート・スルー**に注意が必要になります．波形の立ち上がり時間 t_r，立ち下がり時間 t_f はかなり短いですから，むしろオン時間，オフ時間… t_{on}, t_{off} に注目することが重要です．

2-2　パワー MOS のスイッチング特性と電極間容量

● 電極間容量が V_{DS} によって変化する

パワー MOS では，スイッチング時に V_{GS} の波形が大きく歪むことが**写真 2-2〜写真 2-4** でわかりましたが，この理由はどうもパワー MOS の大きなゲート入力容量にありそうです．そこで，今度はゲート-ソース間電圧 V_{GS} を電圧ドライブで与えるのではなく，1 mA の定電流を流すことで内部容量に時間比例的な電圧をゲートに加え，パワー MOS が完全に ON するまでの過程を観測してみます．

写真 2-5 に 2SK811 がスイッチ ON …ターン・オンするときの V_{GS} と I_D の波形を示します．よく見ると V_{GS} は一度上昇してからしばらくの期間一定の値になり，その後ふたたび上昇をはじめます．一方，ドレイン電流 I_D は，V_{GS} が一定の期間に徐々に変化しているのがわかります．

ここで**図 2-3** にパワー MOS の電極間容量を示しますが，パワー MOS の入力構造はその名のとおり MOS 構造になっています．ゲート-ソース間，ゲート-ドレイン間が絶縁されていて，そこには無視できないほどの静電容量が存在するのです．そして，この静電容量は FET のもつ性質としてドレイン-ソース間電圧 V_{DS} によって大きく変化します．

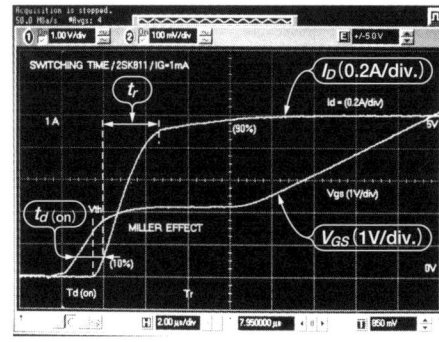

[写真2-5] パワーMOS 2SK811のターン・オン時の波形（I_D：0.2 A/div., V_{GS}：1 V/div., 2 μs/div.）

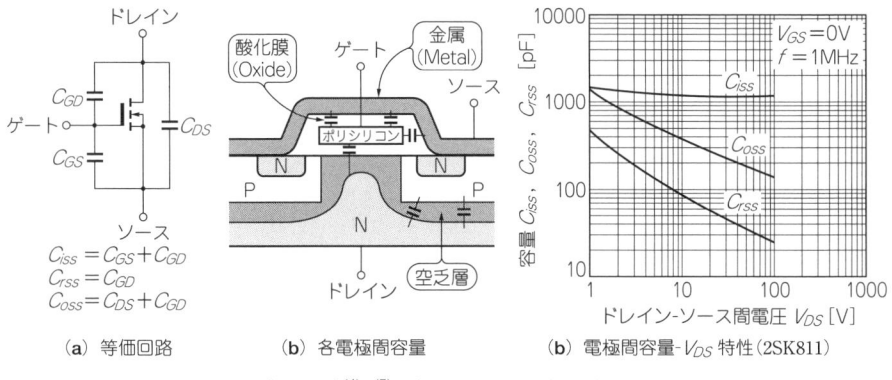

(a) 等価回路　　(b) 各電極間容量　　(b) 電極間容量-V_{DS}特性（2SK811）

$C_{iss} = C_{GS} + C_{GD}$
$C_{rss} = C_{GD}$
$C_{oss} = C_{DS} + C_{GD}$

[図2-3][(4), (5)] パワーMOS電極間容量

図2-3(c)には，例として2SK811の各電極間容量とV_{DS}との特性を示しています．構造からもわかりますが，ゲート-ソース間容量C_{GS}はV_{DS}の影響を受けませんが，ゲート-ドレイン間容量C_{GD}およびドレイン-ソース間容量C_{DS}は印加電圧の影響を受け，電圧依存性のある静電容量の働きをしてしまいます．

なお，各電極の静電容量はゲート-ソース間容量C_{GS}，ゲート-ドレイン間容量C_{GD}およびドレイン-ソース間容量C_{DS}と呼ばれていますが，データ・シートに示される電極間容量は以下のように表現が異なります．

▶ C_{iss}：**入力容量**… input capacitance
　C_{GS}＝0 Vでの入力容量です．C_{GS}とC_{GD}の和で示され，ドレイン電圧に依存します．

▶ C_{oss}：**出力容量**… output capacitance
　ドレイン-ソース間の容量です．C_{DS}とC_{GD}の和で示されます．

▶ C_{rss}：帰還容量… reverse transfer capacitance

ゲート-ドレイン間容量 C_{GD} のことで，C_{iss} や C_{oss} に比べて小さな容量です．しかし，この $C_{GD} = C_{rss}$ が曲者なのです．

● 入力容量 C_{iss} が V_{DS} の影響で大きく変化する…ミラー効果

先に示した図2-1のスイッチング回路において，パワーMOSがOFFしている状態では電源電圧がそのまま V_{DS} に印加されています．ところがONした状態を考えると，

$$V_{DS} = R_{DS(ON)} \times I_D$$

で決まる低い電圧になっています．このときパワーMOSがOFFからONに移行する過程でのドレイン-ゲート間容量 $C_{GD} = C_{rss}$ の変化がきわめて重要です．見かけの入力容量 C_{iss} が V_{GS} の変化によって C_{GD} を経由して本来の C_{iss} よりも大きく変化することです．これは**ミラー効果**(Miller effect)と呼ばれていますが，見かけの入力容量 C_{iss} が，

$$C_{iss} = C_{GS} + (1 - A_v) \cdot C_{GD} \quad \cdots\cdots\cdots\cdots\cdots\cdots\cdots\cdots\cdots\cdots\cdots\cdots\cdots\cdots (2\text{-}1)$$

ここで A_v は増幅度のことで，$A_v = |Y_{fs}| \cdot R_d$

となって，ドレイン-ソース間電圧 V_{DS} に大きく依存するのです．

つまり，先の**写真2-2**～**写真2-5**における V_{GS} 波形の歪みはミラー効果によるものということになります．ミラー効果は，ドライブ回路の設計に大きな影響を与えます．

● パワーMOSの電極間容量を測定すると

パワーMOSの電極間容量は，スイッチング回路を構成するときわめて重要な要素です．とくに高速スイッチング化，ゲート・ドライブ回路の設計などにおいて重要です．

パワーMOSに限りませんが，半導体のPN接合間容量は，その逆バイアス電圧に大きく依存します．とくに電圧が低いとき変化率が大きく，パワーMOSの場合は**図2-3**(c)に示したようにデータ・シート上でドレイン-ソース間電圧 V_{DS} との関係が規定されています．

実際に**インピーダンス・アナライザ** HP-4194A を使ってパワーMOSの電極間容量を測定してみましょう．

電極間容量は**図2-4**に示すような回路を使って，LCRメータやインピーダンス・アナライザで測ります．ここでは3種類の静電容量 ① C_{iss}，② C_{oss}，③ C_{rss} をス

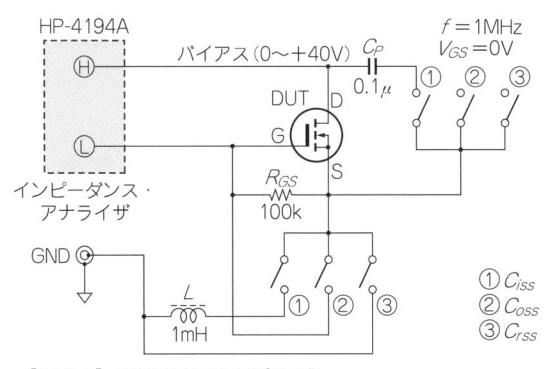

[図 2-4] 電極間容量の測定回路
これで3種類の静電容量 ① C_{iss}, ② C_{oss}, ③ C_{rss} を測定する

イッチの切り替えで測定できるようにしました．DC バイアスとして 0〜+40 V の電圧をスイープしながら自動測定します．

図 2-4 において，コンデンサ C_P（$f=1$ MHz で小さなインピーダンス）は入力容量 C_{iss} 測定時にドレイン-ソース間をバイパスするため，インダクタ L（$f=1$ MHz で大きなインピーダンス）はソース端子を交流的にフローティングする目的で挿入されています．ゲート-ソース間抵抗 R_{GS} は $V_{GS}=0$ V の条件を作るためのものです．

では，目的と用途の異なる代表的な N チャネル・パワー MOS の電極間容量を測定してみましょう．

▶ 2SK1994 の電極間容量

日本電気の 2SK1994 は，$P_D=30$ W， $V_{DSS}=900$ V， $I_D=2$ A， $R_{DS(on)}=7.5$ Ω，

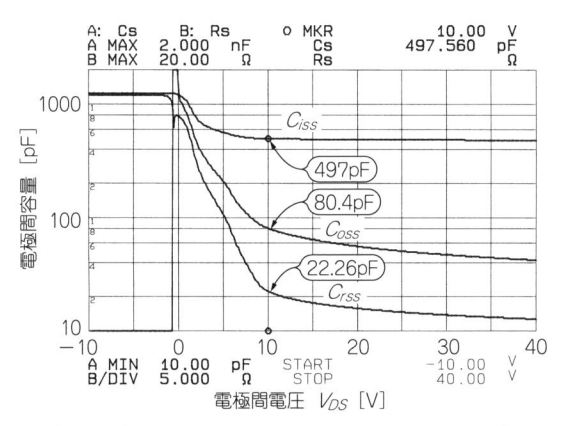

[図 2-5] 2SK1994 の電極間容量（V_{DS}：5 V/div.）

入力容量 C_{iss} = 430 pF であり高電圧で高速スイッチングが可能なパワー MOS です．

図 2-5 が測定した電極間容量です．カーブの上のほうから入力容量 C_{iss}, 出力容量 C_{oss}, 帰還容量 C_{rss} で，ドレイン-ソース間電圧 V_{DS} に反比例してその静電容量は減少しているのがわかります．しかし，データ・シートでは V_{DS} = 10 V で規定されています．C_{iss} は 497 pF，C_{oss} は 80.4 pF，C_{rss} が 22.2 pF で電極間容量の小さなパワー MOS といえます．

▶ 2SK811 の電極間容量

日本電気の 2SK811 は，P_D = 35 W，V_{DSS} = 100 V，I_D = 12 A，$R_{DS(on)}$ = 0.11 Ω，入力容量 C_{iss} = 1200 pF でスイッチング速度が速く，電極間容量が比較的小さなパ

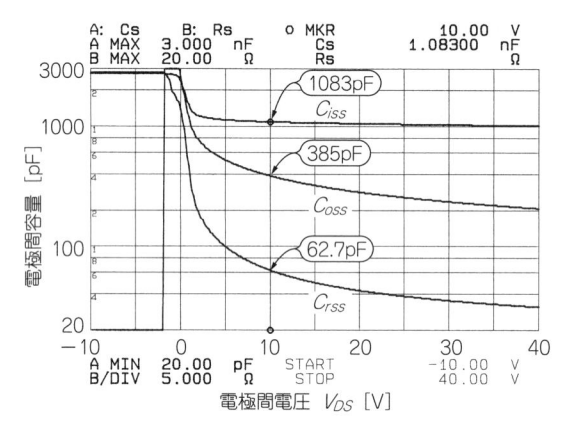

[図 2-6] 2SK811 の電極間容量（V_{DS}：5 V/div.）

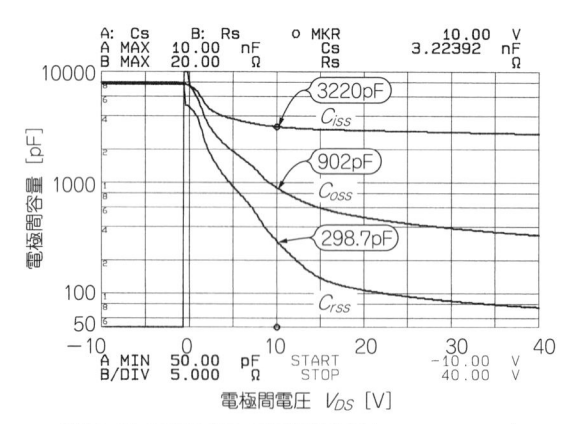

[図 2-7] 2SK1499 の電極間容量（V_{DS}：5 V/div.）

ワー MOS です．

図 2-6 はカーブの上から C_{iss}，C_{oss}，C_{rss} で傾向は 2SK1994 と類似です．V_{DS} = 10 V での C_{iss} は 1083 pF，C_{oss} は 385 pF，C_{rss} が 62.7 pF となっています．許容損失がやや小さいため，電極間容量も小さな値になっています．

▶ 2SK1499 の電極間容量

日本電気の 2SK1499 は，P_D = 160 W，V_{DSS} = 450 V，I_D = 25 A，$R_{DS(on)}$ = 0.25 Ω で，入力容量は C_{iss} = 3300 pF と大きな値です．

図 2-7 が電極間容量特性です．V_{DS} = 10 V での C_{iss} は 3220 pF，C_{oss} は 902 pF，C_{rss} が 298.7 pF となっています．許容損失 160 W なので電極間容量も大きな値になっています．

以上，代表的なパワー MOS の電極間容量を測定しました．

パワー MOS のスイッチング動作は，ゲート入力容量 C_{iss} をチャージすることから始まります．C_{iss} を充電するための電荷量のことを**ゲート入力電荷**あるいは**ゲート・チャージ** Q_G と呼んでいます．

● ゲート入力電荷…ゲート・チャージ Q_G を測定する

パワー MOS を ON させるために必要なゲートに加える電荷量のことをゲート・チャージと呼び，電極間容量 C_{GS} と C_{GD} にチャージされる総電荷…トータル・ゲート・チャージで表します．この値はゲート-ソース間に定電流 I_G を流し，時間 t を掛けて電荷量 Q_G [C] として読み取ります．単位の [C] はクーロンです．

具体的にはゲート-ソース間に定電流を流し，V_{GS} と V_{DS} の電圧変化を観測します．時間 t はゲート-ソース間電圧 V_{GS} が規定の電圧 (例えば 10 V) に達するまでの時間です．ゲート・チャージ Q_G についても測定してみましょう．

ゲート・チャージ Q_G を測定するためには**図 2-8** に示すような定電流出力回路を製作します．トランジスタ Tr_1 と Tr_2 は**カレント・ミラー回路**で，入力パルスに従って 1 mA の定電流 I_G を DUT (Device Under Test…被測定パワー MOS) に供給します．

チャージする電荷量 Q_G は，

$$Q_G = I_G \cdot t \quad \cdots\cdots\cdots\cdots\cdots\cdots\cdots\cdots\cdots\cdots\cdots\cdots\cdots\cdots\cdots\cdots\cdots (2\text{-}2)$$

で示されます．したがって電荷量 Q_G をじかに読むためには，チャージする電流を 1 mA とすれば，時間軸 (1 μs) × 1 mA で 1 nC に対応します．

Tr_3 と Tr_4 はパルス・ジェネレータからの信号で定電流出力をスイッチングするためのトランジスタです．入力がないときは Tr_4 は ON (V_{GS} = 0) になります．パ

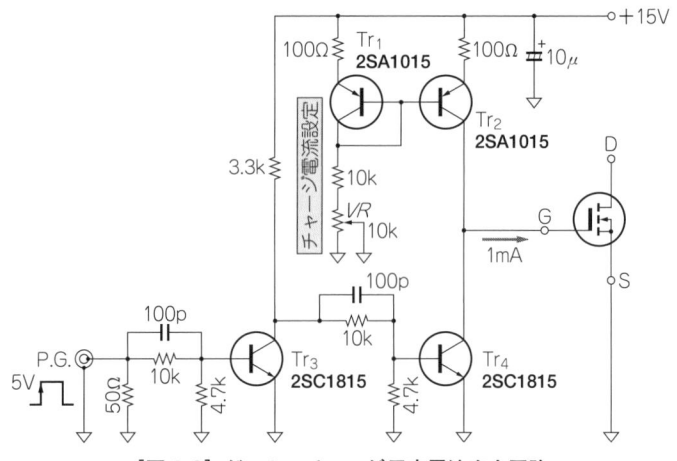

[図 2-8] ゲート・チャージ用定電流出力回路

ルス幅は測定するゲート・チャージ量に応じて設定します．

　測定するパワー MOS のドレイン負荷抵抗は 50 Ω のダミー・ロードとし，電源電圧 V_{DD} を +50 V（規定された電圧）に設定して，1 A のドレイン電流（規定された電流）を流して傾向を見ることにします．

▶ 2SK1994 のゲート・チャージ

　写真 2-6 はゲート電流 I_G = 1 mA でのチャージ特性です．上昇カーブはゲート-ソース間電圧 V_{GS} で，$V_{GS(th)}$ を越えるとドレイン電流が流れ始め，ドレイン-ソース間電圧 V_{DS} が低下します．

　V_{GS} が平坦になる時間帯はミラー効果によるもので，この間パワー MOS のオン抵抗は減少し続けます．2SK1994 はオン抵抗が比較的高い素子なので，V_{DS} は $R_{DS(on)} \cdot I_D$ の電圧降下（約 6 V）が残っています．

　時間軸は 2 μs/div.ですが，電荷量に換算すると I_G = 1 mA なので，2 nC/div.となります．トータル電荷は V_{GS} を何 V にするかで決まります．仮に V_{GS} = 10 V とすると約 16 nC と読み取れます．

▶ 2SK811 のゲート・チャージ

　写真 2-7 は 2SK811 のチャージ特性です．V_{GS} は 1V/div.なので，V_{GS} = 4 V までチャージするのに必要なゲート・チャージ Q_G は約 14 nC です．オン抵抗の小さな素子なので，V_{DS} はほぼ 0 V（実際には 1 A × 0.11 Ω = 0.11 V）になっています．

▶ 2SK1499 のゲート・チャージ

　写真 2-8 は 2SK1499 のチャージ特性です．時間軸は 20 μs/div.（20 nC/div.）に変

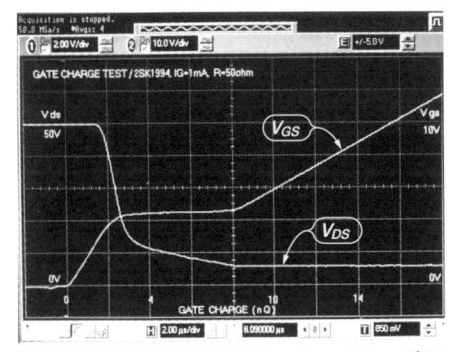

[写真 2-6] 2SK1994 のゲート・チャージ量
(V_{GS}：2 V/div., V_{DS}：10 V/div., 2 μs/div.)

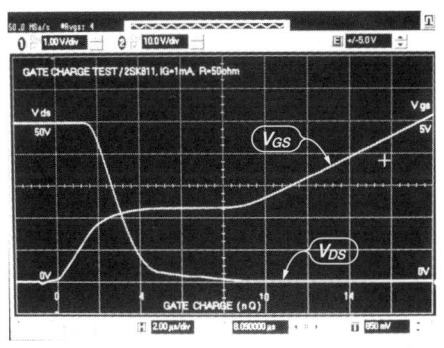

[写真 2-7] 2SK811 のゲート・チャージ量
(V_{GS}：1 V/div., V_{DS}：10 V/div., 2 μs/div.)

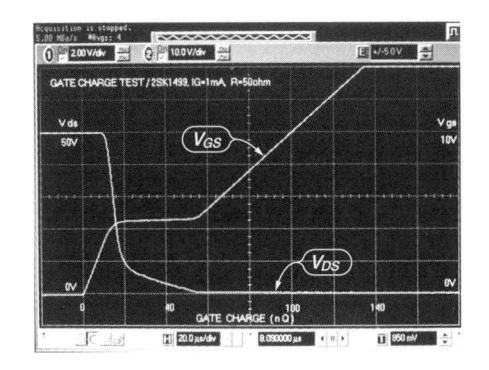

[写真 2-8] 2SK1499 のゲート・チャージ量
(V_{GS}：2 V/div., V_{DS}：10 V/div., 20 μs/div.)

更されています．$V_{GS} = 10$ V までチャージに要するゲート・チャージ Q_G は 100 nC と大きな電荷量で，ゲート・ドライブ回路の駆動能力を大きくしなければならないことが予想できます．

● 内部ゲート直列抵抗 r_G と入力容量 C_{iss} の影響

パワー MOS には大きな入力容量があることがわかりましたが，この入力容量は純粋なコンデンサ成分ではありません．等価的には抵抗 r_G と入力容量の直列回路として表すことができます．

一般にこの**内部ゲート直列抵抗** r_G は数 Ω 程度であるといわれていますが，パワー MOS の電極間容量の違いからその値は異なります．等価回路がわかっていますから，内部ゲート直列抵抗 r_G を計算で予測することができます．内部ゲート直列抵抗 r_G は一般にはデータが記載されていません．しかし，スイッチング特性を知るうえでは重要なパラメータの一つです．

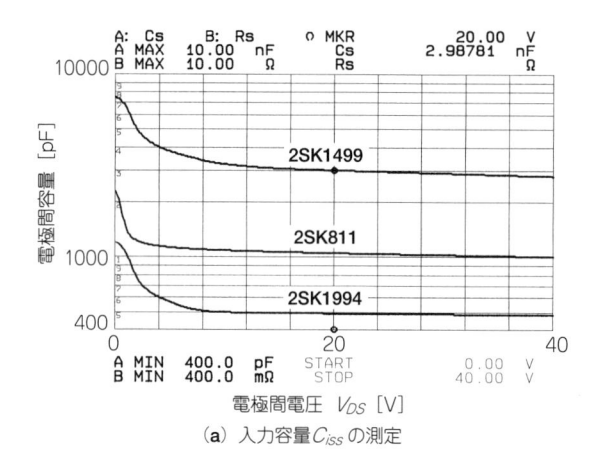

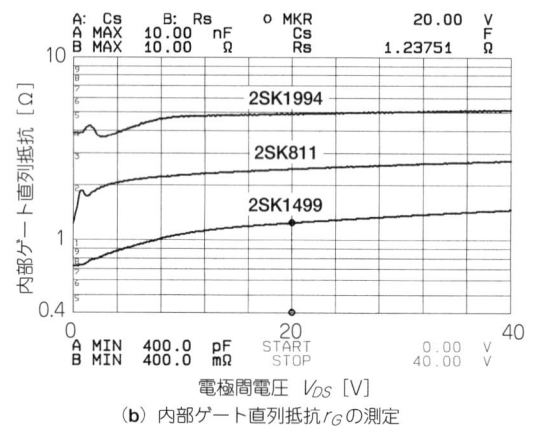

[図2-9] 入力容量 C_{iss} と内部ゲート直列抵抗 r_G の測定結果

　C_{iss} の値と r_G の値を測定器インピーダンス・アナライザを使って実際に測定したのが図2-9です．C_{iss} の大きな2SK1499は r_G が1.23 Ω @20 V，逆に C_{iss} の小さな2SK1994は4.89 Ω @20 V となっていました．

● ゲート・チャージからドライブ電力を求める

　パワーMOSは直流的な入力インピーダンスがきわめて高いので，ドライブ電力は小さくてすむと思われていますが，これは低速度スイッチングしたときの話です．今日のように高速スイッチングが要求される応用では，ドライブ電力を無視できません．

パワーMOSをドライブするときのゲート・ドライブ電力P_{dg}の求めかたは，先に求めたトータルのゲート・チャージQ_Gと実際にドライブするゲート-ソース間電圧V_{GS}, スイッチング周波数f_{SW}から，次の式で求められます．

$$P_{dg} = Q_G \cdot V_{GS} \cdot f_{SW} \quad \cdots\cdots (2\text{-}3)$$

例題として，ゲート・チャージの大きい2SK1499のドライブ電力を求めてみましょう．

先の**写真2-8**は2SK1499のゲート・チャージを示したものですが，このV_{GS}カーブを見ると，ミラー効果の影響を受けている時間帯はドレイン-ソース間は完全にONしていません．

ドライブのときはオン抵抗を少しでも小さくするために，ゲートをオーバ・ドライブします．

$V_{GS} = 10$ VのQ_G値を読み取ると100 nCですから，スイッチング周波数$f_{SW} = 50$ kHzとすれば，ドライブ電力P_{dg}は，

$$P_{dg} = 100 \text{ n} \times 10 \times 50 \text{ k} = 50 \text{ mW}$$

と求めることができます．

このようにパワーMOSのゲート端子は容量性(コンデンサ)なので，高速スイッチング化するとドライブ電力が増え，回路の高効率化を妨げることになります．

2-3 ゲート直列抵抗とスイッチング時間の関係

● ゲート直列抵抗を変化させると

これまでの実験でもそうですが，パワーMOSのドライブにおいてはゲートに数Ω～数十Ωの直列抵抗R_Gを挿入することが常識になっています．スイッチング動作安定化のために挿入するのですが，とくにパワーMOSを並列接続したときに生じるON時の寄生発振を防止するときなどに効果的です．

また高速スイッチング動作の場合，配線やプリント・パターンのもつインダクタンスが問題になることがあります．ただ，ドレイン電流I_Dの変化率(di/dt)やインダクタンスの値は予測しにくいので，実際はスイッチング波形を観測しながらドライブ条件を決定することになります．

図2-10にパワーMOSの内部ゲート直列抵抗…ゲート端子からデバイスの真のゲートまでの直流抵抗r_G，ゲート入力容量C_{iss}と外付けゲート直列抵抗R_Gによるステップ応答特性を示します．立ち上がり時間t_r(10～90％)は図の等価回路から，

$$t_r = 2.2(R_G + r_G)C_{iss} \quad \cdots\cdots (2\text{-}4)$$

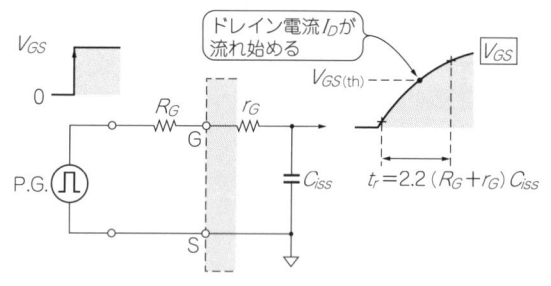

[図2-10] RC回路のステップ応答
ドレイン電流 I_D はゲート・スレッショルド電圧 $V_{GS(\text{th})}$ を越えると流れ始める

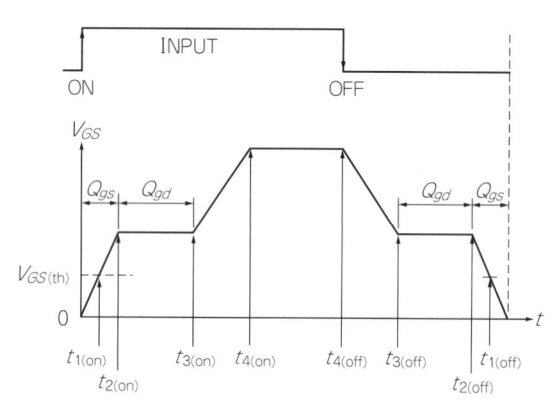

$t_r = 2.2(R_G + r_G)C_{iss}$

[図2-11] ゲート-ソース間電圧 V_{GS} の変化

で表せます．ドレイン電流 I_D はゲート・スレッショルド電圧 $V_{GS(\text{th})}$ を越えると流れ始めます．この時間がターン・オン遅延時間 $t_{d(\text{on})}$ です．$V_{GS(\text{th})}$ を越えるとすぐにミラー効果のためゲート-ソース間電圧は上昇せずに平坦なカーブになり，その後オン抵抗が低下します．

図2-11にパワーMOSのゲートを定電流で充放電したときのゲート-ソース間電圧 V_{GS} の変化を示します．$t_{1(\text{on})}$ はゲートをONしてからゲート・スレッショルド電圧 $V_{GS(\text{th})}$ に達するまでの時間です．$t_{1(\text{on})}$ から $t_{2(\text{on})}$ は，ドレイン電流が流れ始めてからミラー効果が始まるまでの時間です．$t_{2(\text{on})}$ から $t_{3(\text{on})}$ は，ドレイン電圧 V_{DS} が低下して最小となる時間で，$t_{3(\text{on})}$ でミラー効果が終了します．

$t_{4(\text{on})}$ は最終的なドライブ電圧に達するまでの時間です．このときのゲート-ソース間電圧値によってオン抵抗が決まりますが，オーバ・ドライブするとオフ時間が長くなるので注意が必要です．

ターン・オフするときの過程はオン時と同じですが，$t_{4(off)}$ から $t_{1(off)}$ に到達する時間がオン時より長くなります．つまり「ON は速いが，OFF は遅い」ということで，これらのスイッチング時間はゲート・ドライブ条件に大きく影響を受けます．

● ゲート直列抵抗 R_G ＝ 0 Ω/25 Ω/50 Ω でのスイッチング特性

では，先の図 2-1 に示したテスト回路でゲート直列抵抗 R_G の値を変化させながら代表的なパワー MOS のスイッチング特性を見ることにしましょう．

写真 2-9 は 2SK1994 のスイッチング特性です．下の波形はドライブ電圧，つまりパルス・ジェネレータの出力波形で，上の波形はドレイン-ソース間電圧 V_{DS}（V_{DD} ＝ ＋50V, R_L ＝ 50 Ω）です．

先の図 2-9 で測定したように等価的な内部ゲート直列抵抗 r_G は約 5 Ω，C_{iss} は 490 pF ですからオン時間はきわめて速く，外付けしたゲート直列抵抗 R_G による変化は少なくなっています．ところがオフ時は R_G による影響を受けます．R_G ＝ 0 Ω でのオフ時間は約 30 ns ですが，R_G ＝ 50 Ω では約 150 ns も遅れています．波形に現れているオーバシュートはドレインから負荷抵抗までの配線インダクタンスによるものです．

写真 2-10 は 2SK811 のスイッチング特性です．実測した内部ゲート直列抵抗 r_G は 2.5 Ω，C_{iss} は 1048 pF です．ON 時のスイッチング特性は，R_G の影響を多少受けています．

OFF 時のスイッチング特性は R_G に大きく依存していることがわかります．R_G ＝ 0 Ω でのオフ時間は約 60 ns，R_G ＝ 25 Ω で約 250 ns，R_G ＝ 50 Ω で約 400 ns も

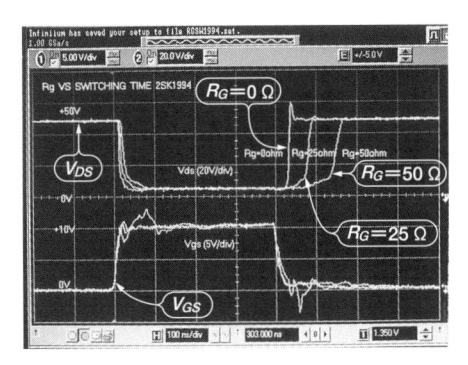

[写真 2-9] ゲート直列抵抗 R_G の違いによる 2SK 1994 のスイッチング特性（上：20 V/div., 下：5 V/div., 100 ns/div.）

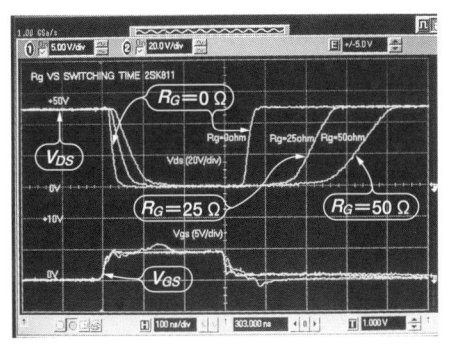

[写真 2-10] ゲート直列抵抗 R_G の違いによる 2SK811 のスイッチング特性（上：20 V/div., 下：5 V/div., 100 ns/div.）

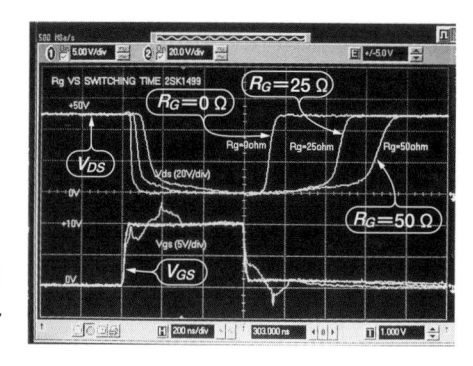

[写真 2-11] ゲート直列抵抗 R_G の違いによる 2SK1499 のスイッチング特性(上：20 V/div., 下：5 V/div., 200 ns/div.)

要しています.

写真 2-11 は 2SK1499 のスイッチング特性です．図 2-9 の測定から内部ゲート直列抵抗 $r_G = 1\,\Omega$ と小さいものの，C_{iss} は約 3000 pF ですから R_G の影響を受けやすく，$R_G = 0\,\Omega$ でオフ時間が約 120 ns，$R_G = 25\,\Omega$ で約 500 ns，$R_G = 50\,\Omega$ では 700 ns となっています．

以上の実験からゲート直列抵抗 $R_G = 0\,\Omega$ では負荷抵抗や配線インダクタンスによる影響を受け（写真 2-9），R_G を大きくすると立ち上がり時間 t_r と立ち下がり時間 t_f が遅くなり，高周波ノイズを発生しにくくなる反面，スイッチング損失が増加するということがわかりました．

2-4　パワー MOS の電気的特性と特徴

● 低オン抵抗と高耐圧は両立しない

パワー MOS のデータ・シートでは性能指標の項目に「低オン抵抗」と挙げられているデバイスがあります．低オン抵抗は，とくに低い電圧で大電流をスイッチングする電源回路では，変換効率を左右する重要な特性です．

オン抵抗を $R_{DS(on)}$ とすると，ドレイン-ソース間が飽和したときのパワー MOS の電力損失 P_D は，

$$P_D = I_D^2 \cdot R_{DS(on)} \quad \cdots\cdots (2\text{-}5)$$

また飽和電圧 $V_{DS(on)}$ は，

$$V_{DS(on)} = I_D \cdot R_{DS(on)} \quad \cdots\cdots (2\text{-}6)$$

となり，電源電圧の利用率を低下させます．

オン抵抗は自身のチップ温度に比例して値が増加するので，チップ温度が 100 〜

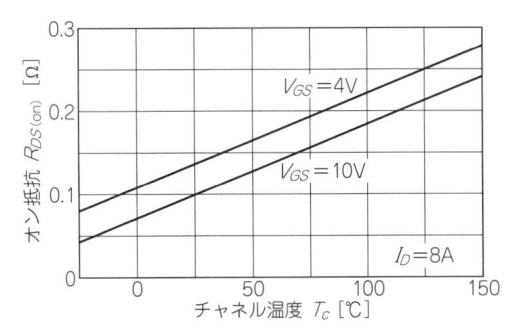

[図2-12][5] **2SK811のオン抵抗の温度特性**
オン抵抗はチップ温度に比例して増加するので，100〜150℃の場合の値で放熱設計すべきだ

150℃の場合の値で放熱設計すべきです．

図2-12に2SK811のオン抵抗の温度特性を示します．$V_{GS}=10\,\mathrm{V}$，チップ温度25℃で$0.1\,\Omega$のオン抵抗が温度100℃では，2倍近くに増加しています．

スイッチングにおける信頼性を上げる目的では，パワーMOSの最大ドレイン-ソース間電圧V_{DSS}の高い品種を選択したくなるのですが，そうするとオン抵抗が増加して，スイッチング(飽和)損失が増加してしまいます．

● 低オン抵抗と低ゲート・チャージは両立しない

より高速にスイッチングしようとすると，ゲート・チャージの大小が問題となります．最近はプロセスの改善により低ゲート・チャージ化して高速にする傾向があります．

一方，同一の許容消費電力で，内部のチップの並列接続を増やすなどして低オン抵抗化されたデバイスは，C_{iss}などの電極間容量が増加しています．同様にパワーMOSを並列に接続すると，電極間容量が大きくなります．

ゲート・チャージ量は，ゲート・ドライブ回路の設計における重要なパラメータになります．ゲート・ドライブの駆動電力P_{dg}は，先に示したようにスイッチング周波数f_{SW}とトータル・ゲート・チャージQ_Gおよびゲート-ソース間電圧V_{GS}で決まります．

パワー回路などで変換効率を決める電力損失は，オン時の飽和損失とスイッチング損失の両方を小さくする必要がありますが，低速スイッチング用途では「飽和損失」つまりオン抵抗の小さな素子の選択がポイントです．

スイッチング損失P_{SW}はパワーMOSがON/OFFする際に生じる損失で，スイ

Column 4
パワー MOS のキー・パラメータ

パワー MOS は使用する目的に応じて，電気的特性が特化されたデバイスが数多く用意されています．適切な動作を行わせるためには，多くのデバイスの中から，目的に適した品種を選ぶことが重要です．そのためには主要特性について，しっかり把握しておくことが重要です．

▶ V_{DSS}：drain to source voltage

ドレイン-ソース間電圧の最大値で，（アバランシェ耐量を規定した素子を除き）瞬時でもこの電圧を越えてはいけない電圧です．スイッチング・レギュレータなどでは，方式にもよりますが，100 V 系では最大入力電圧を 130 V_{RMS} とすると整流出力は約 183 V，フライバック電圧も同じく 183 V となります．そのためサージやリンギング電圧のマージンをみると V_{DSS} が 450 ～ 500 V の素子を選定します．

▶ I_D：drain current

最大ドレイン電流は連続電流とパルス電流が記載されています．

▶ P_T：total power dissipation

ケース温度 T_A を 25 ℃ に保つための最大許容消費電力です．しかし，実際はこの条件で動作させるのは困難ですから，一般にはケース温度 T_A を最大 100 ℃ に見

ッチング周波数に比例して増加します．

スイッチング損失 P_{SW} を小さくするには，高速スイッチングできる素子が必要で，高速スイッチングには低ゲート・チャージ素子が適しています．

● 最大ドレイン電流と入力容量 C_{iss} は比例する

スイッチング回路に，インダクタやコンデンサなどのリアクタンス負荷が接続される場合，最大ドレイン電流にマージンを見込まないと素子の破損に至ります．ただし，そのために過剰なマージンまで見積もりすぎると，必要以上の最大ドレイン電流をもつ素子を選択してしまいます．

一般にドレイン電流の大きな素子は，チップの並列数が大きいためオン抵抗が小さく，電極間容量が増加しています．

● スイッチング速度を速くしたいなら

パワー MOS のスイッチング速度を速くする…パワー MOS のゲート-ソース間電圧 V_{GS} がゲート・スレッショルド電圧 $V_{GS(th)}$ に達するまでの時間 $t_{d(on)}$ は，$V_{GS(th)}$ とゲート内部抵抗（ゲート電流）および入力容量 C_{iss} で決まります．

積もって放熱設計を行います．

▶ $V_{(BR)DSS}$：breakdown voltage

ドレイン-ソース間のブレーク・ダウン電圧です．ゲート-ソース間電圧 V_{GS} は 0 V として，規定されたドレイン電流(メーカごとに異なる)を流したときの耐電圧です．

▶ $V_{GS(th)}$：threshold voltage

ゲート・スレッショルド電圧あるいはしきい値電圧と呼ばれる値で，ドレイン電流($I_D = 1\,\mathrm{mA}$)が流れ始めるときのゲート-ソース間電圧です．

▶ $R_{DS(on)}$：on-state resistance

一般に**オン抵抗**と呼ばれます．パワー MOS においてきわめて重要な特性です．ゲート電圧に依存し，ゲート電圧を上げるとオン抵抗は下がります．少しでもオン抵抗を下げたいときは，ゲート電圧をオーバ・ドライブします．

▶ $|y_{fs}|$：forward transfer admittance

ゲート電圧の変化とドレイン電流の変化の比率です．単位は古くは Ω の逆数である ℧(モー)，最近は S(ジーメンス)で表します．値は大きいほど良いとされていますが，あまり大きいとリニア動作のときに発振しやすい傾向があります．

ドレイン電流の立ち上がり時間 t_r はミラー効果に関係し，$t_{d(on)}$ と t_r の和がオン時間 t_{on} です．

スイッチング速度を速くするには，
- $V_{GS(th)}$ が低い
- ゲート内部抵抗 r_G が小さい
- 電極間容量が小さい

素子を選択することです．

しかし，実際にはこれだけのパラメータではパワー MOS の選択はできません．もっとも大きな指標が耐電圧 V_{DSS} や最大ドレイン電流 I_{DSS} になっているからです．

第3章
パワー MOS ドライブ回路設計の基礎

第2章で述べたように，パワー MOS のスイッチングにはパワー MOS 自身のゲート特性が大きく関与しています．パワー MOS のドライブ回路を設計するときは，パワー MOS の，とくにゲートのもっている性質をしっかり把握しておくことが重要です．

3-1 ゲート・ドライブで重要な電気的特性

● パワー MOS をドライブするときの検討事項

パワー MOS によるスイッチング回路の特性は，パワー MOS 自身のゲートをどのような条件でドライブするかによって大幅に変化することは第2章の実験からも明らかです．パワー MOS をドライブするには，

(1) パワー MOS …ドレイン-ソース間が ON したときの**オン抵抗 $R_{DS(on)}$** を最小にするゲート-ソース間電圧 V_{GS} はどのくらいか

(2) パワー MOS の**入力容量 C_{iss}** を充放電するための電流の大きさ(ピーク・ゲート電流)はどのくらいか

(3) ドライブ回路の ON/OFF 出力インピーダンス

(4) ドライブ回路の立ち上がり時間 t_r と立ち下がり時間 t_f

(5) V_{GS} を負バイアスして，耐ノイズ性を向上させる

(6) 絶縁ドライブのときは同相信号除去比の大きさ

などを考慮します．

しかし，高速スイッチングをしようとして必要以上にドライブを強化すると，スイッチング・ノイズの増加などの問題が生ずることがあります．最終的には，基板への実装後にドライブ条件を最適値に変更することもあります．

● ゲート・ドライブ回路の負荷は静電容量

　パワー MOS のスイッチングの開始(ターン・オン)は，ドライブ回路からゲートに電荷をチャージすることで始まります．ゲートにチャージされる電荷を Q(単位はクーロン[C])，入力容量 C_{iss} を C とすれば，ゲート-ソース間に流れる充電電流 I_G は，

$$I_G = dQ/dt = C \cdot (dv/dt) \quad \cdots\cdots\cdots\cdots\cdots\cdots\cdots\cdots (3\text{-}1)$$

で表せます．

　しかし，パワー MOS のドレイン-ソース間が ON すると，**ミラー効果**と呼ばれる現象によって見かけ上の入力容量 C_{iss} はきわめて大きくなり，ON したあとは充電電流を必要としません．

　パワー MOS が完全に ON すると，ドレイン-ソース間電圧 V_{DS} はほぼ 0 V に達します．このときの入力容量 C_{iss} はかなり増加します．なお，充電電流の最大値 $I_{G(max)}$ は一般の C_{iss}(規定の V_{DD})ではなく，ドレイン-ソース間電圧 $V_{DS} = 0$ V での C_{iss}(データ・シートにカーブが掲載されている)で計算します．

　パワー MOS が OFF になる…ターン・オフのときは C_{iss} にチャージされた電荷 Q を放電し，ゲートしきい値電圧 V_{th} 以下に低下させる必要があります．放電時間が長いとオフ時間も長くなります．

● ゲート-ソース間の入力インピーダンス

　パワー MOS のゲート-ソース間は静電容量と見なすことができます．しかし，その値はドレイン-ソース間電圧 V_{DS} に大きく依存します．V_{DS} が低い電圧のときほど大きな静電容量となることは第 2 章での測定から明らかになっています．

　パワー MOS の入力インピーダンスはきわめて高いと言われていますが，これは直流～低周波領域での話です．高速スイッチングするときや高周波領域では静電容量の影響によって低インピーダンスを示します．よって，ゲートをドライブするには相応の電力を必要とします．

　パワー MOS のゲート-ソース間インピーダンス Z はコンデンサ C とほぼ等価です．しかし安定動作の目的で，ゲート付近にゲート直列抵抗 R_G や**フェライト・ビーズ**(FB)を挿入することがあります．

　図 3-1 は，2SK1499 のドレイン-ソース間電圧 V_{DS} が 0 V のときのゲート-ソース間インピーダンス-周波数特性を測定したものです．**図 3-2** に示すようなインピーダンス特性をもったフェライト・ビーズ(マイクロメタル社，FB-801#43)をゲート端子に挿入すると，自己共振周波数が 1.747 MHz に低下しました．これを RLC

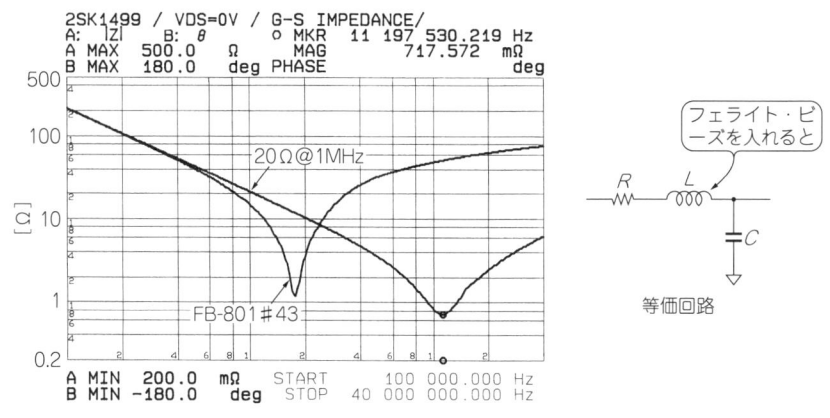

[図 3-1] 2SK1499 のゲート入力インピーダンス-周波数特性

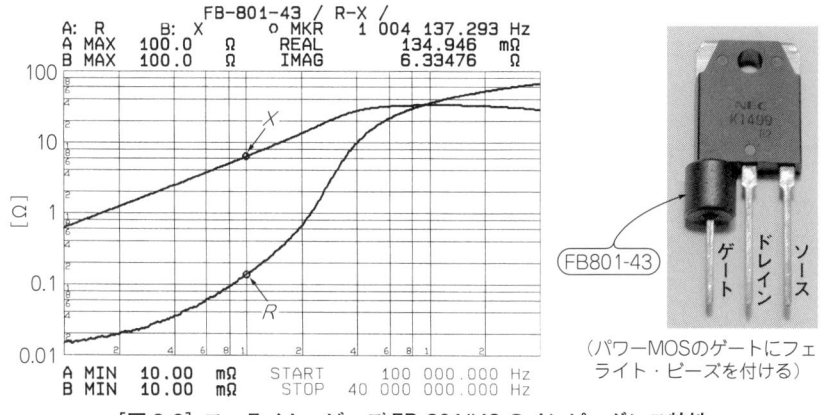

[図 3-2] フェライト・ビーズ FB-801#43 のインピーダンス特性

直列等価回路で表すと $R = 1.44\,\Omega$，$L = 1.2\,\mu H$，$C = 6896\,pF$ となります．図 3-1 のカーブは，コンデンサ C のインピーダンス特性に類似していて，周波数 1 MHz でのインピーダンス Z はなんと 15〜20 Ω 程度に低下しています．

3-2　ゲート電流波形を観測してみよう

● C_{iss} = 3300 pF のパワー MOS

まず入力容量 C_{iss} の大きなパワー MOS を低インピーダンスでドライブしたときの，ゲート電流 I_G を観測してみましょう．使用するパワー MOS は 2SK1499 で，

入力容量 C_{iss} = 約 3300pF のデバイスです．外付けのゲート直列抵抗 R_G にはゲート電流を制限する働きがありますから，ここでは $R_G = 0\,\Omega$ として最大ゲート電流 $I_{G(max)}$ がどれくらい流れるかを調べます．

写真 3-1 がドレイン負荷抵抗 $R_L = 50\,\Omega$，電源電圧 $V_{DD} = +50\,V$（ドレイン電流 $I_D = 1\,A$）でのゲート・ドライブ電圧波形 V_{GS} とゲート電流 I_G の波形です．ピーク・ゲート電流 I_G は 1.2 $A_{(peak)}$ もあります．V_{GS} が約 9 V なので，ゲート・ドライブ回路の出力抵抗と内部ゲート直列入力抵抗 r_G を含めて 7.5 Ω の抵抗が存在することになります．写真ではゲート電流波形が約 20 ns 遅れています．これは使用したカレント・プローブの遅延時間です．

写真 3-2 は，ゲート直列抵抗 R_G の代わりにフェライト・ビーズ（FB-801 #43）を挿入したときの波形です．1.2 $A_{(peak)}$ もあったゲート電流が 0.5 $A_{(peak)}$ に制限されています．

ゲート直列抵抗 R_G を挿入すると動作は安定しますが，ターン・オフ時間が長くなります．比較のために，

- $R_G = 0\,\Omega$
- フェライト・ビーズのとき
- $R_G = 25\,\Omega$

でのターン・オフ・ディレイ $t_{d(off)}$ の比較を**写真 3-3** に示します．ターン・オン時間の差はさほどありませんが，ターン・オフ時間には大きな差があります．$R_G = 0\,\Omega$ で 100 ns くらい，フェライト・ビーズ挿入で約 250 ns，$R_G = 25\,\Omega$ では 500 ns 以上になっています．

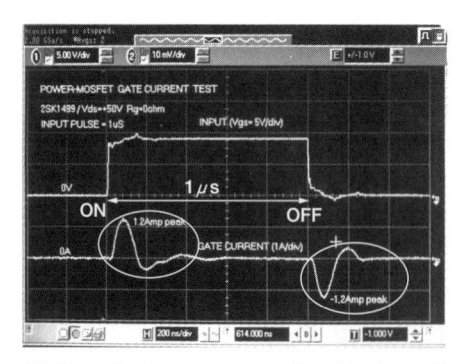

[写真 3-1] ゲート・ドライブ波形とゲート電流（上：5 V/div., 下：1 A/div., 200 ns/div.）
$R_L = 50\,\Omega$，$V_{DD} = +50\,V$ のときのゲート電流 I_G の波形を見るとピークで 1.2 A もある

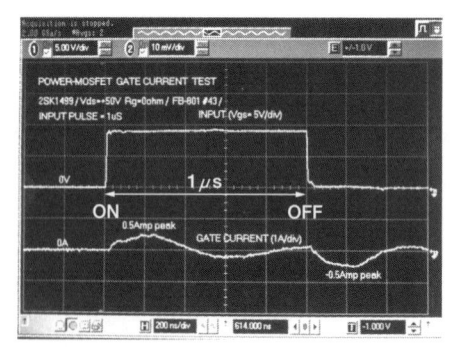

[写真 3-2] フェライト・ビーズを付加したときのゲート電流（上：5 V/div., 下：1 A/div., 200 ns/div.）
ゲート電流はピーク 1.2 A が 0.5 A に制限された

[写真 3-3] ゲート・ドライブ条件とターン・オフ時間の関係(上:20 V/div., 下:1 A/div., 200 ns/div.)
ターン・オフ時間には大きな差がある. $R_L=0\,\Omega$ で約 100 ns, フェライト・ビーズ挿入で約 250 ns, $R_G=25\,\Omega$ では 500 ns 以上になっている

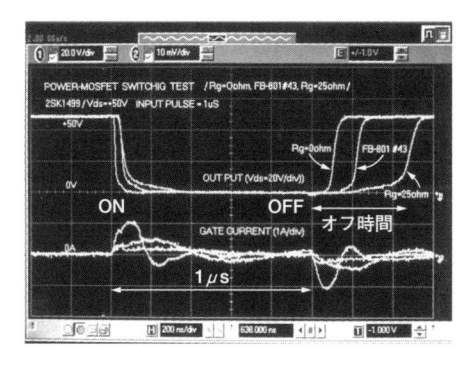

これらの結果から, ターン・オフ時間を短縮するにはゲートに蓄積された電荷を低抵抗で放電することが重要だとわかります.

● 基本的なロー・サイド・ゲート・ドライブ回路

図 3-3(a)に, ターン・オフ時間を短縮することを考慮したゲート・ドライブ回路を示します. ドライブ回路はトランジスタ・エミッタ・フォロワによるプッシュプル回路で, 出力抵抗を低くしています.

この回路においてゲート直列抵抗 R_G と並列ダイオードは, パワー MOS のターン・オン時は OFF しています. したがって, ターン・オンにはゲート直列抵抗 R_G を経由して入力容量 C_{iss} をチャージします. 正のゲート・ピーク電流はゲート直列抵抗 R_G で制限されますが, オン時間の遅延はさほど増加しません.

ターン・オフ時はゲートからドライブ回路にゲート電流を引き込む必要があります. そのためダイオードが ON してゲート直列抵抗 R_G はパスされます. こうする

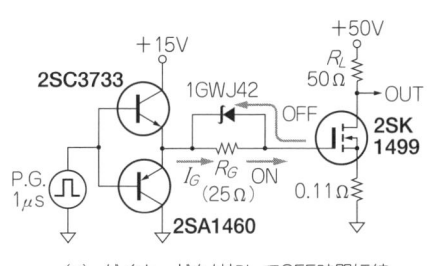

(a) ダイオードを付加してOFF時間短縮

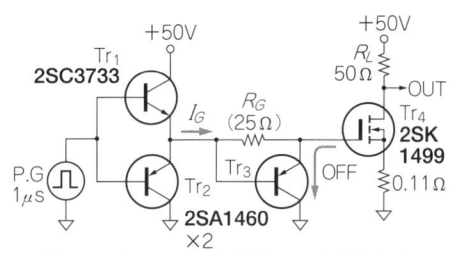

(b) PNPトランジスタを付加して高速放電する

[図 3-3] ターン・オフ時間を短縮するゲート・ドライブ回路
ダイオードや PNP トランジスタを付加して短縮する. (a)の 1GWJ42 は高速応答のショットキ・バリア・ダイオード

3-2 ゲート電流波形を観測してみよう

ことにより大電流で C_{iss} を放電することが可能になり，ゲートに蓄積された電荷を高速に放電します．

写真 3-4 にこの回路における動作波形を示します．ターン・オン時のゲート電流は $R_G = 25\,\Omega$ によって低く抑えられますが，オン時間はさほど延長されていません．一方，ターン・オフ時は低抵抗で電流を引き込んでおり，約 1 A$_{(peak)}$ のゲート電流が流れてターン・オフ時間は約 100 ns に短縮されているのがわかります．

図 3-3(b) は，ゲート直列抵抗 R_G 並列のダイオードの代わりに PNP トランジスタを使用して，ゲート電荷を高速に放電するようにした回路例です．ドライブ回路の出力抵抗が多少高くても，ターン・オフ時間を短縮することができる回路です．ターン・オフさせるときのドライブ抵抗は PNP トランジスタの電流増幅率(h_{fe})分の 1 に下がり，高速にゲート電荷を放電することができます．

写真 3-5 がこの回路での動作波形です．ターン・オン時のゲート電流は先の**写真 3-4** のときと同じですが，ターン・オフ時の放電電流は 1.5 A$_{(peak)}$ に増大しています．電流が大きい分，ターン・オフ遅延が若干ですが短縮されています．

一般にパワー MOS のターン・オフ時間はターン・オンに比べて長くなる性質があります．立ち上がり時間 t_r と立ち下がり時間 t_f は遅延時間に比べて十分短い時間なので，ターン・オフ遅延 $t_{d(off)}$ をいかに短縮するかが高速ゲート・ドライブ回路のポイントになります．

● 入力容量 10000 pF をドライブする

ドレイン損失 P_D = 100 ～ 150 W 程度のパワー MOS になると，入力容量 C_{iss} は

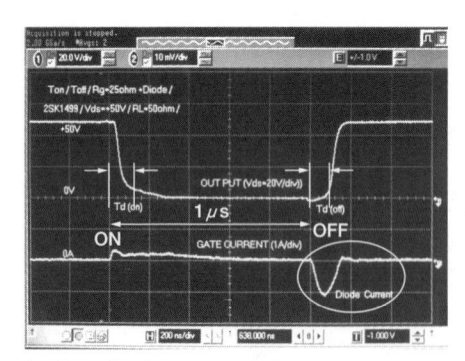

[写真 3-4] ダイオードを付加したターン・オフ時間の短縮化（上：20 V/div., 下：1 A/div., 200 ns/div.）ダイオードにより約 1 A のゲート電流が流れ，約 100 ns に短縮されている

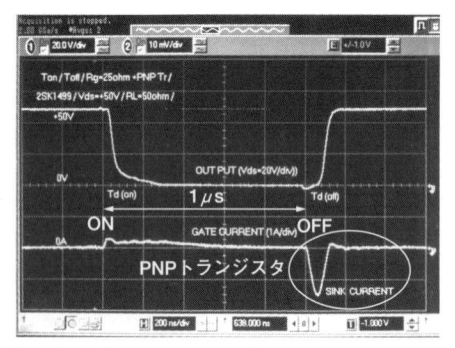

[写真 3-5] PNP トランジスタを付加したターン・オフ時間の短縮化（上：20 V/div., 下：1 A/div., 200 ns/div.）こちらはゲート電流が 1.5 A に増大し，少し改善している

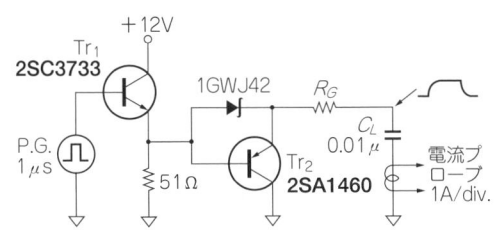

[図 3-4] 10000 pF ＝ 0.01 μF の負荷容量をドライブするテスト回路
コンデンサを流れる電流を観測する

大きくなって数千 pF あります．しかも，ドレイン-ソース間電圧 V_{DS} が 0 V 付近の状態ではミラー効果によって C_{iss} はさらに増加します．したがって，このクラスのパワー MOS のドライブを考えるときは，ゲート・ドライブ回路の負荷容量 C_L としては 10000 pF くらいに見積もっておく必要があります．

図 3-4 は実際のパワー MOS ではなく，パワー MOS の C_{iss} の代わりに 10000 pF = 0.01 μF のコンデンサを負荷として検討したドライブ回路の構成です．トランジスタ Tr₁，Tr₂ はいずれも**エミッタ・フォロワ回路**です．

トランジスタ Tr₁ で負荷容量（ゲート入力容量に相当）に電荷をチャージ（ON）しますが，ピーク電流はゲート直列抵抗 R_G で制限されます．ディスチャージ（OFF）はトランジスタ Tr₂ が ON してゲートに蓄積された電荷を引き抜きますが，このときのピーク電流も R_G で制限されます．

写真 3-6 が実際の動作波形です．上のトレースはゲート・ドライブ出力（負荷容量の端子電圧）波形で，$R_G = 0\,\Omega$ ではオーバシュートしているのがわかります．負荷容量に流れる電流波形は，$R_G = 0\,\Omega$ で 2 A$_{(peak)}$ に達しています．$R_G = 0\,\Omega$ で使われることはほとんどなく，実際には安定動作の目的でゲート直列抵抗 R_G を挿入してピーク電流を抑えます．ただし，ゲート直列抵抗 R_G の抵抗値はオフ時間に大き

[写真 3-6] 負荷容量 10000 pF，$R_G = 0\,\Omega$ と 5 Ω での電圧，電流波形（上：5 V/div．，下：1 A/div．，200 ns/div．）
この波形から安定動作にはゲート直列抵抗を挿入しピーク電流を抑制することの有効性がわかる

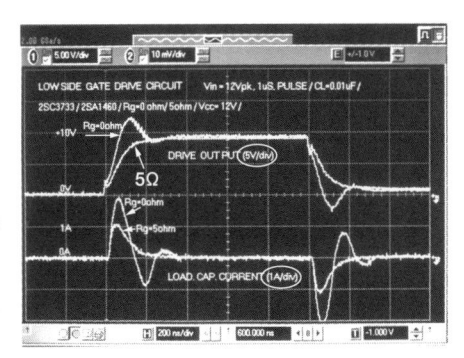

3-2 ゲート電流波形を観測してみよう

く依存するので，定数設定には注意が必要です．
　負荷容量 C_L = 0.01 μF を dt = 100 ns で立ち上げるには，ゲート・ドライブ電圧 V_{GS} を 10 V とすると，

$$I_{peak} = \frac{C_L V_{GS}}{dt} = 0.01\mu \times \frac{10}{100 \text{ ns}} = 1 \text{ A}$$

のドライブ能力が必要なことがわかります．
　R_G = 5 Ω ではピーク電流が約 1 A$_{(peak)}$ に抑えられていますから，ドライブ回路の出力抵抗を含めたトータルの抵抗値 R_T は，

$$R_T = \frac{V_{GS}}{I_{peak}} = \frac{9 \text{ V}}{1 \text{ A}} = 9 \text{ Ω}$$

存在することになります．

3-3　ゲート・ドライブ電圧と負荷の影響

● ゲートのオーバ・ドライブはスイッチングを遅くする

　パワー・スイッチングにおいて電力変換効率を追求すると，どうしてもオン抵抗 $R_{DS(on)}$ の低いパワー MOS を選択することになります．$R_{DS(on)}$ を小さくすることで ON 時のスイッチング損失を低減できるからです．
　$R_{DS(on)}$ を小さくする方法として，規定のゲート・ドライブ電圧よりも大きな電圧でドライブする**オーバ・ドライブ法**があります．しかしオーバ・ドライブはスイッチング時間が長くなるため，高速スイッチング回路では好ましくありません．
　参考のため 2SK1499 を使ってゲート・ドライブ電圧 V_{GS} を ＋5 ～ ＋12 V まで可変して，スイッチング特性の変化を調べてみます．実験のための回路は先に示した

[写真 3-7] 2SK1499 の V_{GS} ＝ 5 ～ 12 V 可変時のスイッチング特性の関係（上：20 V/div., 下：5 V/div., 200 ns/div.）
R_G = 50 Ω，R_L = 50 Ω，V_{DD} = ＋50 V 条件で実験すると，V_{GS} = ＋10 V 以上で完全なスイッチングをし，V_{GS} に比例してオフ時間が長くなる

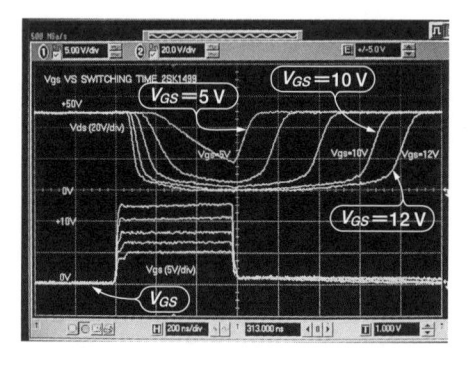

第2章・図2-1です．

写真3-7は$R_G = 50\,\Omega$，$R_L = 50\,\Omega$，$V_{DD} = +50\,\text{V}$でのドレイン-ソース間電圧V_{DS}とゲート・ドライブ電圧V_{GS}の波形です．$V_{GS} = +5\text{V}$ではパワーMOSはONしませんが，非飽和（リニア）動作なのでオフ時間は短くなっています．$V_{GS} = +7 \sim +8\,\text{V}$ではドレイン-ソース間はONしますが完全ではなく，$R_{DS(\text{on})}$は下がりきっていません．$V_{GS} = +10\,\text{V}$以上で完全なスイッチングをしていますが，オフ時間はV_{GS}に比例して長くなっていることがわかります．

● 純抵抗の負荷はあり得ない

パワーMOSスイッチング回路の負荷は，ほとんどが純抵抗ではありません．仮に負荷が抵抗素子であっても，配線やプリント板パターンなどのインダクタンスが存在します．ましてやスイッチング電源用トランスでは，リーケージ・インダクタンスなどが負荷と直列に接続されたものをスイッチングしています．

問題なのは，これらのインダクタンスが部品として目に見えないことです．しかし現実には，これらインダクタンスの影響によって高速/大電流でスイッチングするとオーバシュートやリンギング電圧が大きくなり，ときにはパワーMOSの耐電圧をオーバしてしまうことがあります．

図3-5(a)は負荷抵抗R_LとインダクタンスLが直列に接続された負荷をスイッチングする回路です．図3-5(b)はターン・オフ時にオーバシュートが生じることを表しています．このときオーバシュート電圧は$-L\,di/dt$で決まり，以下の関係になります．

- インダクタンスLに比例する
- ドレイン電流I_Dに比例する
- オフ時間t_{off}に反比例する

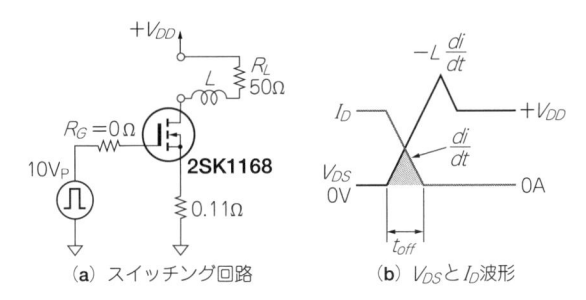

(a) スイッチング回路　　(b) V_{DS}とI_D波形

[図3-5] インダクタンスと抵抗の直列回路を負荷として駆動する

3-3 ゲート・ドライブ電圧と負荷の影響

オーバシュート電圧を抑えるには，一般にドレイン電流は変更できないので，インダクタンス L を小さくするか，スイッチング損失を少し犠牲にして，ゲート直列抵抗 R_G を挿入するとか，スナバ回路を挿入することでオフ時間を遅くします．

高速スイッチング回路では，当然のことですがオフ時間を遅くするわけにはいきません．結局，負荷のインダクタンスをいかに小さくするかがポイントになります．

● 配線材のインダクタンスを測ってみると

実際に 30 cm×2 本の線材のインダクタンスを測定してみましょう．線材でも形状はいろいろです．図 3-6 に示すようにループ状にしたときで約 500 nH，平行線で約 200 nH です．約というのは線材の広げ方で値が変化するためです．撚り線（ツイスト・ペア）にするとインダクタンスは 134 nH に低下します．

次にこれらの差を実際のスイッチング波形で比較してみます．線材をループ状…500 nH のインダクタが負荷に直列に加わった状態にすると，写真 3-8 に示すようにスイッチング時に約 40 V のオーバシュートを生じます．

線材をツイスト状にすると，写真 3-9 に示すようにオーバシュートはほとんど

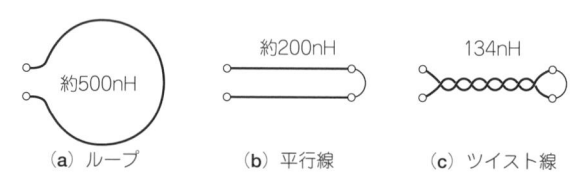

[図 3-6] 配線のインダクタンス（長さ 30 cm）
(a) ループ 約500nH
(b) 平行線 約200nH
(c) ツイスト線 134nH

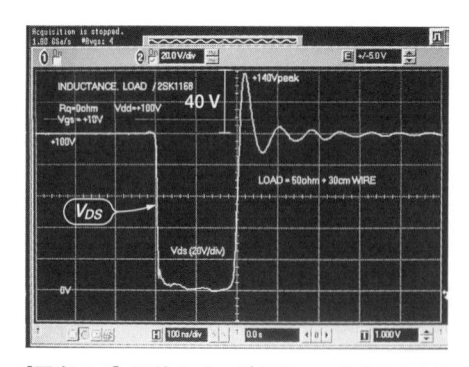

[写真 3-8] 配線のインダクタンスを含む 2SK1168 のスイッチング特性 (20 V/div., 100 ns/div.)
ループ状配線では約 40 V のオーバシュートを生じた

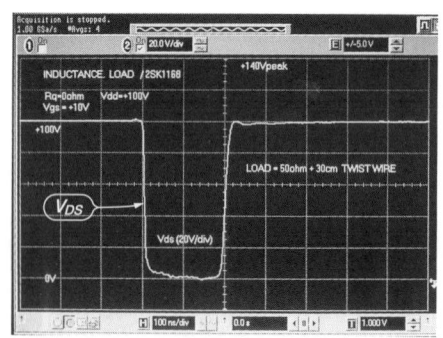

[写真 3-9] 配線を撚り線にしたときの 2SK1168 のスイッチング特性 (20 V/div., 200 ns/div.)
ツイスト状配線ではオーバシュートが生じていない

生じません．ですから，例えば電源部とスイッチング・ユニット間の距離が長い場合などの配線では，必ずよく撚り合わせた撚り線を使います．

図3-5に示したような2SK1168を使った普通のシングル・スイッチング回路では耐電圧にマージンをもたせることで，多少のオーバシュートは問題になりません．しかし，後述するスイッチング電源などに応用するときのハーフ・ブリッジやフル・ブリッジ・スイッチング回路では，OFF時にパワーMOSのソースからドレインに逆電流が流れてしまいます．そのとき電流の変化率di/dtが大きいと，内蔵のボディ・ダイオードでクランプできず，素子の破損につながることがあります．

● **LR直列回路が負荷になるときのスイッチング特性**

ではスイッチング電源などで欠かすことのできない，本来のインダクタンス負荷のスイッチングについて動作を確かめることにしましょう．実験の回路は先の図3-5です．

ここでは2SK1499を$R_G = 25\,\Omega$，$V_{DD} = +50\,V$（これ以上高電圧にすると耐圧オーバになる）の条件で，$L = 100\,\mu H$，$R_L = 50\,\Omega$のLR直列回路をスイッチングしてみます．すると**写真3-10**に示すようにOFF時に大きな電圧…550Vも発生しています．ドレイン電流I_Dが直線的に変化していないのは，負荷がLR直列回路になっているためです．

$I_D = 1\,A$に達したとき$E = LI^2/2$のエネルギがインダクタに蓄積されるため，OFF時に発生する電圧はきわめて大きく，約550Vで素子がブレーク・ダウンし

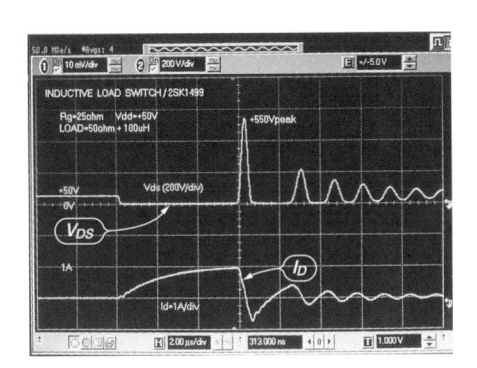

[写真3-10] 2SK1499，LR直列回路のスイッチング特性（上：200 V/div.，下：1 A/div.，2 μs/div.）
$L = 100\,\mu H$，$R_L = 50\,\Omega$のLR直列回路をスイッチングすると550Vも発生する

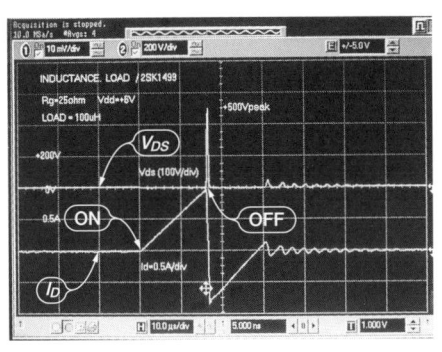

[写真3-11] 2SK1499，インダクタンス負荷のときのスイッチング特性（上：200 V/div.，下：0.5 A/div.，2 μs/div.）
この機能を使うと低い電源電圧から高電圧を発生する昇圧コンバータ回路にもなる

て電圧波形がクランプしているのがわかります．

● 負荷をインダクタンスだけとした場合

次に，負荷抵抗 R_L = 50 Ω を除去して 100 μH のインダクタンスのみをスイッチング駆動してみます．ドレイン-ソース間電圧を 6 V というきわめて低い電圧に設定し，ドレイン電流 I_D が 1A になるパルス幅（約 16 μs）とします．

写真 3-11 ではパワー MOS が ON するとドレイン電流は直線的に増加し，約 16 μs 後に OFF するとドレイン-ソース間電圧 V_{DS} は 500 V に達しています．

なお，スイッチングにおけるこのような現象を応用すると，低い電源電圧から高電圧を発生する昇圧コンバータ回路を実現できることが予想できます．

● リーケージ・インダクタンスのあるトランスをドライブすると

スイッチング電源の代表的な例であるフォワード型コンバータやフライバック型コンバータでは，スイッチング用トランスを使うことで，任意の出力電圧を得ることができます．このときトランスを使う目的の一つは入出力間の絶縁ですが，巻き線方法によっては入出力の結合度が悪くなり，結果として**リーケージ（漏れ）・インダクタンス**が増加し，特性を悪化させることがあります．

24 V・3.5 A 出力のフォワード・コンバータ用に製作したスイッチング・トランスの構造を**図 3-7**(a)に示します．1 次巻き線数は 40 回，巻き数比は 2.5：1 なので 2 次巻き数比は 16 回です．インダクタンスを**図 3-7**(b)のように 2 次側を短絡して測定すると，1 次側インダクタンス L_1 は 2.53 mH，2 次側インダクタンス L_2 は 412 μH でした．

この製作したスイッチング・トランスのリーケージ・インダクタンスを測定してみます．リーケージ・インダクタンスの測定は，2 次巻き線を短絡して，1 次側の

(a) トランスの構造

(b) リーケージ・インダクタンスの測定

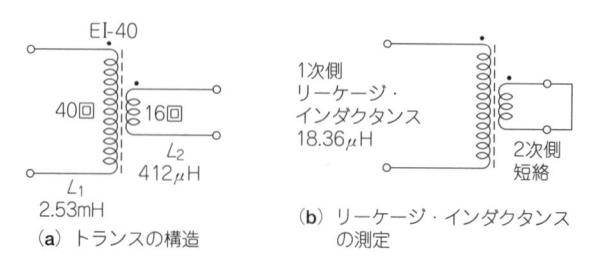

[図 3-7] スイッチング・トランスのリーケージ・インダクタンス
測定結果は 100 kHz におけるリーケージ・インダクタンスが 18.36 μH で，リアクタンスが 11.5 Ω だった

インダクタンスをLCRメータなどで測定します．このリーケージ・インダクタンスは2次側の負荷と等価的に直列接続されるので，値が小さいほど良いトランスといえますが，ゼロにはできません．

測定によると周波数100 kHzにおけるリーケージ・インダクタンスは18.36 μHで，リアクタンスX_Lは11.5 Ωでした．

図3-8はパワーMOSでスイッチング・トランスをドライブする回路の例です．トランスの巻き数比が2.5：1なので，負荷抵抗R_L = 50 Ωが312.5 Ωに変換されます．

ここで，R_L = 50 ΩのときとR_L = 0 Ω（ショート）のときのトランスの1次側インピーダンス周波数特性を実測してみました．測定結果を図3-9に示します．R_L = 0 Ωのときのインピーダンス特性を見ると$+j\omega L$（インダクタンスLのリアクタンス）

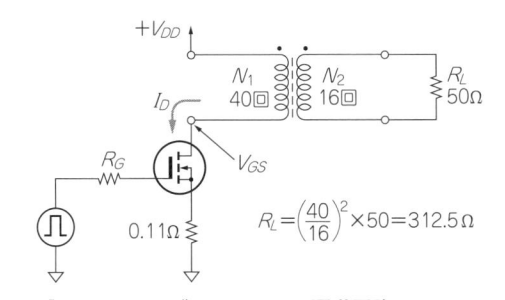

[図3-8] スイッチング・トランスの駆動回路
トランスの巻き数比から負荷抵抗R_L = 50 Ωが312.5 Ωに変換される

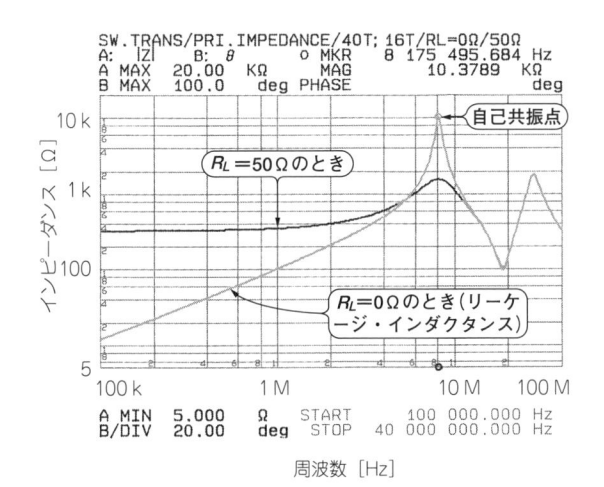

[図3-9] スイッチング・トランス1次側のインピーダンス特性

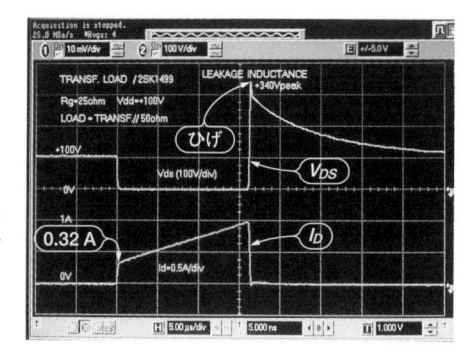

[写真 3-12] 2SK1499，スイッチング・トランス負荷のときのスイッチング特性（上：100 V/div.，下：0.5 A/div.，5μs/div.）
リーケージ・インダクタンスによる「ひげ」が発生している

の傾きで上昇し，さらに周波数が高くなると約 8.175 MHz で**自己共振**しているのがわかります．

このスイッチング・トランスを負荷として $R_L = 50\,\Omega$，$V_{DD} = +100\,\text{V}$ でスイッチングしてみます．入力パルス幅はドレイン電流 I_D が 1 A となる約 16 μs としました．このときのスイッチング波形を**写真 3-12** に示します．

1 次電流 I_D は，0.32 A から直線的に 1 A まで上昇します．そしてドレイン電流を OFF するとドレイン-ソース間電圧 V_{DS} は +340 V(peak) まで跳ね上がります．このときほんのわずかな時間ですが「ひげ」状のパルスが生じます．これがリーケージ・インダクタンスによるものです．トランスなどのようなリーケージ・インダクタンスを含むものは，スイッチングにおいてはパワー MOS の耐電圧算定の際に，この電圧を設計マージンに加えるか，**スナバ回路**で抑圧する必要があります．スナバ回路については第 5 章，**5-4 節**で解説します．

3-4　パワー MOS の基本ドライブ回路

パワー MOS ドライブのいろいろな問題点がわかってきたところで，次にパワー MOS のスイッチング出力回路方式とゲート・ドライブ回路の関係についてまとめてみます．パワー MOS のゲート・ドライブ回路は，スイッチング回路方式によって構成はさまざまです．

- ソース接地 1 石/2 石スイッチング回路
- プッシュプル・スイッチング回路
- ハーフ・ブリッジ回路
- フル・ブリッジ回路

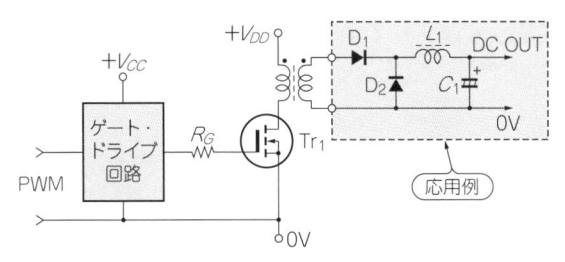

[図3-10] 1石スイッチング回路
出力に整流回路を付加すると簡単なスイッチング電源になる

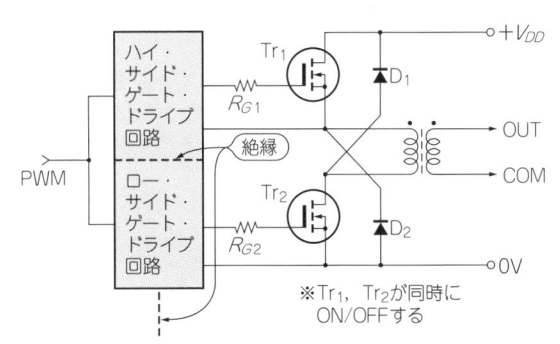

[図3-11] 2石スイッチング回路
絶縁はドライブ回路の入出力の他，ハイ/ロー・サイド間も行う

● もっとも簡単な例…ソース接地1石/2石スイッチング回路

　もっとも簡単なスイッチング方式は，パワーMOSを1本使用したソース接地回路です．図3-10は1本のパワーMOSをソース接地動作させる基本的なスイッチング回路です．波線で示すように，整流回路を付加して出力電力の小さなスイッチング電源回路に応用されています．負荷となるのは抵抗やインダクタ，スイッチング・トランス，DCモータなどです．

　図3-11はパワーMOSを2本使用するスイッチング回路で，Tr_1とTr_2が同時にON/OFFします．電源ラインにはクランプ用ダイオードが付加されているので，パワーMOSの耐電圧マージンはあまり必要ありません．

　スイッチングの制御には一般に**パルス幅変調**（Pulse Width Modulation：**PWM**）回路が採用されています．スイッチング・レギュレータ制御用ICなどでドライブする例がこれに相当します．一般のスイッチング・レギュレータ制御用ICは多くの種類がありますが，筆者が好んで使うμPC1099CX，MC34025P，μPC1909CXな

どはドライブ能力がかなりあります．これらを使用すると，新たなゲート・ドライブ回路は不要になります．もし，大きな電力を扱う用途では電流増幅（プッシュプル・エミッタ・フォロワ）回路を付加して使用します．これらのICの使用例は第7章以降で紹介します．

パワー・スイッチング回路ではハイ・サイド・ゲート・ドライブ回路やロー・サイド・ゲート・ドライブ回路と言うように，**ハイ・サイド**と**ロー・サイド**という用語が出てきます．ハイ・サイドとはスイッチングするラインの電位が高い側を意味し，ロー・サイドとは電位の低いライン側（グラウンド側など）のことを意味します．

また商用電源入力のスイッチング・レギュレータでは，ドレイン電源にACラインを整流して平滑したものを使うことがあるので，ゲート・ドライブ回路の入出力間は電気的絶縁が必要になることがあります．絶縁はハイ・サイド／ロー・サイド間も行います．

● **センタ・タップ付きトランスを使うプッシュプル・スイッチング回路**

電力がやや大きい応用回路では，センタ・タップ付きトランスを使ったプッシュプル・スイッチング回路が使われます．

図3-12は古くから使用されているソース接地プッシュプル回路です．入力および出力回路の位相は反転（位相差が180°）しています．スイッチング・レギュレータ制御用ICでA相/B相出力を備えているものは，プッシュプル回路を直接ドライブすることができます．

なお，この回路では無負荷のときパワーMOSのドレイン-ソース間に高電圧が発生し，素子がブレーク・ダウンを起こしやすくなります．パワーMOSの耐電圧マージンの確保，スナバ回路などによるサージ抑圧回路を必要とします．このような回路の保護に関する解説は第5章で詳しく行います．

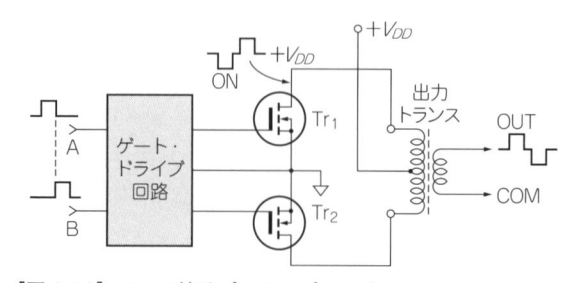

[図3-12] ソース接地プッシュプル回路
古くから使用されているセンタ・タップ付きトランスを使った回路

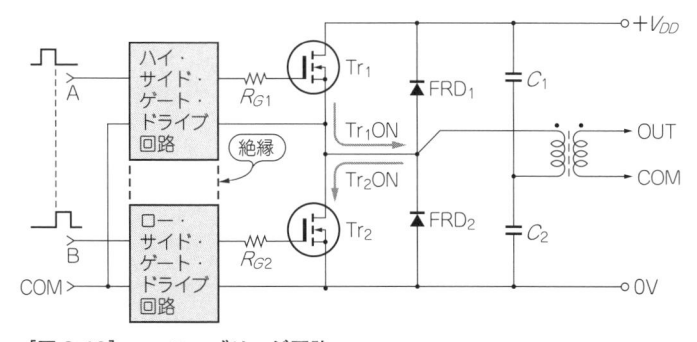

[図 3-13] ハーフ・ブリッジ回路
電源ラインに直列接続された 2 本のパワー MOS が交互に ON/OFF 動作を行う

● 中電力回路ではハーフ・ブリッジ回路
　中電力回路では，電源ラインに直列接続された 2 本のパワー MOS が交互に ON/OFF するハーフ・ブリッジ回路が使われています．
　図 3-13 は N チャネル・パワー MOS によるハーフ・ブリッジ回路です．Tr_1 が ON すると負荷に電流を供給し，Tr_2 が ON すると負荷から電流を吸い込みます．
　ハーフ・ブリッジ回路のゲート・ドライブでは，次のような問題点を解決する必要があります．
　(1) 上側のアーム(ハイ・サイド)のドライブは絶縁する
　(2) ハイ・サイドのドライブ電圧は，供給電源 + V_{DD} より高い電圧 ($V_{DD} + V_{GS}$) が必要になるが，通常はブートストラップ回路が採用されている (**Column 5** 参照)
　(3) 上下のアームは同時 ON してはいけない．デッド・タイムの設定が必要
　ハーフ・ブリッジ回路は 2 本のパワー MOS が電源ラインに直列接続されています．そのため，FRD (**高速リカバリ・ダイオード**) によるフリー・ホイール・ダイオードを付加することで，素子の耐電圧は供給電源電圧に近い電圧で良いことになり，大きなマージンは必要としません．

● 大電力回路ではフル・ブリッジ回路
　大電力回路では，2 個のハーフ・ブリッジ回路を逆相でドライブする形になるフル・ブリッジ回路が多く使われています．
　図 3-14 は N チャネル・パワー MOS によるフル・ブリッジ出力回路です．ハーフ・ブリッジ回路に比べて 2 倍の出力電圧が取り出せる (負荷抵抗が同じなら出力

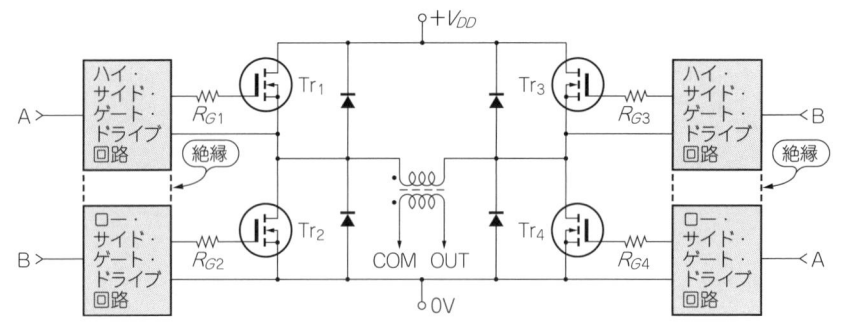

[図3-14] フル・ブリッジ回路
ハーフ・ブリッジ回路に比べて2倍の出力電圧が取り出せる

電力は4倍)ので,大きな電力を扱う用途に多く採用されています.

　フル・ブリッジ回路は出力端子が双方とも浮いている(フローティング)ので,出力端子のいずれかが電源端子に接続されると負荷が短絡状態となって素子を破壊することがあります.これを**地絡**といいます.

　地絡への対処方法としては,絶縁トランスを付加することです.トランスはインピーダンス変換,昇降圧比の変更などの目的にも使えます.

　ドライブ回路自体はハーフ・ブリッジ回路と同じですが,独立したゲート・ドライブ回路が4系統必要です.左(Tr_1,Tr_2)と右(Tr_3,Tr_4)のアームではON/OFF動作の位相が逆相です.最初のサイクルは Tr_1 と Tr_4 が同時にON し,次のサイクルでは Tr_2 と Tr_3 が同時にONします.

　このフル・ブリッジ回路でも,ハーフ・ブリッジ回路と同様に上下アームの同時ONを防ぐための**デッド・タイム**の設定が必要です.

● Pチャネル・パワーMOSによる回路

　図3-15はPチャネル・パワーMOSによるハイ・サイド・ドライブ回路です.負荷の一端が接地されている負荷の駆動に使っています.Nチャネルのハイ・サイド・ドライバで必要だったブートストラップ回路が不要になるので,比較的低い電圧のスイッチ回路(**ロード・スイッチ**と呼ぶ)に多く使われています.

　図3-16は,PチャネルおよびNチャネル・パワーMOSをそれぞれソース接地動作させたプッシュプル・スイッチング回路です.ブートストラップ回路が不要になるのが特徴です.

　なお,より大きな電力を必要とする応用では,パワーMOSの並列接続を行いま

すが，並列にするとゲート入力容量 C_{iss} も増加するので，ゲート・ドライブ能力の強化が必要です．

Column 5

ハイ・サイド・ゲート・ドライブ用ブートストラップのしくみ

図 3-A は N チャネル・パワー MOS を使用したハーフ・ブリッジのゲート・ドライブ回路です．ここで N チャネル・パワー MOS のハイ・サイド・ゲート・ドライブ部分に必要な，ブートストラップ動作を説明します．この回路は Tr_1（ハイ・サイド側パワー MOS）のゲート電圧を供給電圧 $+V_{DD}$ より V_{GSon} だけ高くして完全なスイッチ ON 状態にするものです．この回路で大きな役割をしているのは，ダイオード D とブートストラップ・コンデンサ C_B で，C_B をドライブ電圧（V_{CC}）まで充電することから始まります．

▶ 上の Tr_1 が ON，下の Tr_2 が OFF のとき

ダイオード D が導通してコンデンサ C_B に $+V_{CC}$ から V_F を差し引いた電圧が充電されます．ゲート電圧となる HI 出力はゼロ電位ですから Tr_1 は ON できません．

▶ 上の Tr_1 が OFF，下の Tr_2 が ON のとき

Q_1 が OFF し，HI 出力は V_S 端子（ほぼ V_{DD} と同電位）にコンデンサ C_B 端子電圧（$+V_{CC}-V_F$）を加えた電位となり，Tr_1 を完全に ON させます．

上記の動作を，このドライブ回路に入力されるスイッチング周波数の周期で繰り返します．

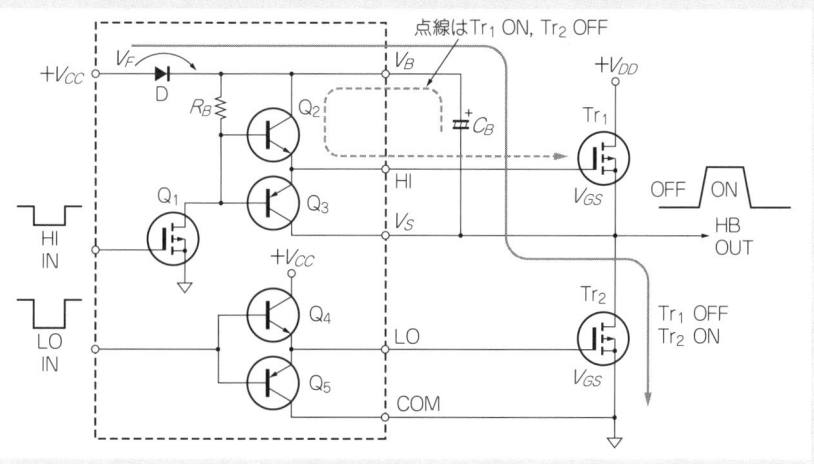

[図 3-A] N チャネル・パワー MOS を使用したハイ・サイド・ゲート・ドライブ回路
ハイ・サイドのドライブ電圧は，供給電源 $+V_{DD}$ より高い電圧（$V_{DD}+V_{GS}$）が必要になる

3-4 パワー MOS の基本ドライブ回路

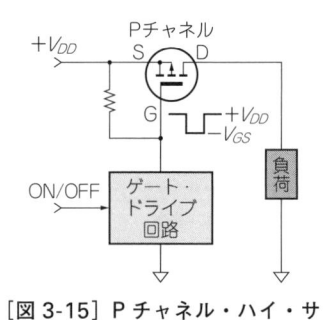

[図 3-15] P チャネル・ハイ・サイド・ドライブ回路
N チャネルのハイ・サイド・ドライバで必要だったブートストラップ回路が不要になる

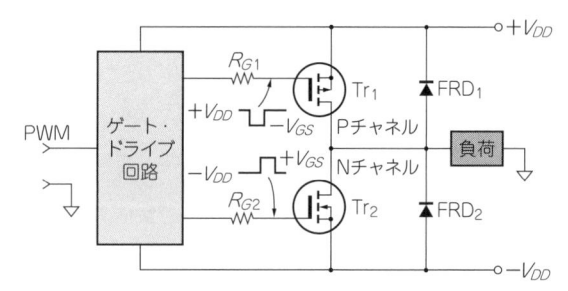

[図 3-16] プッシュプル・スイッチング回路
P チャネルおよび N チャネル・パワー MOS をそれぞれソース接地動作させたこの回路はブートストラップ回路が不要

3-5 過電流保護付きロー・サイド・ゲート・ドライブ回路

● 過電流保護の必要性

　パワー MOS のゲート-ソース間に流れる大きな充放電・電流波形は CR 微分回路と同じ波形ですから，スイッチング周波数が高くなるに従い，ドライブ電力は増加します．また，ゲート・ドライブ電圧 V_{GS} において $I_{G(peak)}$ のゲート電流が流れるということは，瞬時的ですが $R = V_{GS}/I_{G(peak)}$ の入力抵抗をもつことになります．大電流が流れるパワー MOS は入力インピーダンスがきわめて低いデバイスといえます．

　パワー MOS のゲート-ソース間電圧 V_{GS} がスレッショルド電圧を越えるとドレイン-ソース間抵抗 R_{DS} が低下し始め，さらに R_{DS} は下がります．このとき，ドレイン負荷(抵抗やインダクタンス)が短絡状態になると，どのくらいのドレイン電流 I_D が流れるでしょうか？

　負荷短絡といってもその抵抗成分は 0 Ω ではなく，オン抵抗，ソース抵抗や配線抵抗が存在します．これらを仮に 1 Ω，V_{DS} = 100 V とすれば，I_D = 100 A のドレイン電流が流れ，通常ならパワー MOS は破壊されます．

　パワー MOS はバイポーラ・トランジスタに比べ 2 次降伏がなく，温度係数が負なので破壊しにくいといわれています．しかし，パワー MOS は負荷短絡に対しては破壊しやすいデバイスで，そのため過電流保護回路が必要になります．

● ロー・サイド・ゲート・ドライブ回路での過電流保護動作の確認

　図 3-17 は簡単なロー・サイド・ゲート・ドライブ回路にテスト用過電流保護回

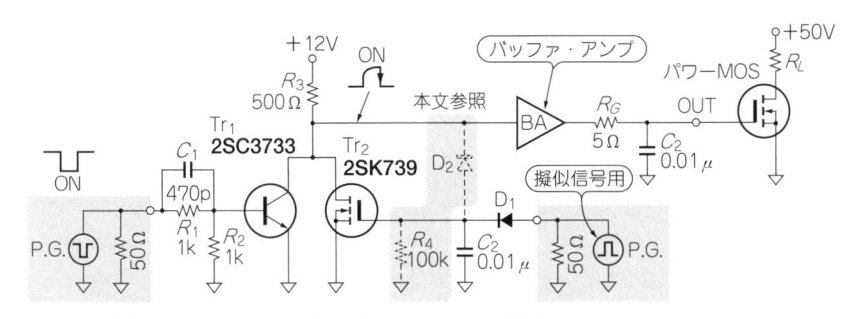

[図3-17] ロー・サイド・ゲート・ドライブ回路
過電流保護の動作を確認するための回路で，疑似信号を入力して仮テストする

 路をつけた例です．この回路を使って過電流保護の動作について説明します．この回路のバッファ・アンプはNPNおよびPNPトランジスタを使用したプッシュプル出力回路です．これでOUT端子につながるロー・サイド側のスイッチング素子(パワーMOS)をON/OFFします．この回路の入力となるパルス・ジェネレータの出力波形は負論理のTTLレベルです．トランジスタTr_1は通常ON状態で，コレクタ電圧はほぼ0Vになっており，パワーMOSはOFF状態です．

 パワーMOSをONするにはTr_1をOFFし，コレクタ電圧を+12Vにして，低出力抵抗バッファ・アンプを経由してゲート-ソース間に電圧を加えます．これでパワーMOSに電流が流れますので，過電流の検出は駆動するパワーMOSのソースに抵抗を挿入して行います．ここでは，動作テストのためパルス・ジェネレータで疑似信号としてセンス信号を与えています．

 では，センス信号を入力して過電流保護動作を確認しましょう．ダイオードD_1とコンデンサC_2で，センス電圧をピーク・ホールドしてTr_2をONし，ドレイン電圧をほぼゼロにします．これであたかも過電流が流れた状態となりますので，パワーMOSがOFFとなり電流停止の保護動作となります．Tr_2をONする電圧はTr_2のスレッショルド電圧にダイオードD_1の順方向電圧を加えた電圧です．スレッショルド電圧が低いデバイスを選択します．

 ピーク・ホールドされた電圧をどのようにリセット(放電)するかで，保護回路の動作を変更できます．抵抗R_4を除去してダイオードD_2を挿入すると，ドライブ入力波形のOFF時にC_2にチャージされた電荷をダイオードD_2で放電できる，いわゆる「**パルス・バイ・パルス動作**」です．

 ダイオードD_2を除去し放電用抵抗R_4を挿入すると，過電流を検出した後，一定時間はドライブ出力をOFFし，スレッショルド電圧以下になると再びONする

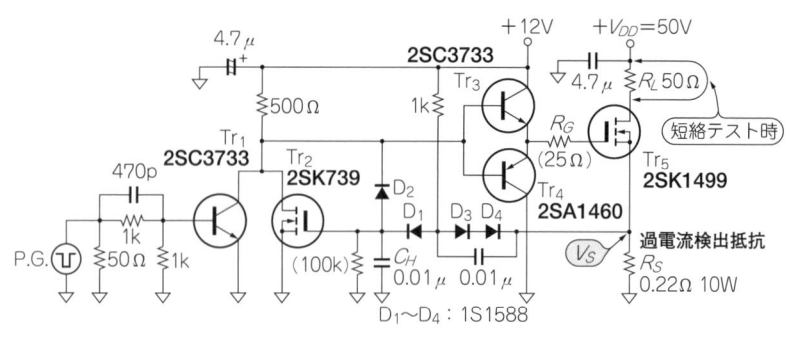

[図 3-18] 過電流保護付きロー・サイド・ゲート・ドライブ回路
実際に過電流を与えて実験する回路で，正常に動作した

「間欠動作」になります．R_4 の値は C_2 との時定数から決定します．

● 過電流保護付きロー・サイド・ゲート・ドライブ回路の実際

次の図 3-18 に示すのは過電流保護付きのロー・サイド・ゲート・ドライバのテスト回路です．Tr_2 のスレッショルド電圧（約 1.8 V）を見かけ上小さくするため，ダイオード D_3，D_4 を追加し，抵抗 1 kΩ で順バイアスしています．主スイッチング素子 2SK1499 は放熱板を付けていないので，発熱しないように入力パルスは周期を数十 ms，パルス幅を数十 μs で駆動します．

センス電圧 V_S は，ドレイン電流 I_D とソース抵抗…**過電流検出抵抗** R_S から，$V_S = I_D R_S$ となります．約 1 V で過電流保護動作を開始ですから，$R_S = 0.22$ Ω での制限電流は約 5 A です．実際は回路の応答に時間遅れがあるので少し増加します．

負荷抵抗 R_L は 50 Ω のダミー抵抗で，ON 時のドレイン電流は 1 A です．短絡テストは R_L をリード線でショートします．

● 過電流保護動作のテスト

写真 3-13 は先に述べた簡単なロー・サイド・ゲート・ドライブ回路（図 3-17）を使い，擬似的にパルス・ジェネレータでセンス信号を与えたときの動作波形です．測定条件はセンス電圧 $V_S ≒ 2$ V（約 1 V で動作開始），パルス幅 500 ns で，遅延時間を変化させた実験結果をオシロスコープの画面に重ね書きしています．

上のトレースがパワー MOS（Tr_5）のゲート・ドライブ電圧 V_{GS} です．下のパルス・ジェネレータ波形①は，センス信号が約 500 ns 遅れて入力された場合を想定しています．入力電圧が約 1 V を越えると V_{GS} は OFF しますが，約 1.5 V の残り

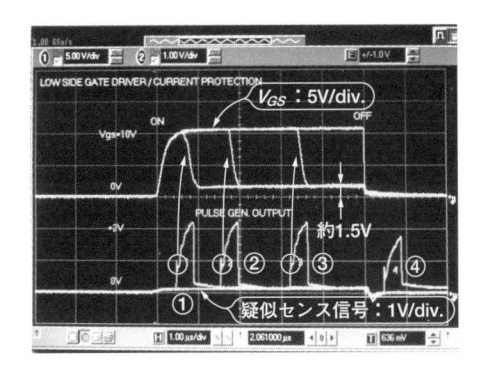

[写真 3-13] 過電流保護回路の動作（上：5 V/div., 下：1 V/div., 1 μs/div.）
疑似信号を入力して仮テストすると正しく保護動作していることがわかる

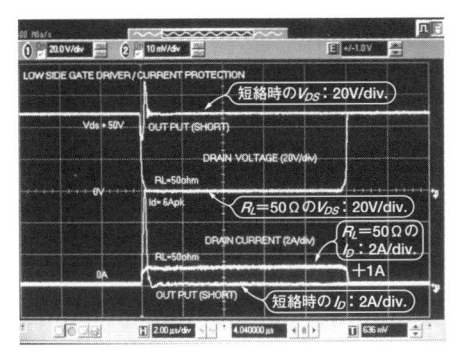

[写真 3-14] 過電流保護付きロー・サイド・ゲート・ドライブ回路の V_{DS} と I_D（上：20 V/div., 下：2 A/div., 2 μs/div.）
実際に負荷をショートした場合はピークで6A程度流れるが，その後は保護回路が動作している

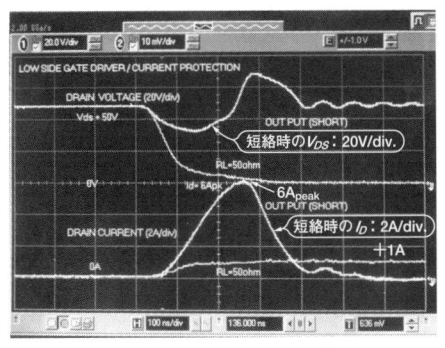

[写真 3-15] 写真 3-14 の時間軸拡大（上：20 V/div., 下：2 A/div., 100 ns/div.）

電圧があります．これは Tr_2 のオン抵抗が存在するためで，トランジスタ Tr_1 のコレクタ負荷抵抗 500 Ω を高くすれば残り電圧を小さくできます．波形②は1μs，波形③は1.5μs センス信号がそれぞれ遅れても同様の動作になります．

波形④はゲート・ドライブが OFF になってからセンス信号を検出した場合です．ドライブ波形に何の変化もないことがわかります．ただし，実際はこのタイミングでセンス信号が発生することはありません．

● 負荷を短絡したときのテスト

写真 3-14 は過電流保護付きロー・サイド・ゲート・ドライブ回路（図 3-18 の回路）に負荷抵抗 50 Ω を挿入した場合と短絡した場合の動作波形を重ね書きしていま

3-5 過電流保護付きロー・サイド・ゲート・ドライブ回路

す．負荷抵抗の挿入時は，電源電圧 V_{DD} = 50 V でドレイン電流 I_D = 1 A となり，ドレイン-ソース間電圧 V_{DS} の波形は正常です．

短絡して駆動させ過電流状態にした場合，V_{DS} はゼロにならず，ドレイン電流は 6 $A_{(peak)}$ に制限されています．**写真 3-14** では見にくいので，時間軸を 100 ns/div. に変更したのを**写真 3-15**に示します．短絡時の V_{DS} 波形にオーバシュートが認められますが，これは短絡リード線の自己インダクタンスによるものです．

3-6 電流制限付きドライバ専用 IC IR2121 を使う

● 専用 IC の定番 IR2121

パワー MOS ドライブ回路は高速応答が要求され，過電流制限回路も必要となると，相応に複雑な回路となります．そこでよく利用されるのが，パワー MOS ドライブ専用の IC です．

インターナショナル レクティファイアー社の電流制限付きのロー・サイド・ゲート・ドライバ IR2121（**写真 3-16**）は，エラー出力端子を備え，シャットダウン時間を外付けコンデンサで設定できる便利なドライブ IC です．**図 3-19** に IR2121 の内部構成を示します．入力信号レベルは TTL 正論理でスレッショルド電圧は 1.8 V です．

電流検出用 CS 端子のスレッショルド電圧は 230 mV で内部に 500 ns のブランク時間が設けられており，センスしてからシャットダウンするまでの遅延時間は 700 $ns_{(typ.)}$ になります．したがって高速スイッチングの用途では正常な電流制限はできません．

エラー出力端子（ERR）にコンデンサ C を付加することにより，dt = C × 1.8 V/100 μA の遅延を設定することができます．C = 270 pF では約 9 μs ですが，高速応答を要求する場合はこのコンデンサ C を省略します．

ドライブ出力波形の遅延時間は，ON/OFF とも 150 $ns_{(typ.)}$ で，出力ソース（吐き出し）電流は 1 A，シンク（吸い込み）電流は 2 A です．シンク電流が大きいのはタ

[写真 3-16] 電流制限付きのロー・サイド・ゲート・ドライバ IC IR2121

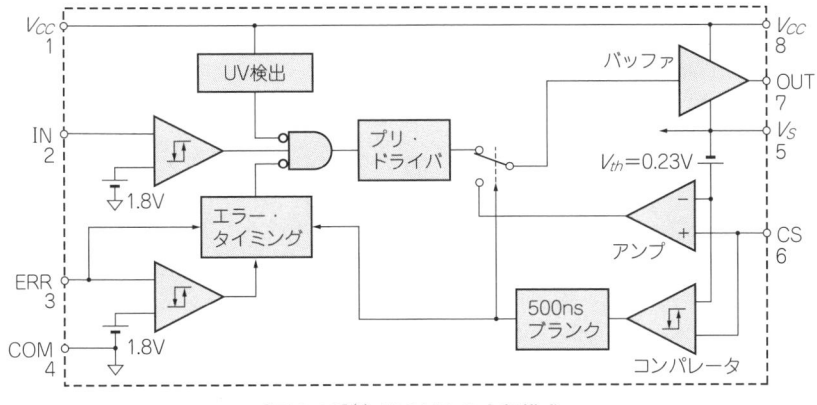

[図 3-19]⁽⁶⁾ IR2121 の内部構成

ーン・オフ時間を短縮するためです．

● 10000 pF のドライブ能力がある

　IR2121 は電源端子のバイパス・コンデンサを除き，外付け部品を必要としません．**写真 3-17** は出力端子にゲート直列抵抗 R_G を 0 Ω または 5 Ω に，パワー MOS 代わりの負荷容量として C_L = 10000 pF に設定して出力電圧，電流波形を観測したものです．

　出力電流は R_G = 0 Ω においてソース電流が +1 A，シンク電流は -2 A 以上のドライブ能力があります．R_G = 5 Ω でソース電流がほとんど低下しないのはソース側の出力抵抗がシンク側に比べて高いためです．シンク電流は約半分の -1.2 A です．

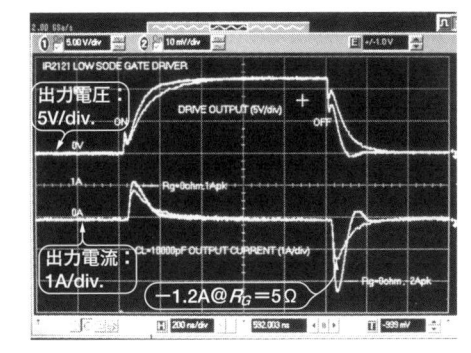

[写真 3-17] IR2121 の出力電圧と出力電流
（上：5 V/div.，下：1 A/div.，200 ns/div.）
外付けゲート直列抵抗 R_G を 0 Ω または 5 Ω に，負荷容量を C_L = 10000 pF に設定して観測したもの

3-6　電流制限付きドライバ専用 IC IR2121 を使う　|　073

● 負荷短絡状態をテストすると

図3-20はIR2121によるパワーMOSドライブでの負荷短絡テスト回路です．ゲート直列抵抗$R_G = 25\,\Omega$，負荷インダクタ$L = 100\,\mu H$，電源電圧V_{DD}は低い電圧で動作させます．電流制限の遅延時間が700 nsあるので，ON時に大電流が流れないようにするためです．

センス電圧のスレッショルドは$V_{th} = 230\,mV$で，ソース抵抗…電流検出抵抗$R_S = 0.22\,\Omega$での制限電流は約1 Aです．

写真3-18は$V_{DD} = 14\,V$，入力パルス幅$12\,\mu s$で負荷インダクタンス$100\,\mu H$をスイッチングしたときのドレイン電流波形（$0.14\,A/\mu s$）です．波形を見ると，1 Aに達する時点ではシャットダウンしていません．これはセンシングしてからの時間

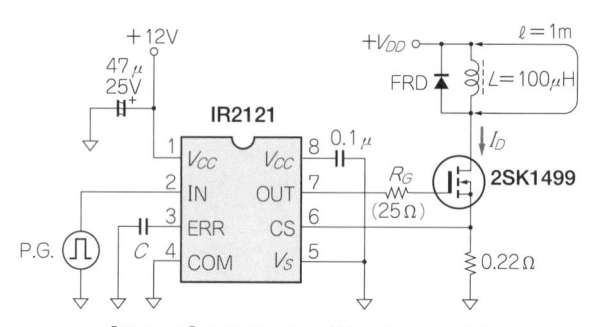

[図3-20] IR2121の負荷短絡テスト回路

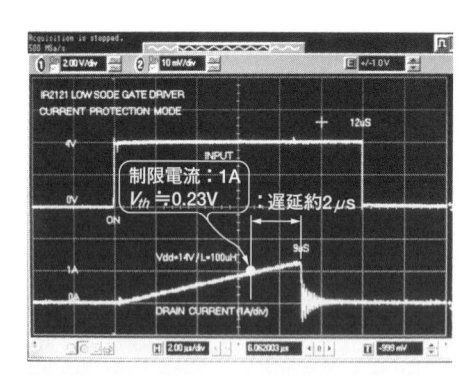

[写真3-18] $100\,\mu H$のインダクタ負荷入力波形とドレイン電流（上：2 V/div., 下：1 A/div., $2\,\mu s$/div.）
負荷短絡してもCS端子電圧が0.23 V（=約1 A）になった時点で制限電流値を検出している

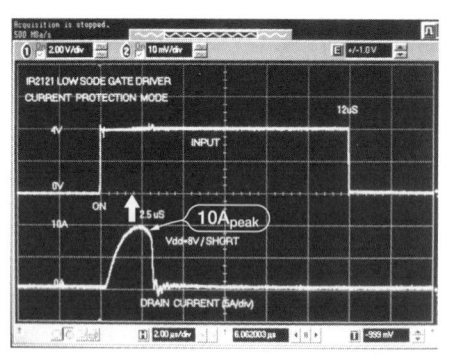

[写真3-19] 負荷短絡時のドレイン電流（上：2 V/div., 下：5 A/div., $2\,\mu s$/div.）

遅れのためで，高速応答させれば $6\,\mu\mathrm{s}$ で OFF するはずですが，約 $9\,\mu\mathrm{s}$ になっています．

次に負荷インダクタンス L を長さ $1\,\mathrm{m}$ のケーブルで短絡してドレイン電流波形を観測しました．**写真 3-19** は電源電圧 $V_{DD}=8\,\mathrm{V}$ で負荷短絡したときのドレイン電流波形で，$2\,\mu\mathrm{s}$ 後に $10\,\mathrm{A_{(peak)}}$ に達しています．さらに電源電圧を上げるとドレイン電流は矢印方向に比例して増加します．パワー MOS の定格，とくに最大ドレイン電流の大きなデバイスを使用する必要があります．

なお，インダクタンス L をスイッチングするフライバック型スイッチング・レギュレータなどの応用では，ドレイン-ソース間が ON してもドレイン電流は直線的に増加するので問題はなさそうです．

● エラー出力端子の電圧波形を観測する

写真 3-20 および**写真 3-21** は，IR2121 の電流検出用 CS 端子に外部からパルス・ジェネレータで擬似的にセンス電圧を②のタイミングで与えたときの波形です．入力信号の①のタイミングから $2\,\mu\mathrm{s}$ 遅延させてあります．**写真 3-20**(上)のトレースは ERR 端子，(下)は入力信号と CS 信号です．**写真 3-21**(上)のトレースは同じ ERR 端子で，(下)が OUT 端子の CS 端子を使ったときと使わないときの信号波形です．同じタイミングを示すために数字が入っています．

②のタイミングから約 600 ns 後に ERR 出力電圧は直線的に上昇し，③のタイミングでドライブ出力はシャットダウンされます．直線的に上昇する電圧波形の傾斜

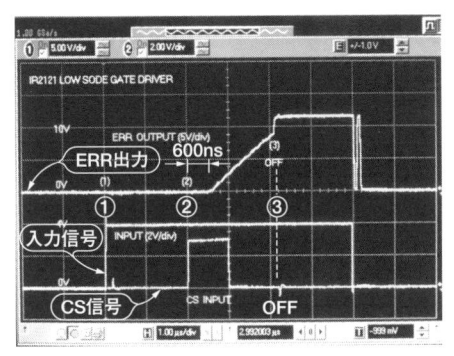

[写真 3-20] 入力信号とエラー出力のタイミング（上：$5\,\mathrm{V/div.}$，下：$2\,\mathrm{V/div.}$，$1\,\mu\mathrm{s/div.}$）

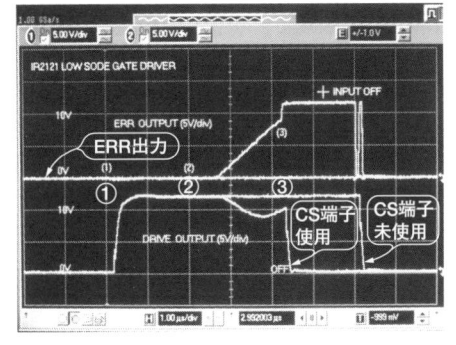

[写真 3-21] エラー出力波形とドライブ出力（上：$5\,\mathrm{V/div.}$，下：$5\,\mathrm{V/div.}$，$1\,\mu\mathrm{s/div.}$）
CS 端子を使用したときと使用しないときの ERR 出力端子波形を示す

は，外付けのコンデンサ C で傾斜率を小さく設定でき，シャットダウンまでの時間を長くすることができます．

　電流検出用 CS 端子を使用しないときは入力信号が OFF になるまで，ドライブ出力はシャットダウンされません．

パワー MOS FET 活用の基礎と実際

第4章
パワー MOS の絶縁ゲート・ドライブ技術

本章では商用電源をそのまま整流・平滑するライン・オペレート回路などで
必要となる絶縁ゲート・ドライブ回路について実験します．
絶縁方法にはパルス・トランス方式やフォト・カプラ方式が
多く使われています．

4-1　　　　　　　　なぜ絶縁ゲート・ドライブ回路か

　パワー MOS によるスイッチング回路では，多くの場合，ゲート・ドライブ回路の絶縁が必要になります．理由は，主スイッチング回路の供給電源が商用電源をそのまま整流して平滑したものであったり，ほかの制御回路と絶縁（アイソレーション）しないと素子の動作レベルを保つことができなかったりするからです．絶縁方法にはパルス・トランス方式やフォト・カプラ方式が多く使われています．

　しかし，絶縁回路の構成は簡単ではありません．絶縁に使用するパルス・トランスの設計やフォト・カプラの利用に多くのノウハウが必要だからです．しかも，パワー MOS は第 2 章でも述べたように，ゲート駆動に多くの癖があります．

　この章は少し難解になりますが，パワー MOS を大電力・高速スイッチングに活用する重要部分でもあるので，多角的な実験によって紹介していきます．

　図 4-1 はパルス・トランス方式で作ったゲート・ドライブ回路の例です．波形のデューティ比を 50 ％で動作させるパワー・スイッチング回路において，電力を可変電源で制御するドライブ回路を簡素化することができます（第 9 章で解説）．パルス幅変調（PWM）方式のときは，パルス波形のデューティ比が大幅に変化するので，図 4-2 に示すように，ダイオードとトランジスタを入れた回路を採用します．

　図 4-3 はフォト・カプラを使用した絶縁ゲート・ドライブ回路ですが，ドライブ回路のための絶縁補助電源が必要になります．フォト・カプラでは電力は伝達できないのです．しかし，フォト・カプラ方式はパルス・トランス方式に比べてスイ

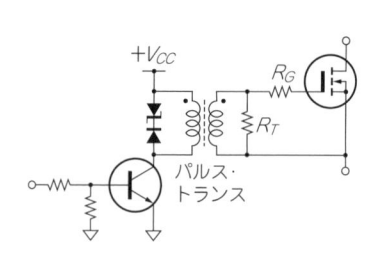

[図 4-1] もっとも簡単なトランスによる絶縁ゲート・ドライブ回路
デューティ比が 50 % ならドライブ回路は簡素化できる

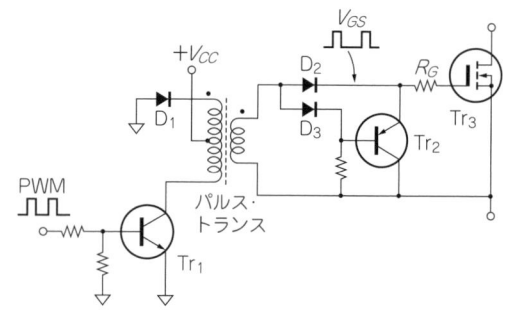

[図 4-2] 広いデューティ比に対応するトランスによる絶縁ゲート・ドライブ回路
デューティ比を大幅に可変するドライブ回路はダイオードが必要となる

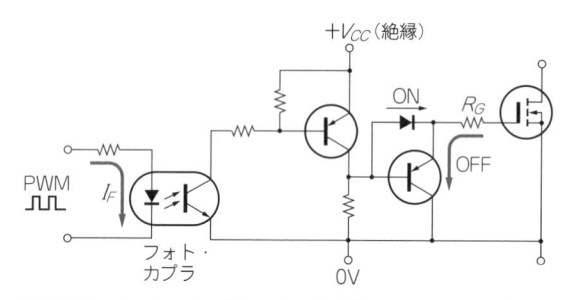

[図 4-3] フォト・カプラによる絶縁ゲート・ドライブ回路
フォト・カプラ用の絶縁補助電源が余分に必要になる

ッチング周波数の下限がなく（直流伝送も可能），広範囲なデューティ比で動作できるのが特徴です．

フォト・カプラとゲート・ドライブ回路が一緒になった専用 IC も市販されています．

4-2　パルス・トランスの特性を理解しよう

● パルス・トランスは難物だが…

絶縁ゲート・ドライブ回路に使われるパルス・トランス方式の歴史は古く，今日でも多く使われています．

以下に特徴を挙げます．

▶ メリット
- 簡単に絶縁回路を構成でき，ハイ・サイド/ロー・サイド回路の区別がない
- 上手に設計すればトランス部での遅延がなく高速駆動を実現できる
- 電力を伝送でき，ハイ・サイド・ドライブ回路の補助電源が不要である
- ゲート・ドライブ条件に設計の自由度がある
- ハイ・サイドとロー・サイド・ドライブ回路を同一回路で構成でき，ハーフ・ブリッジ回路において対称ドライブできる（プッシュプル回路では重要）
- ブートストラップ回路付きドライブICなどの半導体回路に比べて破壊に強い

▶ デメリット
- 直流を伝送できない
- 出力制御などのためのPWM回路においてデューティ比を広範囲に可変することが難しい
- トランスの設計によりドライブ回路の特性が変化する．設計にそれなりの知識を必要とする
- スイッチング周波数が低いほどトランスの外形寸法が大きくなる
- リーケージ・インダクタンスが大きいと高速ドライブできない

● パルス・トランスの周波数特性

デメリットで述べたように，トランスは直流を伝送できません．PWM変調における伝送では波形のデューティ比に応じて，その平均電圧が変化します．**表4-1**はパワーMOSゲート・ドライブに適する市販の高速パルス・トランスの一例です．ET積とはパルス電圧とパルス幅の積のことですが，パルス・トランスの伝送能力を示しています．

パルス・トランスの周波数特性を測ってみましょう．一例として，パルス・トランスにTF-B3を選ぶことにします．外観写真を**写真4-1**に示します．

測定回路は**図4-4**のとおりです．測定条件は1次側の信号源抵抗 $R_S = 50\,\Omega$，2次側負荷抵抗 $R_L = 50\,\Omega$ で，ファンクション・ジェネレータで方形波を入力します．周波数特性の測定はサイン波で，入力周波数を100Hzから10MHzまでスイープします．

測定した周波数特性は**写真4-2**のとおりです．この特性写真は上の波形が利得，下の波形が位相特性で，典型的なトランスの特性です．低域特性は1.26kHz/-3dB，移相量は-42°，高域特性は1.2237MHz/-3dBで移相量は-35.6°，トランスの中

[表 4-1][8] 高速パルス・トランスの電気的特性と結線 [日本パルス工業㈱]
ET 積が大きいほど最大 2 次許容電流が小さくなっている

型名	巻き線比 $N_1:N_2:N_3:N_4$ ±5%	最小1次インダクタンス [mH]@1kHz	最大リーケージ・インダクタンス N_1 [μH]	最大静電容量N_1-N_2 [pF]	最大直流抵抗 [Ω] 1次	最大直流抵抗 [Ω] 2次	最大立ち上がり時間 [ns] @R_L=50Ω	最小 ET積 [Vμs]	最大2次許容電流 [mA] デューティ比0.5	使用周波数範囲 [kHz]
TF-B1	1:1, CT付き	0.2	15	16	0.25	0.3	130	75	330	110〜170
TF-B2	1:1, CT付き	1.0	40	17	0.9	1.2	750	155	150	50〜300
TF-B3	1:1, CT付き	2.2	90	18	1.8	2.0	1500	230	120	35〜150
TF-C1	1:1:1:1	0.9	20	20	0.55	0.75	420	145	125	55〜400
TF-C2	1:1:1:1	4.0	40	22	1.9	3.0	1700	310	65	25〜150
TF-C3	1:1:1:1	9.0	90	24	4.0	6.3	3400	450	50	15〜95

(a) 電気的特性 (T_A = 25℃)

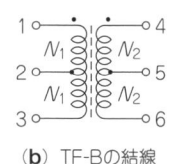

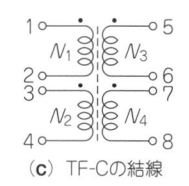

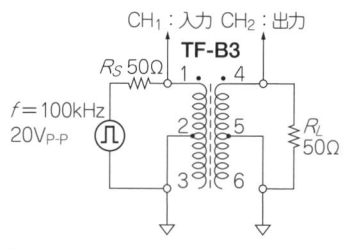

(b) TF-B の結線

(c) TF-C の結線

[図 4-4] パルス・トランスの測定回路

[写真 4-1] パルス・トランス TF-B3 [日本パルス工業㈱]

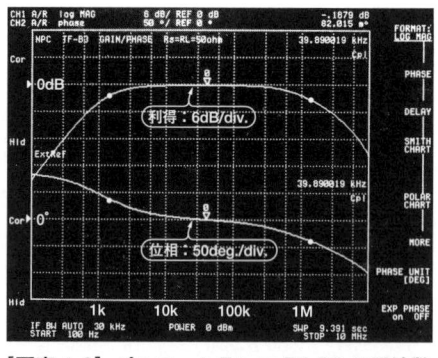

[写真 4-2] パルス・トランス TF-B3 の周波数特性 (f = 100Hz 〜 10MHz)

心帯域幅は移相量がゼロとなる周波数で約 40 kHz となっています。

● パルス・トランスの応答特性

写真 4-2 に示すような周波数特性をもつパルス・トランスにデューティ比の異

第 4 章 パワー MOS の絶縁ゲート・ドライブ技術

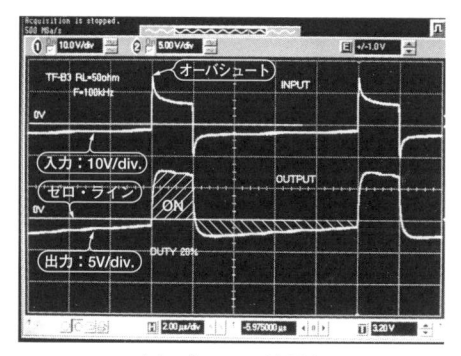

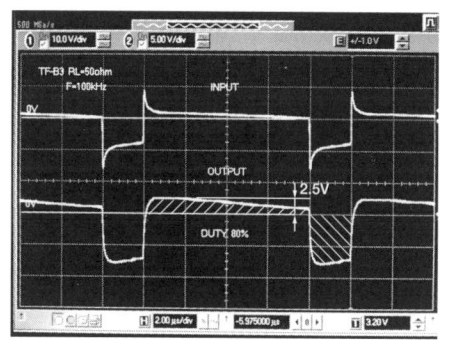

(a) デューティ比20%　　　　　　　　　　(b) デューティ比80%

[写真4-3] パルス・トランス TF-B3 にデューティ比の異なる
入力信号を加えたときの応答特性
(上：10 V/div., 下：5 V/div., 2 μs/div.)

なる方形波を入力したら，どのような出力波形になるでしょう．

　写真4-3(a)は図4-4の測定回路で，パルス・トランス TF-B3 の入出力を $50\,\Omega$ で終端し，ファンクション・ジェネレータで，周波数 100 kHz の方形波，振幅 $10\,V_{P-P}$，デューティ比 20 % で駆動したときの入出力波形です．

　入力波形にオーバシュートが認められますが，これはパルス・トランスの**リーケージ・インダクタンス**によるものです．

　出力波形はゼロ・ラインに対して非対称で，振幅は約 $10\,V_{P-P}$ です．ゼロ・ラインで区切った，オン期間($2\,\mu s$)とオフ期間の波形面積は等しくなります．このオン期間でパワー MOS を駆動します．

　写真4-3(b)はデューティ比だけ 80 % に変更したときの入出力波形です．波形が写真4-3(a)と対称です．このときオン期間の振幅は約 2.5 V ですから，このままではパワー MOS のゲート-ソース間をドライブする… ON させることはできません．

● トランスによる絶縁ドライブ回路

　パルス・トランスを使った場合は，写真4-3(b)からデューティ比の大きな信号を入力すると，2次側の出力電圧(パワー MOS の駆動電圧)が低下することがわかりました．そこで2次側の出力電圧を固定(約 10 V)するトランジスタ回路(図4-5)を製作し，どうなるか見ることにしました．

　動作は，巻き数比 1：1 のパルス・トランスを Tr_1 でスイッチングします．すると，2次側に方形波が出力されます．しかし，この回路では OFF 時の出力波形に

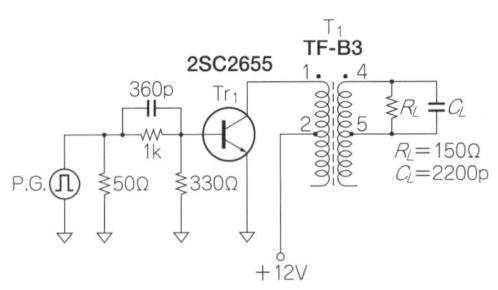

[図 4-5] テスト用の絶縁ドライブ回路例
この回路は負のドライブ波形が入力信号のデューティ比によって大きく変化してしまう PWM 回路に適さない

問題があります．

この回路では Tr_1 が ON 時にパルス・トランスに蓄積されたエネルギ（デューティ比に比例）が，負荷抵抗 R_L と負荷容量 C_L を経由して放出されるので，入力信号のデューティ比によって出力波形のゼロ・ラインが変化します．

では実際のテスト用絶縁ドライブ回路（図 4-5）にデューティ比の変化する PWM 信号を入力して波形を観測しましょう．**写真 4-4(a)** はデューティ比の小さな方形波を入力したときの出力波形です．出力振幅は約 12 V で，0 V ラインに対して非対称波形になっています．

出力波形は立ち上がり時にオーバシュートが見られますが，これはトランスの 2 次側を最適なインピーダンスで終端していないためです．

次にデューティ比 45％の方形波を入力したのが**写真 4-4(b)** です．直流 0 V ラ

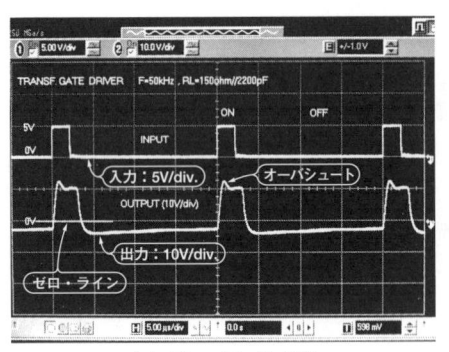

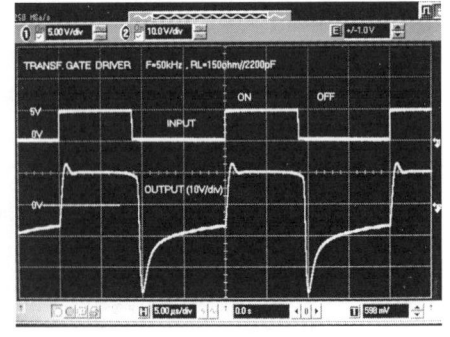

(a) デューティ比12％   (b) デューティ比45％

[写真 4-4] テスト用絶縁ドライブ回路の出力波形（上：5 V/div.，下：10 V/div.，5 μs/div.）
PWM 回路に適さない絶縁ドライブ回路は負のドライブ波形がデューティ比により変化する

インに対してON時に+10 V，OFF時はマイナス側に大きくオーバシュートしています．正と負の波形面積は直流0Vラインに対しほぼ等しくなっています．

このようにテストに使用したトランジスタによる絶縁ドライブ回路では，測定写真の波形に示すように問題があります．つまり，負のドライブ波形が入力信号のデューティ比によって大きく変化してしまうのです．したがって，実際のドライブ回路では以降の具体例に示すような配慮が必要です．

4-3　パルス・トランスによるPWM用絶縁ドライブ回路

● プッシュプル用センタ・タップ付きパルス・トランスを使用する

パワーMOSのゲート・ドライブ電圧は，ノイズによる誤動作を防ぐ目的で，負にバイアスすることがあります．また，一般的にパワーMOSのドライブ電圧は0〜+12 V程度なので，トランスの1次または2次側に**ダイオード・クランプ**回路を付加してOFF時のドライブ電圧をほぼゼロにします．

では改善も含めた，パルス・トランスを使用するPWM用絶縁ドライブ回路の基本動作を説明しましょう．図4-6がパルス・トランスを使用したパワーMOS用

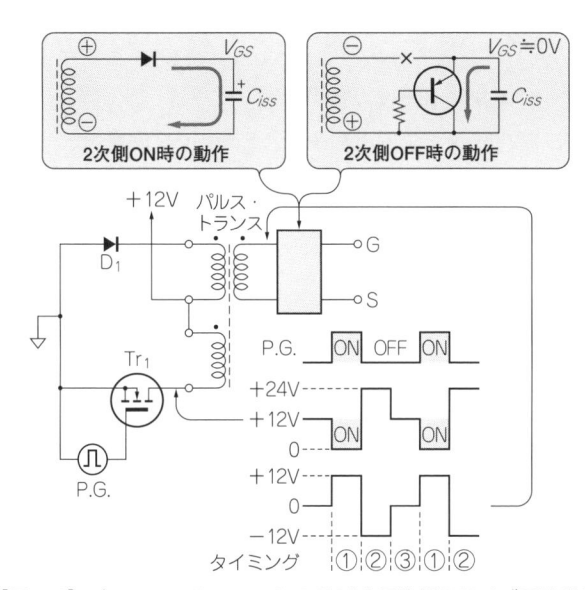

[図4-6] パルス・トランスによるPWM用絶縁ドライブ回路動作
2次側のブラック・ボックスはさまざまな回路方式がある．ここではPNPトランジスタを使った方式を想定している

ゲート・ドライブ回路の構成図と動作説明です．

　パルス・トランスはプッシュプル回路用のセンタ・タップ付きで，一方をトランジスタやパワー MOS でスイッチングします．この回路はスイッチング電源のフォワード・コンバータ回路として多く採用されているものです．

　はじめにスイッチング素子 Tr_1 が ON すると，Tr_1 のドレイン-ソース間電圧はほぼ 0 V になり，トランスの 1 次側に 12 V の電圧が加わり，2 次巻き線に 12 V の電圧が発生します．同図の動作タイミング図では①の位置になります．

　次に Tr_1 が OFF すると，ドレイン電圧は約 2 倍の +24 V に跳ね上がり，ON 時に蓄えられたエネルギは 1 次側の別巻き線(ダイオード側)を経由して放出されます．ここは動作タイミング図の②位置となりゼロに戻ります．

　2 次側の回路はブラック・ボックスで示していますが，この部分はさまざまな回路方式があります．ここでは PNP トランジスタを使った方式を考えてみます．パワー MOS のゲート-ソース間を ON するには，直列接続されたダイオードに順電流を流して図示しない負荷パワー MOS の入力容量 C_{iss} をチャージします．そして，パワー MOS の OFF 動作時は先のダイオードが逆バイアスされ，PNP トランジスタがコレクタ-ベース間に接続された抵抗で ON します．C_{iss} にチャージされていた電荷が高速に放電され，V_{GS} はほぼ 0 V になります．

● ハーフ・ブリッジ用絶縁ドライブ回路では

　図 4-7 に示すのはハーフ・ブリッジ用絶縁ドライブ回路で，ハイ・サイドとロー・サイドが各々絶縁されています．このドライブ回路は第 5 章で説明するボディ・ダイオードの逆回復時間測定回路にも使用しています(図 4-8)．

　入力信号は 2 相出力のスイッチング・レギュレータ制御用 IC(TL494 や UC3825，MC34025P など)を想定しており，トランスに加えられる波形のデューティ比は 50 % 以下です．なお，スイッチング・レギュレータ IC の動作については第 9 章で MC34025P を説明していますので参照してください．

　ここで使用するパルス・トランス T_1，T_2 はセンタ・タップ型ではなく，各々の巻き線が独立した TF-C3 を使います．余った 2 次巻き線は並列接続しています．その他の仕様は先の**表 4-1** を参照ください．

　D_3 から D_6 のダイオードは ON 時の順方向電圧を小さくするために，ショットキ・バリア・ダイオードを使用していますが，一般のスイッチング・ダイオードでもかまいません．

　では実際に入力波形を加えて，動作波形を測定してみましょう．測定条件は入力

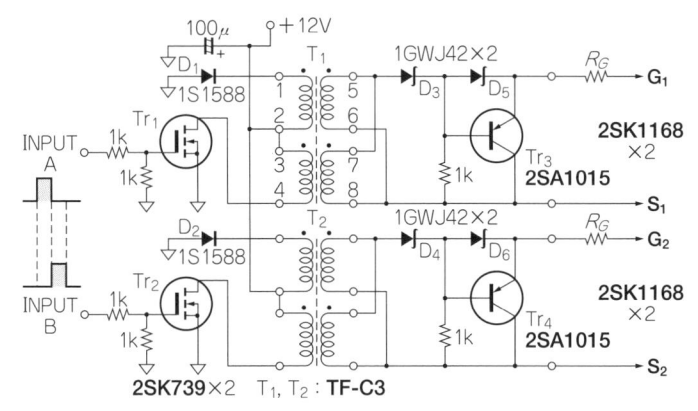

[図 4-7] ハーフ・ブリッジ用絶縁ドライブ回路
このドライブ回路の負荷としてはパワー MOS 2SK1168 を 2 個並列して実験する

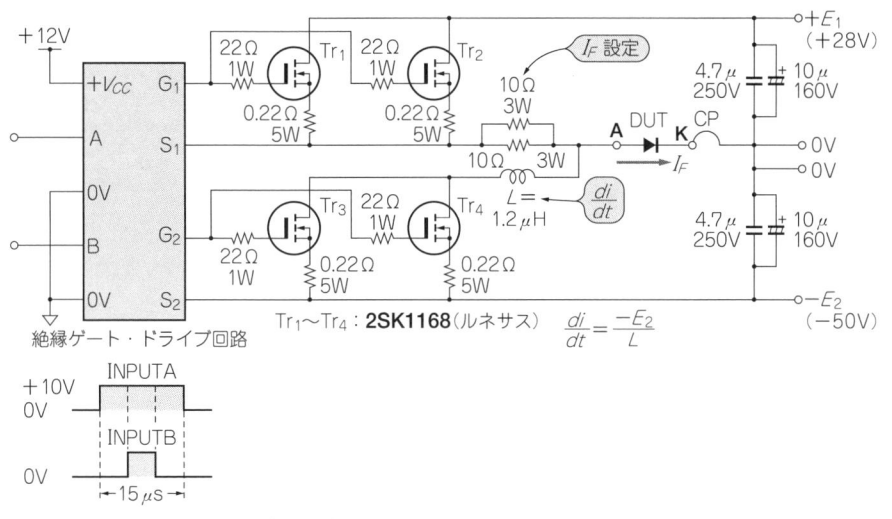

[図 4-8] ボディ・ダイオードの逆回復時間測定への応用
この回路の絶縁ゲート・ドライブ回路には図 4-7 の回路が使用されている

として 20 kHz，5 V$_{(peak)}$，負荷としてパワー MOS 2SK1168 を 2 個並列することにしました．**写真 4-5** は**図 4-7** に示す回路の INPUT‐A 側の入出力波形で，出力端子 G‐S 間となるゲート・ドライブ波形は約 12 V の振幅が得られています．

写真 4-6 は PWM 信号を入力し，(a)がデューティ比約 20 ％の入力波形と Tr$_1$ のドレイン電圧波形です．ゲートを ON するとドレイン電圧はほぼ 0 V，OFF で

4-3 パルス・トランスによる PWM 用絶縁ドライブ回路 | **085**

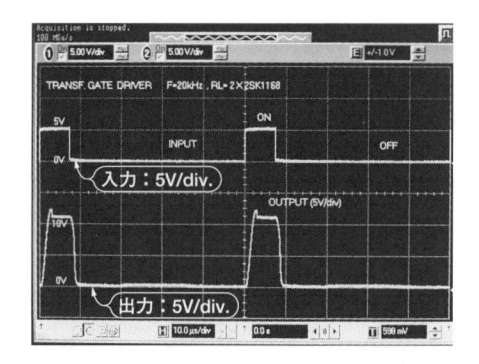

[写真 4-5] 2SK1168 × 2 をドライブしたときの入出力波形(上：5 V/div., 下：5 V/div., 10 μs/div.)

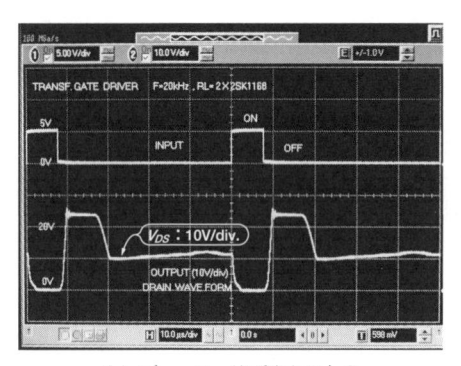

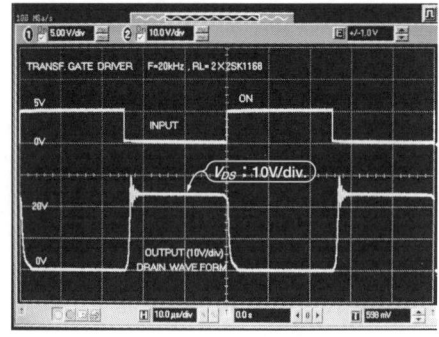

(a) デューティ比が小さいとき　　(b) デューティ比50％

[写真 4-6] デューティ比を変えたときの入力波形と Tr₁ のドレイン電圧波形
(上：5 V/div., 下：10 V/div., 10 μs/div.)

は ON している時間にパルス・トランスに蓄積されたエネルギが放出され，電源電圧の約 2 倍の電圧に跳ね上がっているのがわかります．

その後ダイオード D_1 によりパルス・トランスの 1 次巻き線と 2 次巻き線に蓄えられたエネルギがすべて放出(リセット)されます．そのため，V_{DS} は電源電圧の 12 V になります．

写真 4-6(b)はデューティ比 50 ％でのドレイン電圧波形です．これ以上のデューティ比ではドライブ出力波形がくずれます．写真 4-7 はこのときのパルス・トランスの 2 次側の出力波形です．ON 時の遅延時間と OFF 時の遅延時間がほぼ等しくなっています．

パワー MOS は一般にターン・オンに比べターン・オフ時間が遅れる傾向があります．しかし，この回路では OFF 時の放電を PNP トランジスタで高速に行っているのでバランスがとれています．

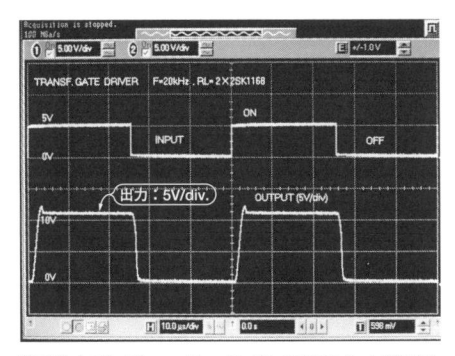

[写真 4-7] デューティ比 50 %時の入力波形とトランス 2 次側電圧（上：5 V/div., 下：5 V/div., 10 μs/div.）

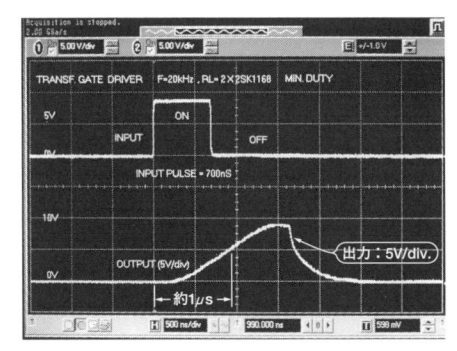

[写真 4-8] 入力パルス幅 700 ns のときの入出力波形（上：5 V/div., 下：5 V/div., 500 ns/div.）
最小パルス幅での波形で，約 1 μs で立ち上がっている

　図 4-7 の回路はとくに高速ドライブを意識した回路ではありませんが，最小パルス幅がどのくらいかを調べておきましょう．入力パルス幅を 700 ns まで短くしたときの入出力波形を写真 4-8 に示します．なお，このときの入力電圧が 8 V 程度ありますが，実験時の設定ミスです．動作には関係ありません．
　時間軸が 500 ns/div.に変更されているので，遅延時間や立ち上がり時間が強調されて見えます．入力信号の立ち上がりからドライブ出力電圧が +5 V，つまりパワー MOS のゲートしきい値電圧に達する遅延時間は約 1 μs です．

4-4　パルス・トランスによるデューティ比の問題を解決する

● 広範囲にデューティ比を可変させるには微分トランス
　パルス・トランスによる絶縁ゲート・ドライブ回路では，トランスのインダクタンスによって伝送できるパルス幅が制限されます．しかし，デューティ比を大きくするにはトランスの低周波特性を改善する必要があり，大きなインダクタンスが必要となり，使用するパルス・トランスの形状は大きくなります．
　ここでは，インダクタンスが小さく小形なパルス・トランスを使いつつも，広範囲にデューティ比をコントロールできるドライブ回路について実験します．
　図 4-9 はデューティ比を広範囲に可変できる基本的なトランスによる絶縁ドライブ回路構成です．この回路はパルス・トランスを等価的にインダクタンスとみなし，LR 微分回路を構成しようというものです．パルス・トランスのこのような使

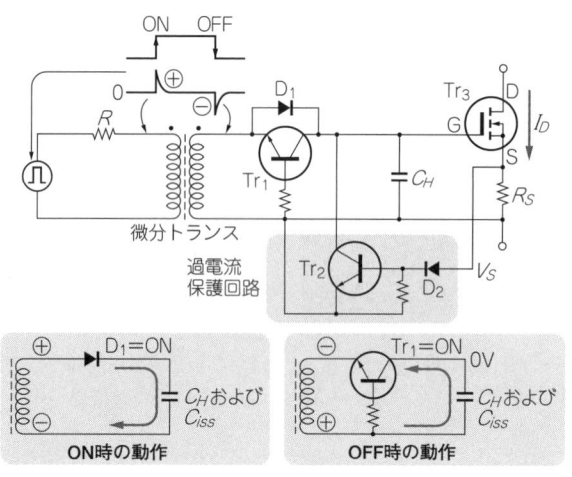

[図 4-9] 広範囲にデューティ比を可変できる微分トランスによる絶縁ドライブ回路
LR 微分回路によってパワー MOS のゲート・ドライブ電圧を発生させる．これによりパルス幅の制限のない回路となる

い方は微分トランスと呼ばれています．この LR 微分回路によってパワー MOS のゲート・ドライブ電圧を発生させます．なお，この回路を正しく動作させるには，パワー MOS が「容量性」であることが前提です．

入力信号は PWM 回路から直接駆動できるように単なる ON/OFF パルスとしてあります．また，入力信号は入力トランスにセンタ・タップを設けてバイポーラ・パルスを発生する方法でもかまいません．

パルス・トランスの2次側に正極性のパルス波が発生すると，D_1 が導通して，ホールド・コンデンサ C_H およびパワー MOS の入力容量 C_{iss} をチャージします．このときトランジスタ Tr_1 は OFF 状態です．ゲート-ソース間のリーク電流はきわめて小さいので，入力の微分パルス電圧がゼロになってもチャージされた電圧は保持されます．

パワー MOS のゲート-ソース間を OFF するには，負極性の微分パルスが必要ですが，トランスに流れていた電流を OFF すれば発生します．このとき Tr_1 が ON し，ホールド・コンデンサ C_H およびパワー MOS の入力容量 C_{iss} にチャージされた電荷は放電され，やがて 0 V に達します．

このような回路を採用すると，小さなインダクタンスできわめて長いパルス幅が得られ，パルス・トランス方式などで制限されるパルス幅デューティ比の制限がなくなります．

過電流保護回路は，パワー MOS を流れる電流を検出するソース抵抗 R_S とトランジスタ Tr_2 を追加するだけで簡単に実現できます．Tr_2 が過電流を検出して ON になると，ホールド・コンデンサ C_H やパワー MOS の入力容量 C_{iss} にチャージされた電荷は瞬時に放電します．

● インダクタンス 6.4 μH のトランスで絶縁ドライブ回路を実験

図 4-10 に微分トランスを使い広範囲にデューティ比を可変できるようにした絶縁ドライブ回路の構成を示します．実験回路のトランスのドライブは，プッシュプル出力の低抵抗なドライブ回路で，直流の消費電力を小さくするため直流阻止コンデンサを付加しています．

$D_1 \sim D_4$ は順方向電圧の小さい**ショットキ・バリア・ダイオード**を使用しています．D_1，D_2 については逆電流を防止するためのものです．D_4 と抵抗 15 Ω は OFF 時のアンダシュートを抑える目的で挿入してあります．

この実験回路の *LR* 微分用トランスは重要です．一般のトランスと目的が異なるので自己インダクタンス *L* を小さく設計します．パワー MOS の ON 時間をできるだけ短くするのがねらいです．入力パルス波形は *L* と *R* の時定数で微分されます．ここでは小形トロイダル・コア FT-82#61 に，**バイファイラ巻き**で 10 回巻きました（**写真 4-9**）．インダクタンス *L* は約 6.4 μH です．

さて，微分トランスにおける微分時定数 τ は，微分された電圧の立ち下がりが最大値の 37 ％に戻るまで時間で，τ = *L/R* で算出できます．ここでは *R* = 22 Ω でトランスをドライブしているので，τ = 6.4 μH/22 Ω = 128 ns となります．

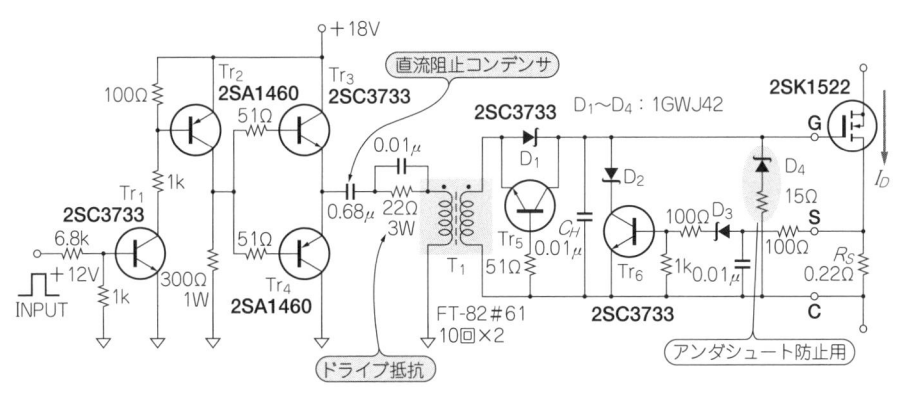

[図 4-10] 微分トランスによる絶縁ドライブの実験回路
微分トランスを使用してパルス幅の長い信号を伝送可能にした実験回路

4-4 パルス・トランスによるデューティ比の問題を解決する

[写真 4-9] 製作した微分トランス

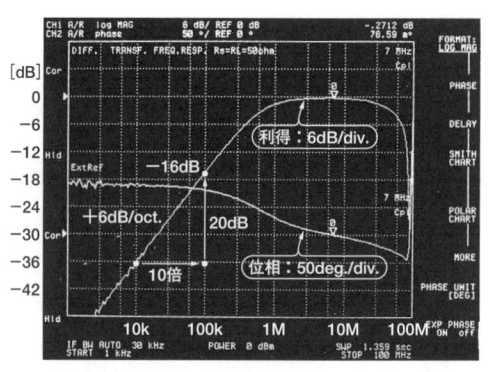

[写真 4-10] 製作した微分回路用トランスの伝送周波数と位相特性（f = 100Hz～100MHz）

　このトランスの1次側ドライブ抵抗（22 Ω）は等価的にパワー MOS のゲートと直列に入るので大きな値とせず，数十 Ω 程度の値とします．
　ここで構成した微分回路を伝送周波数特性といった見方で捉えると，+6 dB/oct.（または+20 dB/dec.）で利得が上昇する回路といえます．参考までに製作した微分トランスの伝送周波数と位相特性を**写真 4-10**に示します．
　測定条件は，先のパルス・トランス TF-B3 と同じで周波数範囲が 1 kHz から 100 MHz です．10 kHz の利得は－36 dB，10 倍の周波数 100 kHz では－16 dB のいわゆる+20 dB ディケードの特性を示しています．トランスとしての中心帯域は，位相差がゼロとなる周波数になりますので，約 7 MHz 付近となります．
　ここで微分トランスによる絶縁ドライブ回路の実際の波形を見てみましょう．入力条件は電圧 8 V_{P-P}，パルス幅 40 μs です．
　写真 4-11は入力信号と微分回路用トランスの2次側の波形です．2次側の出力波形は入力波形の立ち上がりで正の微分パルス（ゲート ON），立ち下がりで負の微分パルス（ゲート OFF）を発生します．負側の電圧振幅が約3Vと小さいのは，Tr_5のベース-エミッタでクランプされているためです．
　写真 4-12は，本回路の出力波形です．写真上側に示すトランスの2次出力は正の微分パルスで約+7Vにチャージし，負の微分パルスで，少しのアンダシュートがありますが，その後はほぼ0Vに達します．端子 G-C 間の出力電圧は微分パルスに合わせて入力信号どおりの波形になっています．
　写真 4-13はオフ時間に対してオン時間が長いデューティ比 85 ％での動作波形です．パルス幅の長い波形でも正しく伝送できます．一方，短いパルスの伝送はど

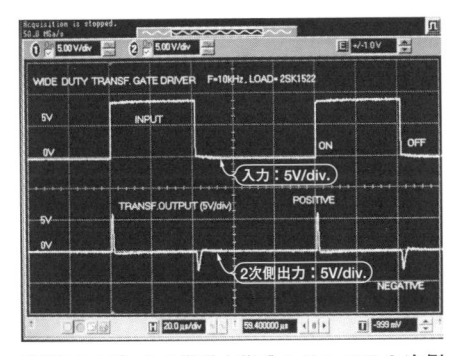

[写真 4-11] 入力信号と微分トランスの 2 次側の波形（上：5 V/div., 下：5 V/div., 20 μs/div.）
トランスの 2 次側には微分波形が出力される

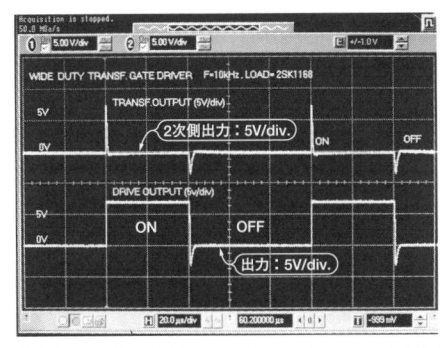

[写真 4-12] 微分トランスの 2 次側と出力端子 G-C の波形（上：5 V/div., 下：5 V/div., 20 μs/div.）
端子 G-C 間の出力電圧は微分パルスに合わせて入力信号どおりの波形になっている

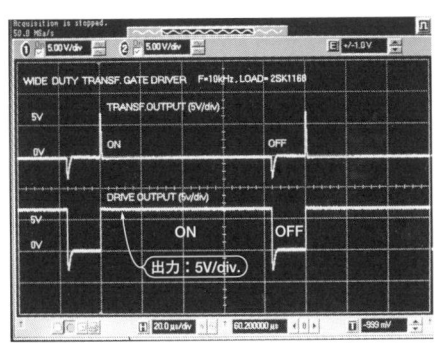

[写真 4-13] デューティ比 85 ％での微分トランスの 2 次側と出力端子波形（上：5 V/div., 下：5 V/div., 20 μs/div.）
デューティ比 85％ でも出力電圧は微分パルスに合わせて入力信号どおりの波形だ

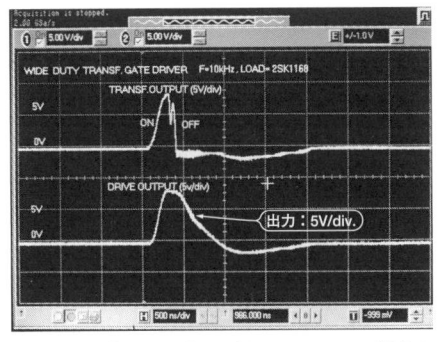

[写真 4-14] 入力パルス幅 500 ns での微分トランスの 2 次側と出力端子波形（上：5 V/div., 下：5 V/div., 500 ns/div.）
この回路なら短いパルス幅でも問題ない波形になる

うでしょう．**写真 4-14** が出力波形です．
約 500 ns のゲート・ドライブ波形を発生できました．
　トランスで信号伝送するのは，この微分波形だけですから，インダクタンスの小さなトランスでもパルス幅の長い信号を伝送できるわけです．一般的なパルス・トランス方式だと大きなインダクタンスを必要とします．

Column 6
ゲート・ドライブ回路の出力強化法

● バイポーラ・トランジスタによる電流ブースタ回路

　大電力スイッチング回路は，大形のパワー MOS モジュールを使ったり，ふつうのパワー MOS を多数個並列接続して大きな出力電流を得ています．しかし，これに伴って出力段の入力容量 C_{iss} も増加します．

　ドライブ回路から供給する電力は，出力段のスイッチング周波数と入力容量に比例して増加するので，出力の大きさによっては，いくら電流ドライブ能力のあるモノリシック IC でも許容消費電力をオーバすることがあります．

　写真 4-A にスイッチング・レギュレータ制御 IC μPC1094C のドライブ出力電圧波形と，ゲート電流制限抵抗 1 Ω，負荷容量 47000 pF とした場合に流れる出力電流波形を示します．μPC1094C の電流ドライブ能力は ± 2 A$_{(peak)}$ と優れており，きれいな駆動電圧波形が観測されています．

　この測定では，条件として入力周波数を数十 kHz 以下にしておかないと，IC が許容値以上に発熱します．そこでもっと高い周波数で使用するときはドライブ IC の出力に電流ブースタ回路を付加して，IC からの出力電流を減らし，許容消費電力を低減します．

　電流ブースタ…電流増幅のもっとも簡単な方法は，図 4-A に示すようなバイポーラ・トランジスタで，コンプリメンタリ接続（プッシュプルのエミッタ・フォロア）することです．使用するデバイスは，最大コレクタ電流と許容消費電力で選定します．

　図 4-A の 2SC3710 と 2SA1452 は I_C = 12 A，許容損失 30 W の絶縁モールド型トランジスタで，必要に応じて放熱板に実装します．

　写真 4-B は図 4-A の回路においてパルス・ジェネレータから 0 ～ 12 V$_{peak}$，周波数 500 kHz 信号でドライブしたときの出力電圧波形と，ゲート電流制限抵抗 1 Ω，負荷容量 47000 pF に流れる電流波形を測定したものです．

　この電流ブースタ回路に流れる直流電流は，340 mA@V_{CC} = 12 V で，供給電力

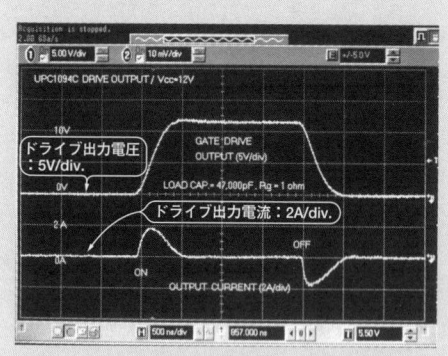

［写真 4-A］μPC1094C のドライブ出力波形
（上：5 V/div., 下：2 A/div., 500 ns/div.）

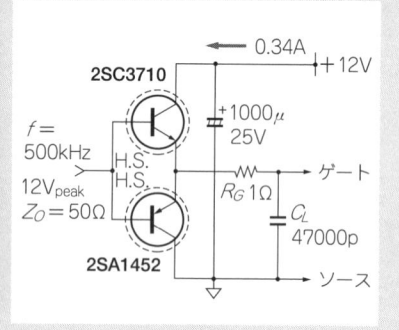

［図 4-A］バイポーラ・トランジスタによる電流ブースタ回路

は4Wに達します．

● パワーMOSによる電流ブースタ回路

図4-Bは2SK811と2SJ137という，パワーMOSのコンプリメンタを使用した電流ブースタ回路です．パワーMOSはゲート・スレッショルド電圧の小さいものを選ぶことがポイントですが，それでもバイポーラ・トランジスタのV_{BE}より大きいので，ゲート入力回路を工夫します．

図においてダイオード$D_2 \sim D_5$はバイアス用で，ダイオードD_1，抵抗3.3kΩを経由してバイアス電流を流します．

ドレイン電流はパルス状の電流波形ですから，電源ラインに大容量コンデンサが必要です．

写真4-Cは，図4-Bの回路定数におけるドライブ出力電圧波形と，ゲート直列抵抗$R_G = 1Ω$，負荷容量47000pFのときの電流波形です．

ドライブ出力電流は約±2Aピークと大きく，入力容量の大きなパワーMOSのゲート・ドライブに対応できることがわかります．

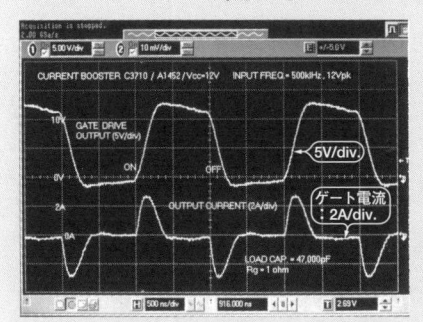

[写真4-B] μPC1094Cのドライブ出力波形（上：5V/div., 下：2A/div., 500ns/div.）

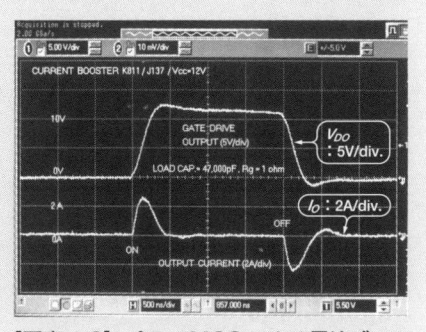

[写真4-C] パワーMOSによる電流ブースタ回路の出力波形（上：5V/div., 下：2A/div., 500ns/div.）

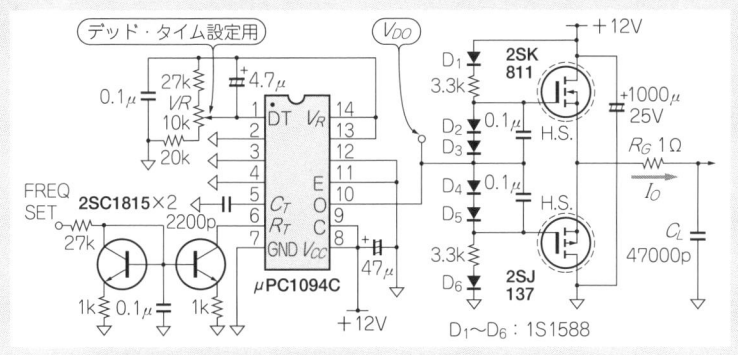

[図4-B] パワーMOSによる電流ブースタ回路
ゲート直列抵抗1Ω，ドライブ出力電流は約±2Aピークの入力容量（＝負荷容量47000pF）の大きなパワーMOSのゲート・ドライブに対応できる

4-5 フォト・カプラによる絶縁ゲート・ドライブの検討

● パルス・トランスとどう違うか

　絶縁ドライブ回路はフォト・カプラを使用しても構成することができます．フォト・カプラは発光ダイオードとフォト・トランジスタ/PNフォト・ダイオードで構成された半導体素子です．外観を**写真4-15**に示します．フォト・カプラ方式は，先に述べたパルス・トランス方式と比較すると以下のような特徴をもっています．

- 小型，軽量，安価である
- ドライブ電力が小さい（LEDの場合）
- 直流信号の伝送が可能
- デューティ比の制限がない
- 電力を伝送できないので絶縁補助電源が必要

　フォト・カプラは非飽和動作でドライブさせるとリニア回路としても使えます．しかし，パワーMOSスイッチングのドライブ用として使うときは，ON/OFFだけのスイッチング素子として使用します．

　フォト・カプラをスイッチング回路素子として使用する場合は，**図4-11**に示すフォト・カプラ自身のスイッチングの定義から理解しておくことが大切です．立ち上がり時間t_rや立ち下がり時間t_fよりも，ターン・オン時間t_{on}およびターン・

[写真4-15] 実験に使用したフォト・カプラ　TLP521　TLP559　TLP250　6N137

[図4-11] 波形時間の定義

オフ時間 t_{off} の短い素子を選ぶことが必要です．

　フォト・カプラには汎用の低速タイプから高速タイプまでさまざまの種類がありますが，スイッチング特性を見る場合は，ターン・オン/オフ時間に注目する必要があります．

● フォト・カプラのハイ・サイド・ドライブ回路用補助電源はどうするか
　パルス・トランスを使用した絶縁ゲート・ドライブ回路では，入力容量のチャージに必要な電力をトランスの巻き線を経由して供給できました．しかし，フォト・カプラでは大きな電力を伝送できません．したがって，フォト・カプラ自身の電源およびドライブ回路に必要な電源を外部から供給する必要があります．

　パワー MOS のスイッチング動作において，ハイ・サイド側の絶縁ドライブ回路は面倒です．フォト・カプラでは図 4-12 に示すように絶縁された電源を使います．

　このように絶縁された電源のマイナス側は，出力端に接続されるので交流的に大きなアイソレーションが必要です．したがって，オン・ボード型 DC-DC コンバータなどを使うことが多くなりますが，選定においては入出力間の静電容量の小さいことが必要なので注意します．簡単なドライブ回路への絶縁電源なら，商用電源周波数の小形トランスで降圧，整流して 3 端子レギュレータで 12 ～ 15 V の電圧を作ります．

　電源装置には商用電源をそのまま整流・平滑したライン・オペレート電源を使って，図 4-13 に示すような回路が使われます．ここでは各々が絶縁された電源を 2 系統必要とします．ロー・サイド側は交流的に接地レベルですが，ハイ・サイド側は高電圧なスイッチング周波数で振られています．

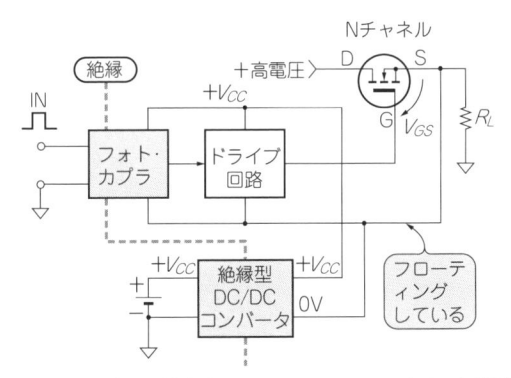

[図 4-12] フォト・カプラを使うときのハイ・サイド・ドライブ回路用補助電源

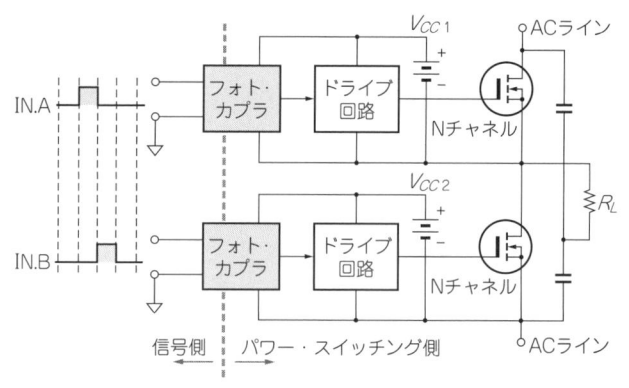

[図 4-13] フォト・カプラを使うときのハーフ・ブリッジ出力回路用補助電源
この回路は各々が絶縁された電源 V_{CC1} と V_{CC2} を 2 系統必要とする

4-6　各種フォト・カプラの特性を検討する

　これから紹介するフォト・カプラの測定結果は，とくにスイッチング特性のターン・オン/オフ時間に注目してください．

● 汎用フォト・カプラ TLP521 の特性…応答が遅い

　フォト・カプラ TLP521 の内部構成と測定回路を図 4-14 に示します．TLP521 は汎用のフォト・カプラです．低速用インターフェース素子として，機械接点の代わりに多く使用されています．入力側の素子は赤外 LED，出力側はフォト・トランジスタで構成されているもっとも基本的なフォト・カプラです．
　一つのパッケージ内に 1，2，4 回路集積された製品があり，高密度実装が可能です．それぞれ型名の後に付加する 1，2，4 の数字が回路数を表します．フォト・トランジスタのコレクタおよびエミッタが独立して出力されているので，オープン・コレクタまたはエミッタ・フォロワのいずれかの使い方ができます．
　フォト・カプラの変換効率 CTR (Current Transfer Ratio) は順方向電流 I_F とコレクタ電流 I_C の比 (I_C/I_F) で表せます．TLP521 の CTR は最小 50 ％，最大 600 ％ です．直線性も良いので，アナログ的な応用も考えられます．ただし，温度特性に注意します．
　飽和動作…スイッチング動作での t_{on} は 2 μs，蓄積時間 t_s は 15 μs，t_{off} は 25 μs で，周波数 10 kHz までの信号伝送に使われます．

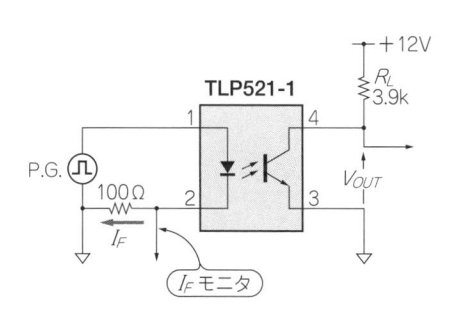

[図 4-14] TLP521 の内部構成と測定回路

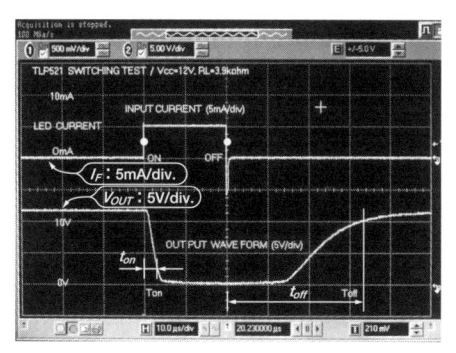

[写真 4-16] TLP521 のスイッチング波形（上：5 mA/div.，下：5 V/div.，10 μs/div.）

　写真 4-16 は TLP521 の LED に流す順方向電流 I_F を 5 mA，負荷抵抗 R_L = 3.9 kΩ，電源電圧 V_{CC} = 12 V としたときのスイッチング波形です．ターン・オン時間 t_{on} は出力電圧波形が V_{CC} の 10％に低下する時間で約 3 μs，ターン・オフ時間 t_{off} は蓄積時間 t_{stg} を含め約 30 μs でターン・オンに比べてきわめて遅くなっています．このようなパルス応答の TLP521 は，数十 kHz 以上でのスイッチング回路では使用できません．ここでは，あえてほかのフォト・カプラと比較するために測定してみました．

● 高速フォト・カプラ TLP559 の特性
　フォト・カプラ TLP559 の内部構成と測定回路を図 4-15 に示します．TLP559 は入力側素子に GaAlAs LED，出力側に PN フォト・ダイオードと電流増幅用トランジスタを使用した高速フォト・カプラです．
　変換効率は 40％とやや小さくなっています．出力の立ち下がりと立ち上がりの伝播遅延時間はそれぞれ t_{PHL} = 200 ns，t_{PLH} = 300 ns ですから，TLP521 と比べてかなり高速です．入力電流と出力電流の直線性が良いので，このフォト・カプラもアナログ的な使い方ができます．
　写真 4-17 は LED に流す I_F = 10 mA，R_L = 3.9 kΩ，V_{CC} = 12 V でのスイッチング波形です．ターン・オン時間は 500 ns 以下，ターン・オフ時間は約 2 μs です．データ・シートの標準値に比べると少し特性が悪いですが，動作条件や測定条件が異なるためです．
　フォト・カプラは一般的にターン・オン時間 t_{on} は短く，ターン・オフ時間 t_{off} が長い傾向があるため，スイッチング周波数を高くする際には注意が必要です．ス

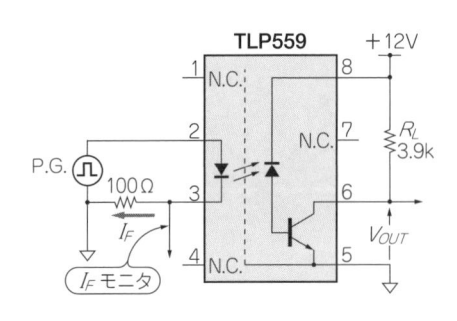

[図 4-15] TLP559 の内部構成と測定回路

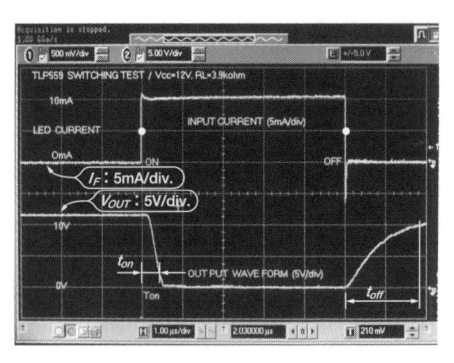

[写真 4-17] TLP559 のスイッチング波形
(上：5 mA/div., 下：5 V/div., 1 μs/div.)

イッチング時間を短縮するには，LED に流す電流を小さく(非飽和動作)して，リニア回路として動作させることですが，部品のばらつきや温度特性を考えるとあまりお勧めできません．

● 超高速フォト・カプラ 6N137 の特性

フォト・カプラ 6N137 の内部構成と測定回路を図 4-16 に示します．6N137 は入力側素子に GaAlAs LED，出力側素子はフォト IC で構成された超高速フォト・カプラで，t_{PLH} = 60 ns，t_{PHL} = 60 ns，t_r = 30 ns，t_f = 30 ns となっています．出力 IC の耐電圧は 7 V と低く，+5 V 電源で動作させます．東芝の TLP552 と同等品です．

写真 4-18 は 6N137 を I_F = 10 mA，R_L = 360 Ω，V_{CC} = 5 V で動作させたときのスイッチング波形です．

ターン・オン/ターン・オフ時間がいずれも 60 ns で高速応答していますので，一般のロジック回路への応用に適しています．しかしパワー MOS のゲート・ドラ

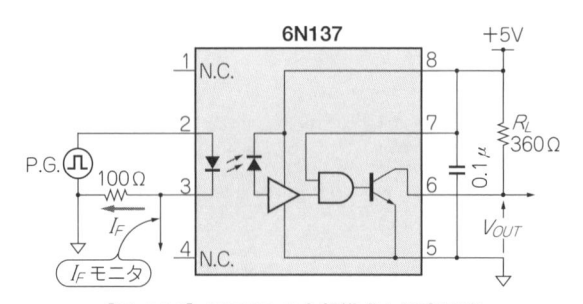

[図 4-16] 6N137 の内部構成と測定回路

第 4 章　パワー MOS の絶縁ゲート・ドライブ技術

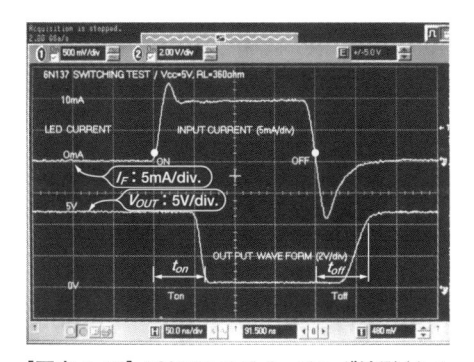

[写真 4-18] 6N137 のスイッチング波形（上：5 mA/div.，下：5 V/div.，50 ns/div.）

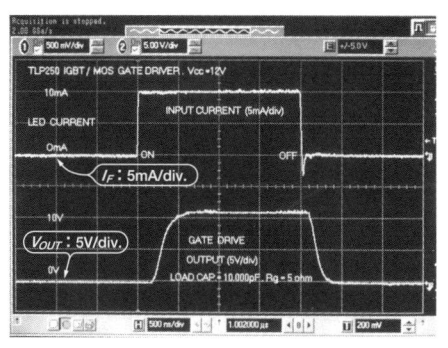

[写真 4-19] TLP250 のスイッチング波形（上：5 mA/div.，下：5 V/div.，500 ns/div.）

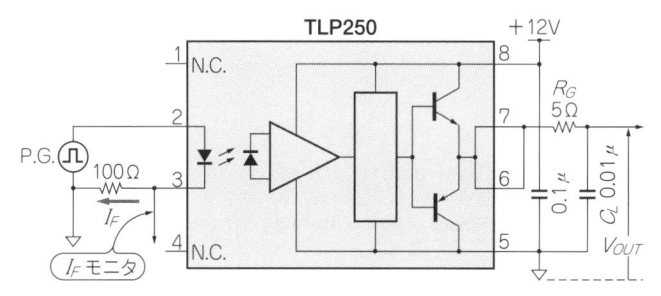

[図 4-17] TLP250 の内部構成と測定回路

イブ回路に使用するには，5 V から 12 〜 15 V へのレベル・シフト回路が必要です．

● IGBT ゲート・ドライブ用フォト・カプラ TLP250 の特性

フォト・カプラ TLP250 の内部構成と測定回路を図 4-17 に示します．TLP250 は IGBT のゲート・ドライブ用に開発されたフォト・カプラです．IGBT は Insulated Gate Bipolar Transistor の略称で，低速ですがパワー MOS よりも一桁以上の高電圧・大電流用途のスイッチングに利用されているデバイスです．出力側は PN フォト・ダイオードと高速 IC で構成され，出力段は NPN/PNP トランジスタなので，高出力電流ドライブへの利用が可能です．

最大出力電流は標準で + 2 A$_{(peak)}$ および − 1.5 A$_{(peak)}$ です．伝播遅延時間は t_{PLH} = t_{PHL} = 150 ns ですが，8 ピンの DIP パッケージのため許容消費電力の制限があります．周波数は 25 kHz 以下で使用し，出力電流はゲート電流制限抵抗 R_G を挿入して，± 0.5 A$_{(peak)}$ 程度に制限して使用します．また，高速 IC で構成されている

4-6 各種フォト・カプラの特性を検討する | 099

ので，電源端子にバイパス・コンデンサを挿入します．

ゲート電流制限抵抗 $R_G = 5\,\Omega$，負荷容量 $C_L = 0.01\,\mu\text{F}$ でスイッチングしたときの動作が**写真 4-19** です．ターン・オン時間は約 400 ns，ターン・オフ時間は約 250 ns で，波形のバランスも良いようです．

4-7　フォト・カプラを使用した絶縁ゲート・ドライブ回路の実際

● 高速フォト・カプラ TLP559 を使用したゲート・ドライブ回路

図 4-18 はフォト・カプラ TLP559 を使ったゲート・ドライブ回路の例です．TLP559 の出力回路形式はオープン・コレクタです．そこで Tr_1 でレベル反転を行い，コンプリメンタリ・プッシュプル回路でインピーダンスを下げて出力しています．

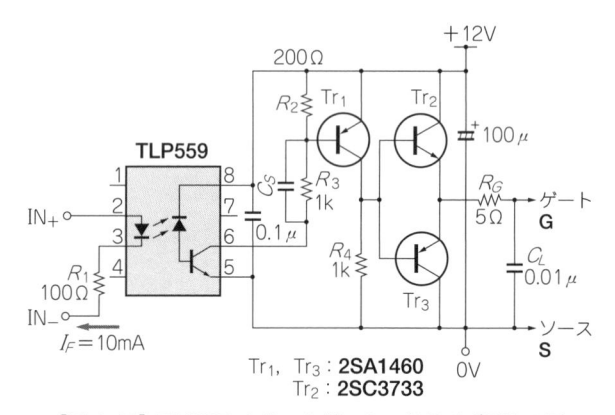

[図 4-18] TLP559 を使ったゲート・ドライブ回路の例

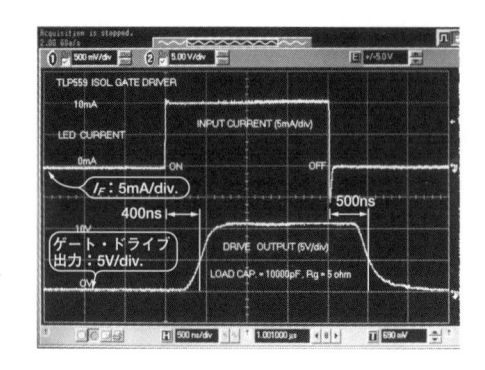

[写真 4-20] TLP559 を使ったゲート・ドライブ回路の出力電圧波形（上：5 mA/div.，下：5 V/div.，500 ns/div.）

Tr_1 のベース抵抗 R_3 と並列にスピード・アップ・コンデンサ C_S を接続するとスイッチング時間を短縮できます．C_S の値を大きくするとターン・オン時間は短縮しますが，ターン・オフ時間が長くなります．ここでは C_S = 4700 pF としましたが，挿入しなくてもスイッチング時間はかなり短くなります．

　写真 4-20 はゲート直列抵抗 R_G = 5 Ω，パワー MOS 代わりとしての負荷容量 C_L = 0.01 μF，V_{CC} = 12 V におけるスイッチング波形です．パワー MOS のゲート・スレッショルド電圧を 5 V とすれば，ゲートのターン・オン時間は約 400 ns，ターン・オフ時間は約 500 ns となり，ON と OFF 時間のバランスが良いドライブ波形といえます．

● 0 ～ 120 V・1 A 非絶縁型可変電源への応用

　図 4-19 はフォト・カプラ TLP559 を使った，100 V の AC ラインをブリッジ整流・平滑した非絶縁型可変電源の回路例です．パワー MOS のゲート・ドライブは図示しない PWM によるスイッチング・レギュレータ制御 IC を使っています．

　補助電源は +12 V 必要で，100 V を平滑した +140 V から Tr_1 と 3 端子レギュレータで得ます．このグラウンドとゲート・ドライブ IC IR2111 の 3 ピン・グラウンドは接続して共通グラウンドとします．フォト・カプラ TLP559 の順電流 I_F は，ドライブ電圧 V_{in} から LED の順電圧 V_F を引いた電圧と次式の関係が成り立ちます．

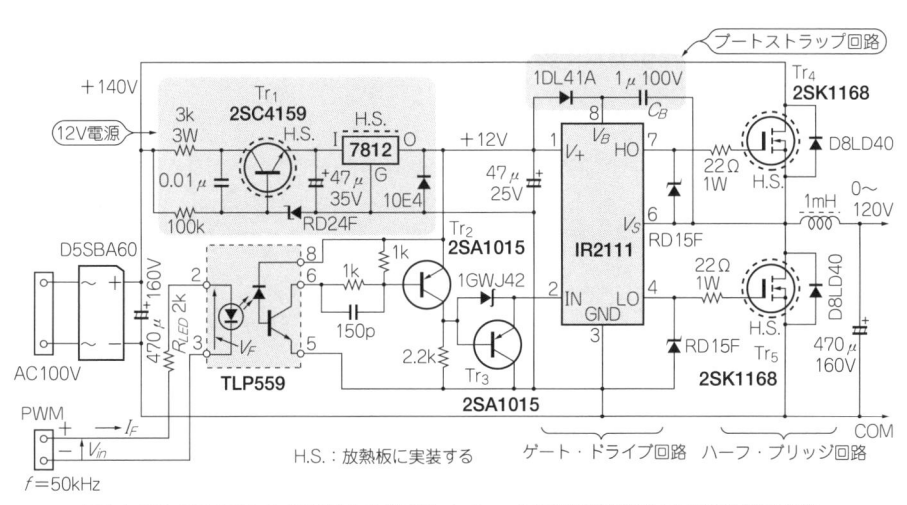

[図 4-19] **TLP559 と IR2111 を使用した 0 ～ 120 V 非絶縁型の可変電源回路例**
AC100V を直接整流して，PWM で出力直流電圧を可変できる非絶縁電源回路．ただし，AC ラインと PWM 回路とはフォト・カプラで絶縁する

$$R_{LED} = (V_{in} - V_F)/I_F$$

この R_{LED} はフォト・カプラの LED 電流制限抵抗で，この回路では TLP559 の 2 番ピンに接続された 2 kΩ の抵抗のことです．

IR2111 はハーフ・ブリッジ回路用のゲート・ドライブ IC で，ハイ・サイド・ドライブ用の電源 V_B をダイオードとコンデンサのブートストラップ回路で得ます．1 μF の C_B はブートストラップ・コンデンサと呼びます．

IR2111 では内部に約 350 ns のデッド・タイムが挿入されているので，数百 kHz のスイッチング周波数では使えません．ここでは約 50 kHz でスイッチングしています．

出力回路はありふれたハーフ・ブリッジ構成で，電源業界では同期整流回路と呼んでいる方式です．PWM 波形が L レベル (OFF) 時は Tr_5 が ON し，Tr_4 は OFF しています．H レベルでは，Tr_4 が ON して 2 次平滑用のチョーク・コイルに電流を流し込みます．出力電圧は PWM によってゼロからほぼ V_{in} まで可変することができます．

この方式の特徴の一つは，出力電圧の制御特性が電圧上昇と下降で同じ応答をすることです．一般のフォワード・コンバータやフライバック電源では出力電圧の下降時間が負荷電流に大きく依存します．

写真 4-21 は，IR2111 の IN 端子の電圧波形とロー・サイド出力端子 LO の電圧波形です．通常入力レベルは L レベルで，入力が H レベルになるとロー・サイド側のゲート・ドライブ信号は，少しの遅れで OFF します．IN 信号が "L" になってから約 700 ns 遅れてゲート・ドライブ信号は再度 ON します．

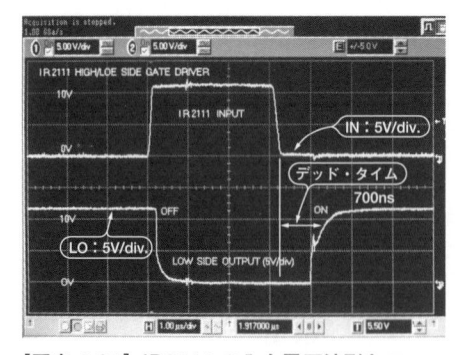

[写真 4-21] IR2111 の入力電圧波形とロー・サイド出力 LO 電圧波形 (上：5 V/div., 下：5 V/div., 1 μs/div.)

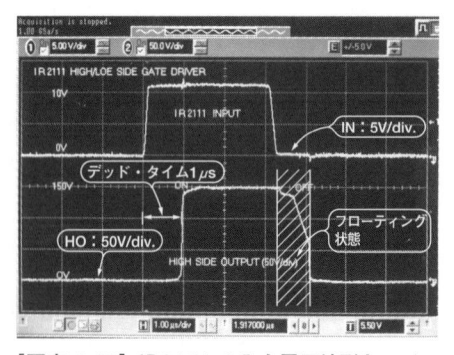

[写真 4-22] IR2111 の入力電圧波形とハイ・サイド出力 HO 電圧波形 (上：5 V/div., 下：50 V/div., 1 μs/div.)

写真 4-22 は，IR2111 の IN 端子とハイ・サイド出力端子 HO の電圧波形です．ロー・サイド出力と異なるのは，電圧振幅が 0 〜 150 V まであることと，ハイ・サイド出力が ON するときに約 1 μs の遅れがあることです．

ハイ・サイド出力が OFF するタイミングで電圧レベルが不安定になっている時間があります．これはハイ・サイド/ロー・サイドがともに OFF（フローティング）しているためです．

● 超高速フォト・カプラ 6N137 を使用した高速ゲート・ドライブ回路

図 4-20 はフォト・カプラ 6N137 を使った絶縁ゲート・ドライブ回路の例です．高速性を活かすため，レベル反転用トランジスタ Tr_1 に高速スイッチング用の 2SA1460 を使いました．

フォト・カプラ 6N137 には 12 V 電源から 3 端子レギュレータで 5 V を作って供

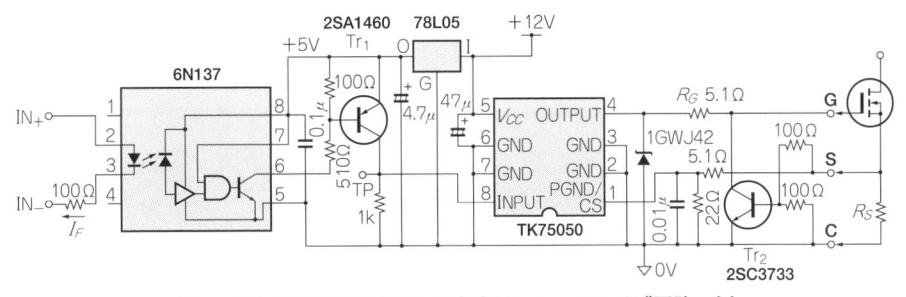

[図 4-20] 6N137 を使用した高速ゲート・ドライブ回路の例

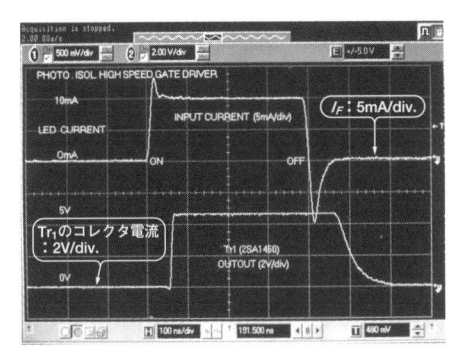

[写真 4-23] 6N137 の入力側 LED の順電流 I_F と出力電圧波形（上：5 mA/div.，下：2 V/div.，100 ns/div.）

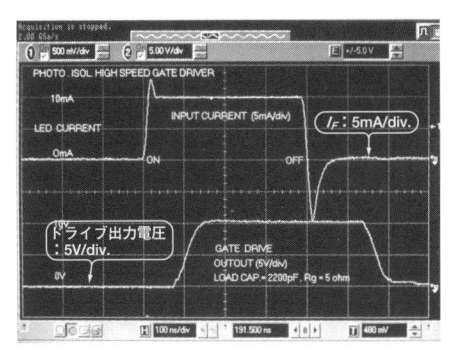

[写真 4-24] 6N137 のドライブ出力波形（上：5 mA/div.，下：5 V/div.，100 ns/div.）

4-7 フォト・カプラを使用した絶縁ゲート・ドライブ回路の実際

給します．これはこの回路で使用しているパワー MOS ドライブ IC TK75050 の入力スレッショルド電圧が，L レベルで約 1 V，H レベルで約 1.6 V といわゆる TTL レベルに類似しているためです．なお，この TK75050 と言うパワー MOS ドライブ IC は現在廃止となっています(フォト・カプラ動作説明には影響ありませんが…)．

写真 4-23 は 6N137 の入力側 LED の順電流 I_F と 2SA1460 のコレクタ電圧波形です．時間軸が 100ns に変更されている点に注目してください．

写真 4-24 は負荷容量 2200 pF，ゲート電流制限抵抗 R_G を 5 Ω としたときのドライブ出力波形です．波形のバランスも良く，高速ゲート・ドライブが可能であることがわかります．

この波形から高周波スイッチング用途に利用できそうですが，このままではゲート・ドライブ IC の許容消費電力(800mW)の制限を受けます．電流ブースタ回路が別に必要です．

Column 7

パワー MOS を使う同期整流とは

同期整流動作を示す基本回路を図 4-C に示します.

この基本回路では Tr_2 がダイオードになっており，ダイオードの順方向電圧 V_F が 0.6〜1 V 程度あります．このため，低出力電圧でしかも大電流出力を目的とする電源では，このダイオードの損失が無視できず電源効率を低下させます．

そこで図 4-D に示すようにパワー MOS を導通させて，低オン抵抗の状態にします．こうすることにより，ソースからドレインに向かって流れる電流は内蔵のボディ・ダイオードを経由せず，オン抵抗とドレイン電流の積だけの損失になります．

回路図だけで見ると標準的なハーフ・ブリッジ回路ですが，Tr_2 のパワー MOS の動作はアナログ・スイッチになっています．

ただし，スイッチング周波数を上げると，パワー MOS の Tr_1 と Tr_2 が同時 ON するようなタイミングが生じて，大きな貫通(シュート)電流が流れます．そのため図 4-C に示すようなデッド・タイムの設定が必要です．デッド・タイムの設定はドライブ回路側の役割です．

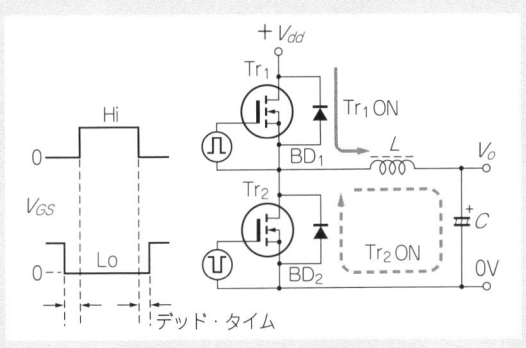

[図 4-C] 同期整流回路の基本回路

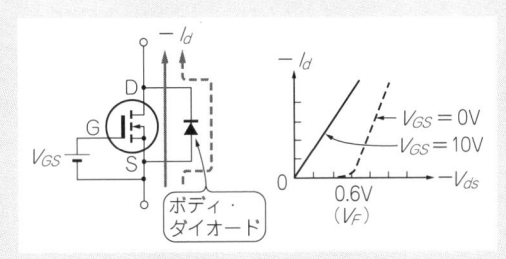

[図 4-D] パワー MOS の逆特性

パワー MOS FET 活用の基礎と実際

第5章
パワー MOS の安全対策…過電圧/過電流保護回路

半導体パワー・デバイス，とくにパワー・トランジスタやパワー MOS を使うとき，
「素子を破損」した，「パッケージが割れて破壊した」といった経験を
お持ちの方があるかと思います．ここではパワー MOS の
破壊の要因を実験で捉えて実用的な保護回路を検討します．

5-1　パワー MOS が壊れる要因

● パワー MOS が晒される電気的ストレス

　電源回路はエレクトロニクス機器の心臓部です．その心臓部にパワー・デバイス…パワー MOS は多く使用されています．また，パワー MOS の多くが回路機能の最終段…ファイナルを構成する部分でもあり，実際にはかなりの**電気的ストレス**に晒された使い方となります．結果，不用意な使い方をするとパワー MOS の破壊→電源の故障→セットの故障という事態を招いてしまいます．

　パワー MOS が壊れる要因としては以下のようなことが考えられます．
　①ゲートの静電破壊
　②チップ温度の上昇による破壊
　③素子のアバランシェ破壊
　④負荷短絡による過電流による破壊
　⑤寄生トランジスタ…ボディ・ダイオードの破壊

破壊要因はほかにもありますが，すべてを紹介できません．もちろんパワー MOS 自体においてもデバイスの中に安全対策が内蔵されています．例えばゲートの静電破壊対策です(**Column 8** 参照)．

　まずは，この中で②のチップ温度の上昇による破壊，③のアバランシェ破壊を検討してみましょう．

● **基本は消費電力を抑えてチップ温度の上昇を防ぐ**

スイッチングに使うパワー MOS のチップ温度上昇は，ON/OFF 時に生じる素子の損失と放熱設計で決まります．安全に使うための基本は素子の損失を小さくすることです．

パワー MOS の ON 時の飽和損失 $P_{D(sat)}$ は，ドレイン電流 I_D とドレイン-ソース間のオン抵抗 $R_{DS(on)}$ およびスイッチングのデューティ比 D から，次のように表せます．

$$P_{D(sat)} = D \cdot I_D^2 \cdot R_{DS(on)} \quad \cdots\cdots\cdots (5\text{-}1)$$

また，ターン・オン/ターン・オフ時(t_{on}/t_{off})のスイッチング損失 P_{DSW} は，ドレイン-ソース間電圧を V_{DS}，スイッチング周波数 f とすると，

$$P_{DSW} = \frac{1}{6} V_{DS} \cdot I_D (t_{on} + t_{off}) f \quad \cdots\cdots\cdots (5\text{-}2)$$

Column 8
パワー MOS の静電破壊対策

パワー MOS を含めて，最近使用される IC/LSI の多くは MOS(CMOS)デバイスです．普及当初の MOS デバイスは持ち運びするだけでもデバイスが静電破壊するという問題がありました．理由は何度も述べていますが，入力…ゲート端子の入力抵抗が著しく高いからです．結果，人体の衣服などに蓄った静電気がゲートに印加され，ゲート酸化膜が静電気…高電圧によって破壊するというものです．

しかし，現在では CMOS IC も同じですが，パワー MOS にもゲートには図 5-A に示すように，静電気からゲートを保護するために静電破壊防止用保護ダイオード(対称型ツェナ・ダイオード)が内蔵されています．

しかしながら，それでも大きな静電気が印加されると万全ではありません．そのため，一般の半導体部品の製造工程では静電対策マットを敷いたりして静電気を蓄えないような配慮を行うことになっています．プリント基板に触れたりする作業者は，必ず 1 MΩ 程度の抵抗を介して**接地**するようになっています．

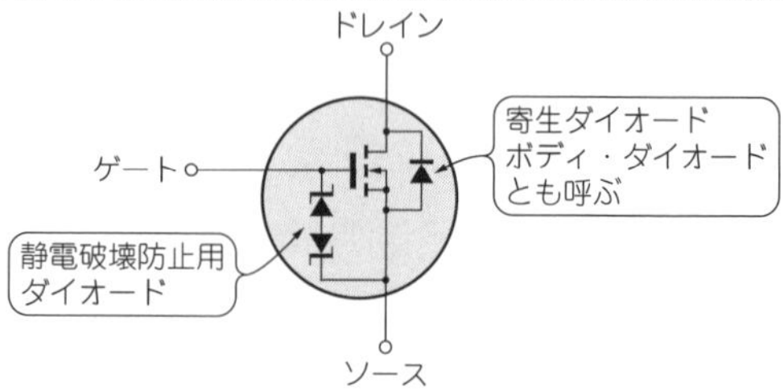

[図 5-A] 最近のパワー MOS には静電破壊防止用ダイオードが内蔵されている

で表せます.

したがって，パワー MOS の損失を小さくしてチップ温度の上昇を防ぐには，以下が有効なことがわかります.

- オン抵抗 $R_{DS(on)}$ の小さな素子を選択する
- ゲート・ドライブ回路のターン・オン時間 t_{on} およびターン・オフ時間 t_{off} を短縮する
- スイッチング周波数 f を低くする
- V_{DS} に加わるサージ電圧を抑制する

V_{DS} に加わるサージ電圧は負荷の構成にもよりますが，インダクタンス L をスイッチングすると電源電圧より高い電圧が現れます．サージ電圧を抑制するにはトランスなどのリーケージ・インダクタンスを減らしたり，ダイオードでクランプするなどの対策を行います.

● パワー MOS 特有のアバランシェ破壊

パワー MOS は，寄生トランジスタを含めて等価回路を書くと図 5-1 のようになっています．そこでドレインの負荷としてトランスなどのインダクタンスを高速スイッチングすると，V_{DS} としてパワー MOS 自身の許容ドレイン-ソース間最大電圧 V_{DSS} を超える逆起電圧が加わってしまいます.

すると図に示すような電流ルートⓑを通って寄生トランジスタのコレクタからベースに向かって電流が流れ，ベース抵抗 R_B に電圧が発生します．このとき R_B 自体は数 Ω 以下の低抵抗ですから，寄生トランジスタは簡単には ON しません．しかし，パワー MOS は第 1 章，図 1-5 で示したようにたくさんの小さい MOS セルで構成されているため，それぞれに寄生しているトランジスタのばらつきなどで一部が ON して破壊することがあります．この破壊のことを**アバランシェ**（avalanche

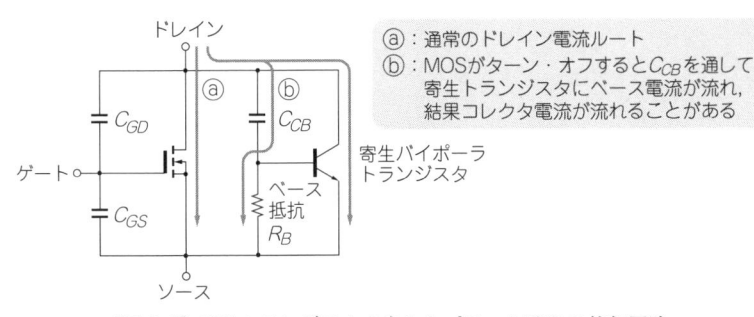

[図 5-1] 寄生トランジスタを含めたパワー MOS の等価回路

…雪崩れ)破壊と呼んでいます．

パワーMOSのアバランシェ破壊を避ける目安として，アバランシェ耐量を調べてみましょう．

図5-2(a)に単信号アバランシェ耐量E_{AS}の測定回路を示します．この回路におけるゲート直列抵抗R_G，負荷インダクタンスLは素子ごとに規定された値とします．ドレイン電流は，入力のパルス幅を可変して素子ごとに規定されたアバランシェ電流I_{AS}に設定します．

パワーMOSのドレイン-ソース間がONすると，インダクタンス負荷なので図5-2(b)に示すようにドレイン電流I_Dは0から直線的に上昇し，OFF時にドレイン-ソース間電圧V_{DS}は大きく跳ね上がり，ブレーク・ダウンを開始します．$V_{(BR)DSS}$はパワーMOSのドレイン-ソース間ブレーク・ダウン電圧のことです．OFFしてからドレイン電流がゼロになるまでの時間をアバランシェ時間t_{AV}と呼びます．

この実験回路におけるインダクタンスLの蓄積エネルギE_Lは次のようになります．

$$E_L = \frac{1}{2} L \cdot I_{AS}^2 \quad \cdots\cdots\cdots\cdots\cdots (5\text{-}3)$$

アバランシェ降伏で放出されるエネルギE_{AS}は，次式で表されます．

$$E_{AS} = \frac{1}{2} V_{(BR)DSS} \cdot I_{AS} \cdot t_{AV} \quad \cdots\cdots\cdots\cdots (5\text{-}4)$$

入力パルス幅が短いときは規定されたアバランシェ電流I_{AS}で制限され，規定されたI_{AS}以上でクランプされ電流破壊します．一方，長いパルス幅では電力で制限され，インダクタンスLが大きい，またはクランプされる時間t_{AV}が長いときにエネルギ破壊が生じます．

写真5-1は2SK811に規定の最大ドレイン電流$I_{AS} = 12\,\text{A}$を流したときの電圧と

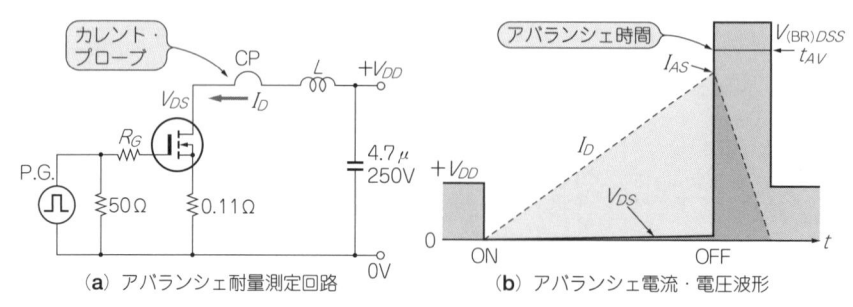

(a) アバランシェ耐量測定回路

(b) アバランシェ電流・電圧波形

[図5-2] アバランシェ耐量のテスト回路と電流・電圧波形
パワーMOSのアバランシェ破壊の目安…アバランシェ耐量をテストする回路

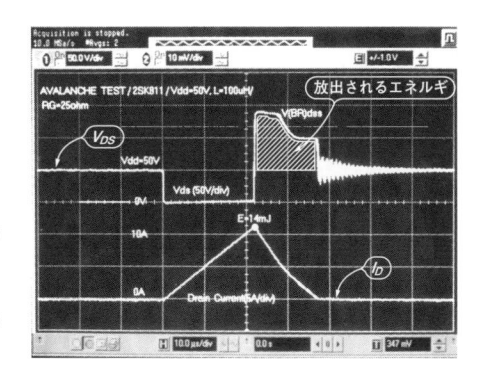

[写真 5-1] 2SK811 の最大ドレイン電流 I_D ＝ 12 A 時の電圧と電流波形（上：50 V/div., 下：5 A/ div., 10 μs/div.）
負荷が 100 μH の場合，放出されるエネルギは 13.4 mJ なのでパワー MOS は壊れない

電流波形です．これよりインダクタンス L に蓄積されたエネルギ E_L[J] を求めると，
$$E_L = 0.5 L \cdot I_{AS}^2 = 0.5 \times 100\,\mu\text{H} \times 12^2\,\text{A}$$
$$= 7.2\,\text{mJ}$$
また，放出エネルギ E_{AS} は，
$$E_{AS} = 0.5\,V_{(BR)DSS} \cdot I_{AS} \cdot t_{AV} = 0.5 \times 140\,\text{V} \times 12\,\text{A} \times 16\,\mu\text{s}$$
$$= 13.44\,\text{mJ}$$
となります．もちろんこの状態では破壊はしませんが，インダクタンス L を 100 μH → 3.3 mH，I_{AS} ＝ 5 A（41.25 mJ），入力パルス幅 P_W ＝ 350 μs と長く設定してエネルギ量を大きくすると，破壊しました．

従来のパワー MOS はアバランシェ耐量が明確に規定されていませんでした．しかし，今日ではアバランシェ耐量を保証する製品も多く用意されるようになってきました．連続アバランシェ耐量 E_{AR} が規定された素子もあり，過剰なマージンをもたせる必要がなくなりました．メーカがもっとも力を注いでいる部分でもあり，最新情報を元に設計されることをお勧めします．

5-2　ボディ・ダイオードの特性と破壊

● ボディ・ダイオードは逆回復時間 t_{rr} が遅い

パワー MOS を使用したハーフ・ブリッジあるいはフル・ブリッジ出力回路などでは，インダクタンス L を含む誘導負荷を駆動する際に，パワー MOS に等価的に内蔵されている寄生（ボディ）トランジスタによるダイオードの**逆回復時間**が長いために，ハイ・サイドとロー・サイド…上下アームの同時 ON 状態が生じ，大きな

(a) 逆回復特性（時間）測定回路

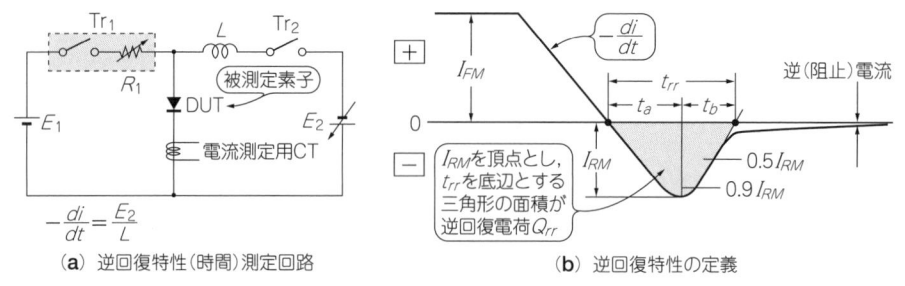

$-\dfrac{di}{dt} = \dfrac{E_2}{L}$

(b) 逆回復特性の定義

[図 5-3] **ダイオードの逆回復時間測定方法**
ボディ・ダイオードは逆回復電荷量 Q_{rr} が小さいことも重要な評価項目だ

貫通電流が流れて素子が破壊することがあります．
「パワー MOS のスイッチング速度は速く，ボディ・ダイオードの応答も速いのでは」と考えがちですが，じつはそうではありません．
まず，ボディ・ダイオードの逆回復時間 t_{rr} を測定してみます．**図 5-3** にダイオードの逆回復時間 t_{rr} の測定回路と波形のタイミングを示します．
測定はまず Tr_1 を ON してダイオードに規定の順電流を流しておきます．続いて数 μs 後に Tr_2 を ON して Tr_1 を OFF …順電流を OFF すると，電流はすぐにゼロにならず逆方向に流れて，やがてゼロに戻ります．規定の順電流は順バイアス用電圧 E_1 と抵抗 R_1 で設定します．
逆回復時間 t_{rr} はボディ・ダイオードが OFF したときの電流がゼロを越えて負のピーク I_{RM} に達し，I_{RM} の 10 ％に減衰するまでの時間と定義してあります．
電流の変化率 di/dt は一般に $50 \sim 100\ A/\mu s$ が選ばれています．この変化率は負バイアス用電圧 $-E_2$ とインダクタンス L の値で設定し，$di/dt = -E_2[V]/L[\mu H]$ の関係があります．また，I_{RM} を頂点とし，t_{rr} を底辺とする負の電流波形の三角形面積，つまり**逆回復電荷量** Q_{rr} が小さいことも重要な評価項目です．

● 逆回復時間 t_{rr} を測定するには

図 5-4 は実際に製作した逆回復時間 t_{rr} の測定回路です．絶縁型ゲート・ドライブ回路への入力信号は，2 台のパルス・ジェネレータを使ってタイミング信号を発生させます．入力 B は入力 A より $5\mu s$ 遅らせ，$5\mu s$ 早めに終わらせます．**写真 5-2** にそのタイミングを示します．
ハーフ・ブリッジ回路のハイ・サイド側はフローティング状態にする必要があります．ゲート・ドライブ回路は第 4 章，図 4-7 で設計したパルス・トランスによる

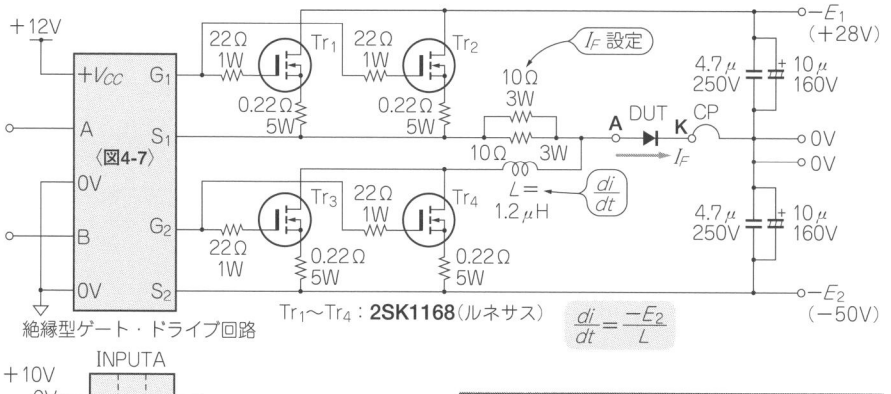

[図 5-4] 製作したダイオードの逆回復時間測定回路
第 4 章で解説した絶縁型ゲート・ドライブ回路にタイミング・パルスを入力して測定する

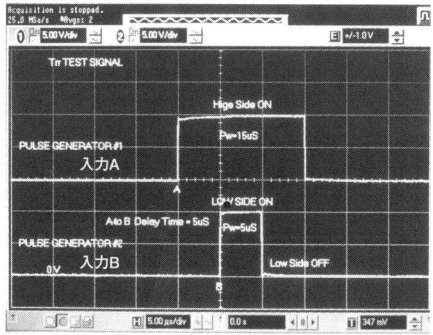

$Tr_1 \sim Tr_4$：**2SK1168**（ルネサス）

$$\frac{di}{dt} = \frac{-E_2}{L}$$

[写真 5-2] ダイオードの逆回復時間測定回路への入力波形（上下：5 V/div., 5 μs/div.）

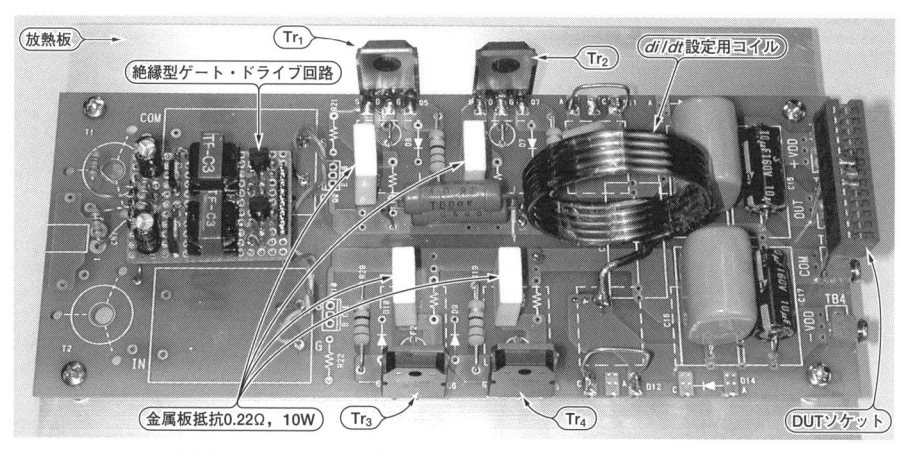

[写真 5-3] 製作したダイオードの逆回復時間 t_{rr} 測定用の治具

5-2 ボディ・ダイオードの特性と破壊

代表的な絶縁型回路にします．

　電源は2系統必要です．ダイオードに流す順方向電流の設定電源と，逆バイアス用電源の$-E_2$です．順方向電流は電源電圧$+E_1$とハイ・サイド側の出力抵抗5Ωで設定します．電流の変化率di/dtの設定は$-E_2$とロー・サイド側出力のインダクタンスLの値で行います．

　被測定素子(DUT)の電流はカレント・プローブ(CP)で測定します．製作した逆回復時間t_{rr}測定用の治具の外観を**写真5-3**に示します．

● 逆回復時間 t_{rr} の実測

▶ 2SK1499 の t_{rr} を測定する

　製作した逆回復時間t_{rr}測定治具のDUTソケットに日本電気㈱製の2SK1499を挿入して，逆回復時間t_{rr}を実際に測定しました．データ・シートによると，2SK1499の逆回復時間は，$t_{rr} = 670$ ns (typ.) ($I_F = 25$ A, $di/dt = 50$ A/μs)です．

　写真5-4は$I_F = 5$ A, $di/dt = 30$ A/μsでのt_{rr}特性で，最大逆電流I_{RM}が約9 Aもあり，波形からt_{rr}を読み取るとおよそ700 nsとなっています．

▶ 2SK811 の t_{rr} を測定する

　次に日本電気㈱製の2SK811を挿入して逆回復時間t_{rr}を測定しました．この2SK811はデータ・シートでは$I_D = 12$ A, $V_{DSS} = 100$ V, $P_D = 35$ Wと比較的スイッチング速度の速いパワーMOSです．t_{rr}とQ_{rr}はデータ・シートには記載されていませんが，$I_F = 5$ A, $di/dt = 30$ A/μsでの逆回復特性を**写真5-5**に示します．t_{rr}は200 ns弱，最大逆電流I_{RM}は3 Aでした．

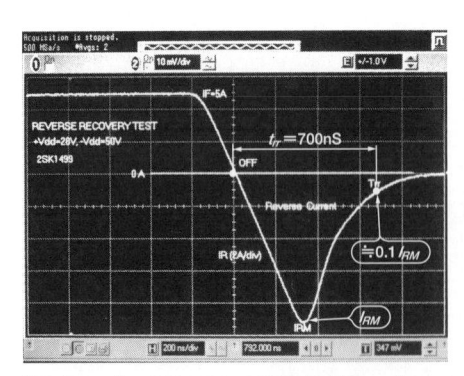

[**写真5-4**] 2SK1499の逆回復時間t_{rr}(2 A/div., 200 ns/div.)
波形からt_{rr}を読み取るとおよそ700 nsとなっている

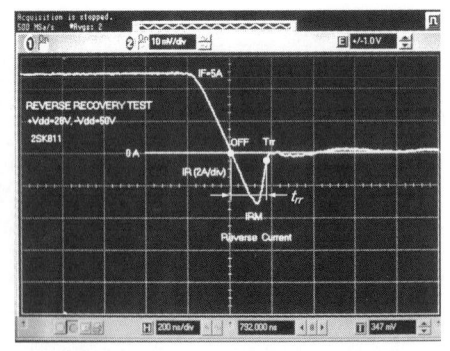

[**写真5-5**] 2SK811の逆回復時間t_{rr}(2 A/div., 200 ns/div.)
実測値としてt_{rr}は200 ns弱，I_{RM}は3 Aとなった

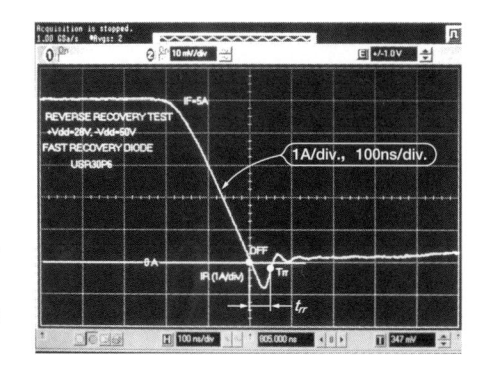

[写真 5-6] ファスト・リカバリ・ダイオードの t_{rr}（1 A/div., 100 ns/div.）
このダイオードの t_{rr} は 50 ns 程度とかなり高速化されている

▶ ファスト・リカバリ・ダイオードの t_{rr}

参考・比較のため，逆回復特性が速いことを特徴としているファスト・リカバリ・ダイオード（FRD）の逆回復特性を測定してみましょう．**写真 5-6** は USR30P6（オリジン電気）の t_{rr} 特性です．電流は 1 A/div. に変更してありますが，t_{rr} = 50 ns 程度とパワー MOS のボディ・ダイオードと比べてかなり高速化されていることがわかります．

● ハーフ・ブリッジ回路のボディ・ダイオードに流れる電流

つぎに実際の回路でボディ・ダイオードにどれくらいの電流が流れるかを測定してみます．

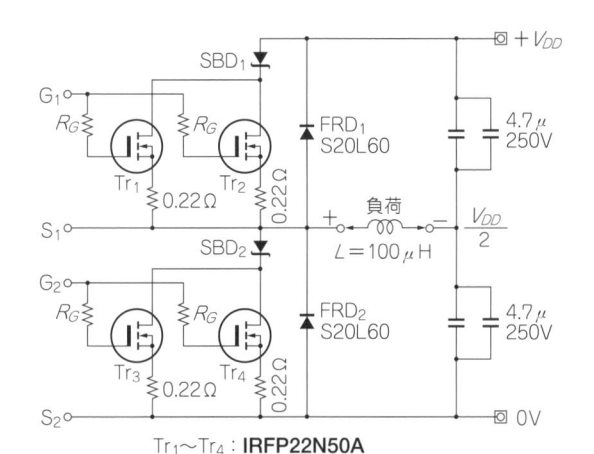

[図 5-5] 実際のハーフ・ブリッジ出力回路例
パワー MOS を破壊から守るための SBD と FRD を付加している

$Tr_1 \sim Tr_4$：**IRFP22N50A**
SBD_1, SBD_4：**KSQ60A04B**

5-2 ボディ・ダイオードの特性と破壊　　115

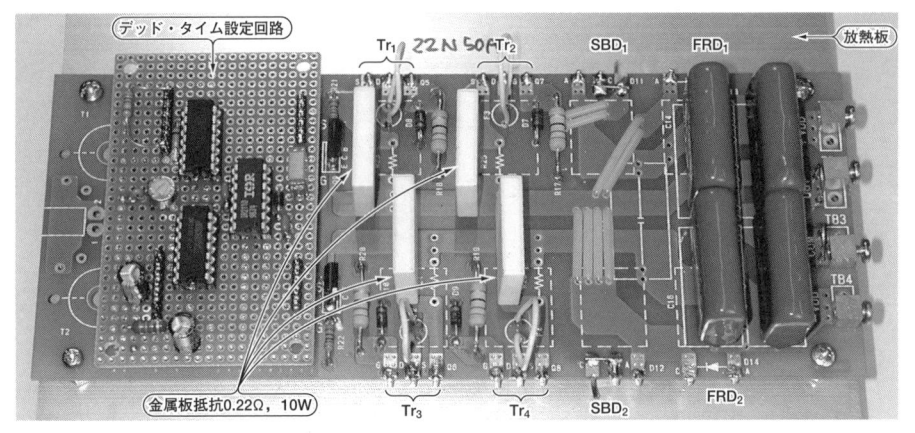

[写真5-7] SBDとFRD付きハーフ・ブリッジ出力回路（被測定回路）と
デッド・タイム設定回路

　図5-5はパワーMOSによる代表的なハーフ・ブリッジ出力回路です．この回路ではパワーMOSを破壊から守るためにSBD（ショットキ・バリア・ダイオード）とFRD（ファスト・リカバリ・ダイオード）を付加してあります．写真5-7が，図5-5の測定回路とデッド・タイム設定回路（図5-6）の基板の外観です．デッド・タイム設定回路については後述します．

　この回路において電源電圧V_{DD} = 100 V，周波数40 kHz，負荷インダクタンスL = 100 μHでスイッチングしたときの負荷の＋端子と0 V間電圧と，インダクタLの電流波形を写真5-8に示します．100 μHのインダクタンスに約6 A_{P-P}の負荷電流が流れていることがわかります．

　つぎに図5-5の回路で二つのSBDを除去（短絡），二つのFRDを除去したときの電流波形を観測してみます．写真5-9はTr_2に流れるドレイン電流波形です．パワーMOSが2並列接続されているので，出力電流のほぼ1/2の電流が流れています．出力電圧が100 Vになった瞬間−1.6 Aのドレイン電流が流れ，6.25 μs後に電流がゼロに戻り，12.5 μs後に＋1.6 Aの電流が流れています．

　この波形からパワーMOSのドレイン電流が負ということは，内蔵のボディ・ダイオードに同じ順電流が流れているということです．

　次に回路（SBD，FRD）を元に戻して保護対策有りの回路にしてみます．すると写真5-10に示すように，パワーMOSのドレイン電流は順方向だけとなります．つまり，ドレインからソースに向かって流れる電流はSBDで逆バイアスされて導通せず，FRDを経由して，電源ラインに流れ込むことがわかります．

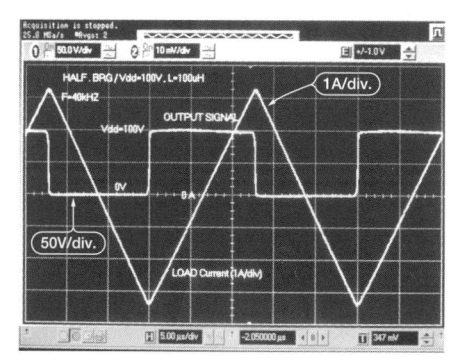

[写真 5-8] SBD，FRD あり時の V_{DS} と負荷 100 μH に流れる電流（方形波：50 V/div.，三角波：1 A/div.，5 μs/div.）
40 kHz 入力パルスで約 6 A_{P-P} の三角波の負荷電流が流れている

[写真 5-9] SBD，FRD なし時の V_{DS} と TR_2 のドレイン電流（上：50 V/div.，下：1 A/div.，5 μs/div.）
ドレイン電流が負なので，内蔵のボディ・ダイオードに同じ順電流が流れていることがわかる

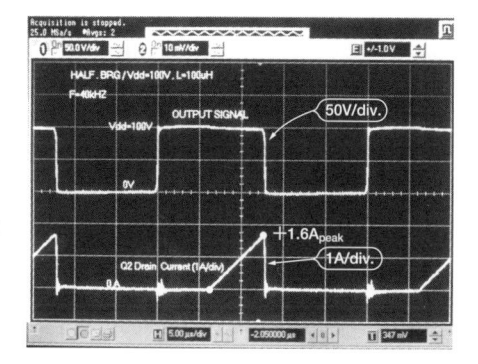

[写真 5-10] SBD，FRD あり時の V_{DS} と Tr_2 のドレイン電流（上：50 V/div.，下：1 A/div.，5 μs/div.）
低速なリカバリ特性をもつボディ・ダイオードを保護していることがわかる

このように SBD と FRD を付加することにより，低速なリカバリ特性をもつパワー MOS のボディ・ダイオードを保護することができます（ボディ・ダイオードはソースからドレインに流れる電流が定格を越えると壊れる）．

5-3　パワー MOS の並列接続におけるドレイン電流アンバランス

● パワー MOS の並列接続ドライブにはソース抵抗を挿入する

　一般にパワー MOS による出力回路の増強…ハイ・パワー化には，パワー MOS を並列接続（大電力用パワー MOS モジュールは除く）します．バイポーラ・トランジスタを並列接続ドライブするときは，各トランジスタのベース-エミッタ間電圧

V_{BE} のばらつきによるコレクタ電流のばらつきが問題になるので，各トランジスタのエミッタに数 Ω 以下のエミッタ抵抗を挿入し，各コレクタ電流のバランスをとるようにしています．

同様にパワー MOS の並列の場合も，ゲート・スレッショルド電圧 $V_{GS(th)}$ およびドレイン-ソース間オン抵抗 R_{ON} のばらつきによる各ドレイン電流のばらつきを抑える目的で，**図 5-5** にも示したようにソース抵抗 R_S を挿入するのが安全です．

しかしながら，ソース抵抗 R_S を挿入することは電力損失を招くことになるので，ハイ・パワー化という目的に対しては矛盾をかかえることになります．しかし，安全性重視のハイ・パワー回路としては仕方がありません．パワー MOS の最大許容電流 I_{DSS} を超えないように R_S の値を選定します．

● ソース抵抗なしに並列化すると

安全性重視でいくと，ハイ・パワー化のためのパワー MOS 並列にはソース抵抗を挿入すべきですが，高効率化を求めるとソース抵抗を挿入しないパワー MOS の並列接続を検討せざるを得ません．しかし，単純な並列接続ではパワー MOS のオン抵抗 R_{ON} のばらつきが，パワー MOS の電力損失のばらつきにつながります．オン抵抗 R_{ON} のばらつきが大きいと特定のデバイスだけが許容損失をオーバすることがあります．

また，実装条件が悪いと配線（浮遊）インダクタンスが大きくなり，パワー MOS 自身のゲート-ソース間電圧 V_{GS} がスレッショルド電圧 $V_{GS(th)}$ 付近で振動または寄生発振することもあります．

ここでは高速スイッチングの際に問題となるソース回路のインダクタンスのばらつきによるドレイン電流のアンバランスが，実装条件によりどうなるかを実験して確めることにします．

図 5-6 にパワー MOS の 4 並列回路の例と，**写真 5-11** にその実装例を示します．プリント基板の幅は 10 mm で，銅箔の厚さは 35 μm です．パターン面積も大きく理想的な実装に見えます．なお，各パワー MOS のドレインのループはカレント・プローブの取り付けに使います．コンデンサや抵抗，ダイオードによる CRD クランプ回路は本測定とは関係ありません．

測定条件は ＋V_{DD} = 50 V，負荷インダクタンス L は約 1.2 μH，入力パルス幅は約 350 ns でスイッチングします．

写真 5-12 が各パワー MOS のドレイン電流 I_{D1} ～ I_{D4} の波形です．電源供給点からもっとも遠い Tr_1 の電流が小さく，逆にもっとも近い Tr_4 の電流はもっとも大き

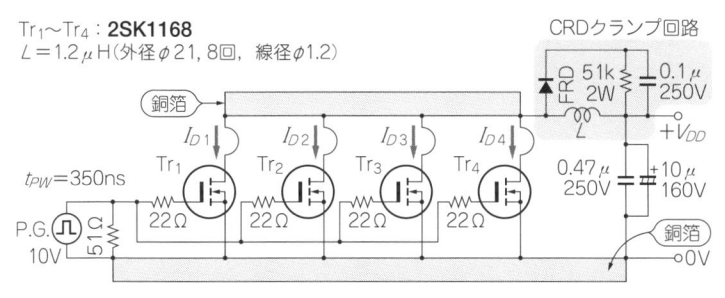

[図 5-6] パワー MOS の 4 並列回路例
ハイ・パワー化する際にはパワー MOS の並列接続を行って対応する

[写真 5-11] パワー MOS の 4 並列回路実装例
プリント基板の幅は 10 mm，銅箔の厚さは 35 μm で製作した

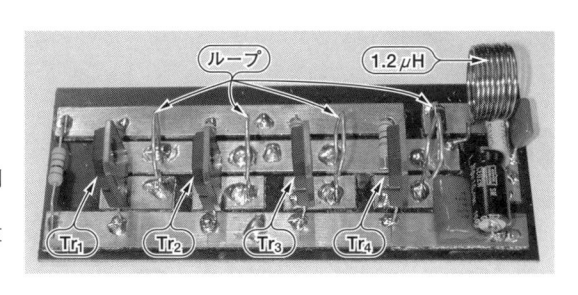

[写真 5-12] 4 並列パワー MOS のドレイン電流 $I_{D1} \sim I_{D4}$ の波形（1 A/div., 200 ns/div.）
ドレイン電流は電源からもっとも遠い Tr_1 の電流が小さく，近くなるごとに電流が増加するようにアンバランスだ

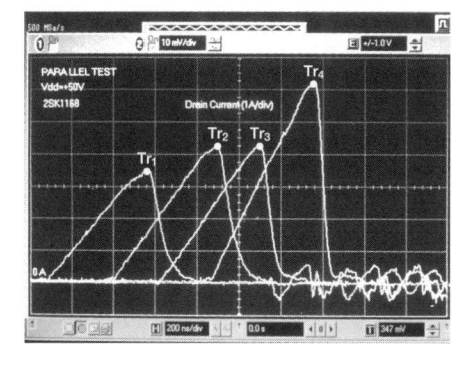

くなっています．なお，写真 5-15 では $Tr_1 \sim Tr_4$ の各トレースは波形が重ならないようにあえてトリガ・ポイントを変えています．

Tr_2 と Tr_3 のドレイン電流はほぼ同じに見えますが，本来は Tr_3 のほうが大きいはずです．使用した 2SK1168 はとくに選別していないので，素子のばらつきによるものと思われます．

これらドレイン電流のアンバランスは主にパワー MOS のソース・ラインのパターン・インダクタンスによるものでしょう．電源供給点から遠いとインダクタンス

5-3 パワー MOS の並列接続におけるドレイン電流アンバランス

も大きくなり，電流値も下がります．

　実際に部品をプリント基板に実装すると，配線パターンによって回路間を接続することになるので，必ずインダクタンスが存在します．したがって，並列接続するようなパワーMOSでは各ソース端子から電源までの配線，パターン長さを一点グラウンドの要領で等しくすることで，電流のアンバランスが少なくなるような配慮が重要です．

● 実装を変更してアンバランスを小さくする

　図5-7は両面プリント基板を使用して，ドレイン（表面へ）とソース（裏面へ）回路を向かい合わせ構造とし，実装回路に対称性をもたせています．写真5-13は実際に製作した基板です．この実装方法がベストとはいえませんが，基板はパターン・インダクタンスを少しでも小さくするため，パターン幅をできる限り幅広にします．銅箔の厚さは一般に$35\mu m$ですが，インピーダンスを下げるため$70\mu m$にしました．また，大電流回路では電流経路に銅板を使用し，空気の流通を良くし，実装面積が小さくなる放熱構造を検討します．

　図5-9の変更で並列接続したパワーMOSの各ドレイン電流は写真5-14に示すように，かなりの改善が認められます．

　パワーMOSを並列接続する際に注意すべき項目は素子単独のばらつき，

- ゲート・スレッショルド電圧 $V_{GS(th)}$
- オン抵抗 R_{on}
- ターン・オフ・ディレイ $t_{d(off)}$

などを事前にチェックしておきます．

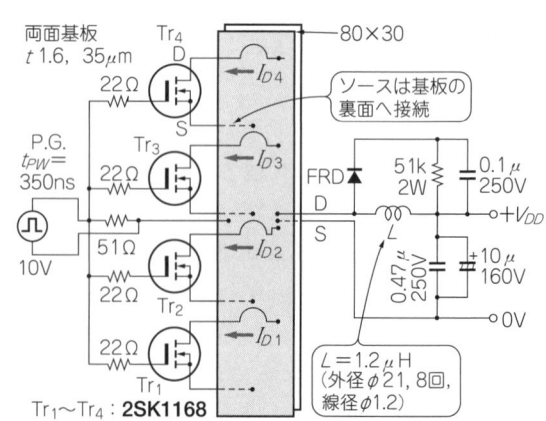

[図5-7] 両面プリント基板によるパワーMOSの4列並列回路
この回路のように，単純に並列するのではなく，各素子ごとにソース抵抗（ソース端子と0V間）を付加するほうが良い

Tr₁～Tr₄: **2SK1168**

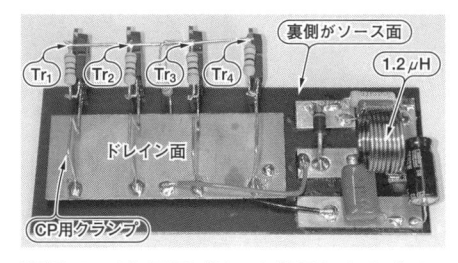

[写真 5-13] 両面プリント基板によるパワーMOS の 4 列並列例
実装を改善することによりアンバランスを小さくした

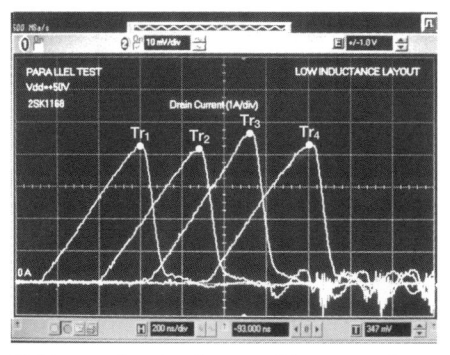

[写真 5-14] 両面プリント基板によるパワーMOS のドレイン電流 I_{D1} 〜 I_{D4} の波形(1 A/div., 200 ns/div.)

5-4　破壊につながるあれこれとその対策

● ハーフ・ブリッジ回路における短絡電流防止…デッド・タイム

パワー MOS によるハーフ・ブリッジ回路を構成する際は，ゲート・ドライブにデッド・タイム設定回路が必要です．パワー MOS のターン・オフがターン・オンと比較して遅いので，プッシュプル回路の上下のパワー MOS が同時に ON することを防止するためです．このデッド・タイム設定回路を内蔵したゲート・ドライブ IC やスイッチング・レギュレータ制御 IC が多くありますが，それらを使うとき以外はデッド・タイム設定回路を設計する必要があります．

図 5-8 はデッド・タイム設定回路の一例です．この回路の出力 G_1, S_1, G_2, S_2 を図 5-5 に示したハーフ・ブリッジ回路に接続し，シングル入力でデューティ比

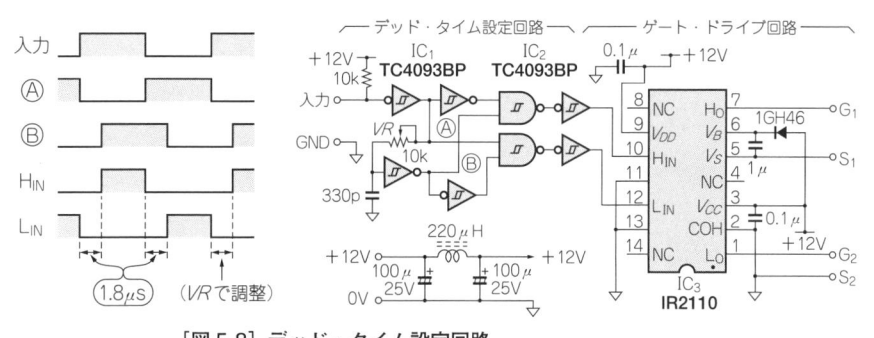

[図 5-8] デッド・タイム設定回路
この回路でシングル入力のデューティ比 50 ％波形に設定する

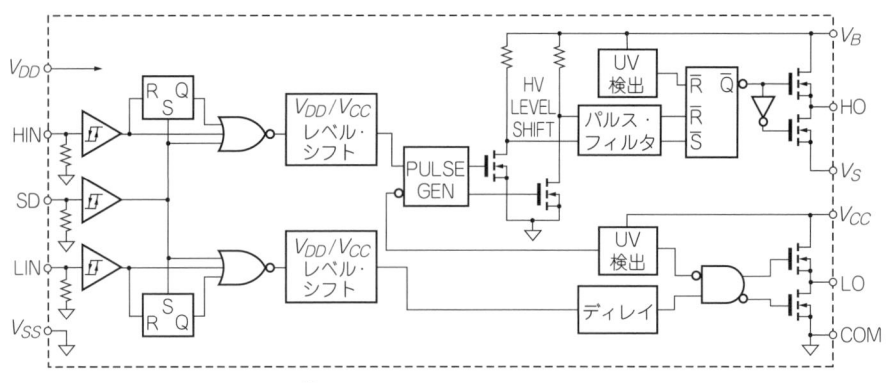

[図 5-9][(7)] ゲート・ドライバ IC IR2110 の構成

50％の波形にデッド・タイムを設定します．

　シングルエンド入力でプッシュプル出力回路をドライブするためにインバータと NAND ゲートを使い，それぞれのエッジに遅延時間を設定しています．ゲート・ドライバ IC は IR2110（IR 社）です．

　図 5-9 に IR2110 の構成を示します．この IR2110 はハーフ・ブリッジにおけるハイ・サイド/ロー・サイドのドライバをワンチップで実現してくれる IC です．

　まず，図 5-8 において可変抵抗 $VR=0\,\Omega$ としてデッド・タイムを設定しないとき，図 5-5 におけるハーフ・ブリッジ回路のドレイン電流波形を観測します．**写真 5-15** は負荷 $L=100\,\mu\mathrm{H}$ を取り外し負荷を $50\,\Omega$ の純抵抗としたときの波形です．パワー MOS 1 本当たり 0.5 A のドレイン電流が流れますが，ON および OFF 時に大きな貫通電流 $2\,\mathrm{A_{peak}}$（パワー MOS 2 本で $4\,\mathrm{A_{peak}}$）が流れているのがわかります．この貫通電流は負荷抵抗に関係なく流れるため，スイッチング周波数が高くなるにしたがって電源電流も増加し，損失が大きくなります．

　写真 5-16 はスイッチング波形を見ながら，貫通電流がほとんど流れないようにデッド・タイムを設定したときのゲート・ドライブ波形です．このときのデッド・タイムは $1.8\,\mu\mathrm{s}$ でした．**写真 5-17** にデッド・タイムが有効に働いているときの V_{DS} とドレイン電流波形を示します．

　なお，パワー MOS のスイッチング特性は，第 1 章でも示したようにターン・オフ・ディレイ（OFF 時の時間遅れ）がターン・オン・ディレイに比べて長くなります．よって，ターン・オフ・ディレイを短縮できるゲート・ドライブ回路を採用するか，故意に ON 時間だけを遅らせる回路…（ゲート直列抵抗 R_G と並列にダイオードを接続するなど…）を付加するようにします．

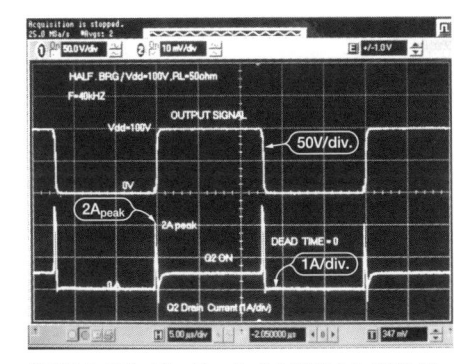

[写真 5-15] デッド・タイム設定なし時の V_{DS} とドレイン電流(上：50 V/div., 下：1 A/div., 5 μs/div.)
ON および OFF 時に負荷抵抗に関係なく大きな貫通電流(2〜3A)が流れる

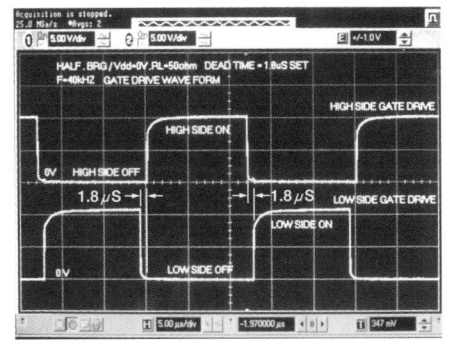

[写真 5-16] デッド・タイムを 1.8 μs に設定したときのゲート・ドライブ波形(上下：5 V/div., 5 μs/div.)
同時 ON にならないように 1.8 μs のすきま…デッド・タイムを設定した．貫通電流は流れなくなった

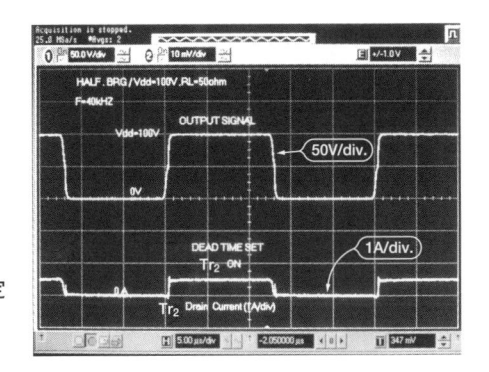

[写真 5-17] デッド・タイムを 1.8 μs に設定時の V_{DS} とドレイン電流(上：50 V/div., 下：1 A/div., 5 μs/div.)

● 大きな dv/dt による誤ターン・オン

パワー MOS の高速スイッチング動作では，ドレイン電流およびドレイン-ソース間電圧 V_{DS} の変化率…微分値 ΔI_D, ΔV_{DS} が大きく変化します．その結果，これがドレイン-ゲート間に帰還され，自らのゲート・スレッショルド電圧 $V_{GS(th)}$ を越えてしまうことがあります．$V_{GS(th)}$ を越えるとパワー MOS はターン・オンします．

図 5-10 は N チャネル・パワー MOS の等価回路を示したものです．dv/dt による挙動を考えると，ドレイン-ゲート間容量 C_{gd} による帰還でパワー MOS 自身がターン・オンする場合と，内部の寄生バイポーラ・トランジスタがコレクタ-ベース間容量 C_{CB} によってターン・オンする場合が想定できます．

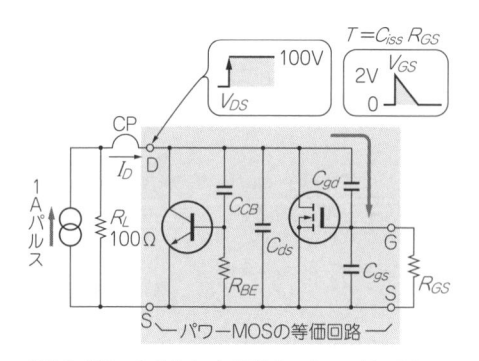

[図 5-10] dv/dt による誤ターン・オンのテスト回路
dv/dt が大きいとパワー MOS 自身または寄生バイポーラ・トランジスタが誤ターン・オンを起こす

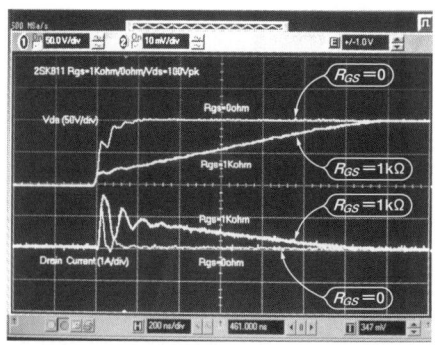

[写真 5-18] 2SK811 のドライブ抵抗の違いによる V_{DS} と I_D（上：50 V/div., 下：1 A/div., 200 ns/div.）

　ドレイン出力に生じるサージ電圧やノイズは，C_{gd} と C_{gs} によるリアクタンス分圧回路による電圧がゲート端子に現れるので，ドレインとゲートの配線が接近しているとさらに誤動作しやすくなります．
　このような dv/dt による誤動作を防ぐには，ゲートのドライブ・インピーダンスをできるだけ下げること，ゲート-ソース間の配線をドレインおよび出力回路とは分離すること，それぞれの電極へのパターン配線を最短にすることです．
　写真 5-18 は 2SK811 のドレインに V_{DS} = 100 V のパルス電圧（1 A，R_L = 100 Ω）を加えたときのドレイン-ソース間電圧 V_{DS} とドレイン電流 I_D の挙動を調べてみたものです．
　ゲート-ソース間抵抗 R_{GS} が 0 Ω（ドライブ・インピーダンスがきわめて低い状態）でもパルス波形の立ち上がりでドレイン電流が流れます．これはドレイン-ソース間の出力容量 C_{ds} にチャージされる電流で，パルス幅は数十 ns です．
　R_{GS} が 1 kΩ になるとパルス波形の立ち上がりで，ゲート端子がスレッショルド電圧 $V_{GS(th)}$ までチャージされてドレイン電流が流れ，パワー MOS はターン・オンしています．その後，入力容量 C_{iss} と R_{GS} の時定数で電流が減少しています．

● スナバ回路で誤動作や破壊を防止する
　図 5-11 はフォワード・コンバータやフライバック・コンバータにおけるパワー MOS 周辺回路の一部です．この回路ではコンデンサ，抵抗，ダイオードの CRD 回路によってドレイン-ソース間電圧 V_{DS} の電圧上昇をクランプしています．ドレ

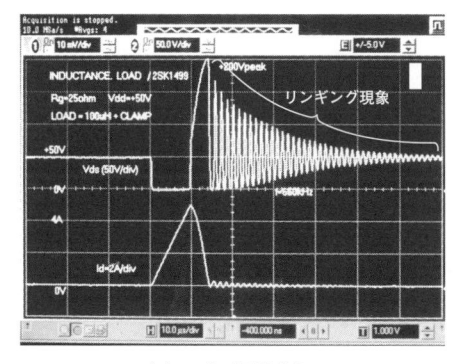

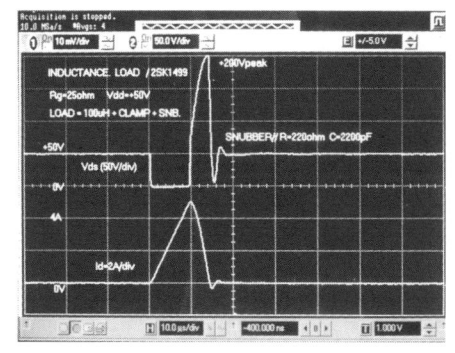

(a) スナバ回路なし　　　　　　　　　　　(b) スナバ回路あり

[写真 5-19] スナバ回路によるリンギング除去（上：50 V/div., 下：2 A/div., 10 μs/div.）
リンギング現象はスナバ回路によって完全に抑制されている

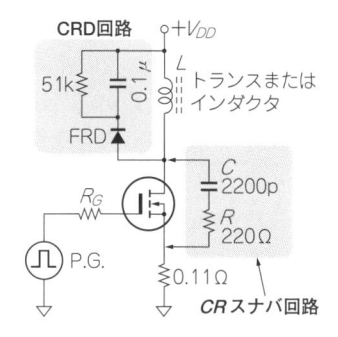

[図 5-11] インダクタンスのスイッチング回路
ドレインとソース間に挿入した CR がスナバ回路

インとソース間に挿入したコンデンサ C と抵抗 R のスナバ (snubber) 回路でリンギングを除去します．

写真 5-19(a)は図 5-11 において CR スナバ回路なしで，$+V_{DD}=50$ V 時でドレイン電流 I_D が 5 A となるパルス幅を入力したときのスイッチング波形です．OFF 時の V_{DS} は約 200 V まででクランプされています．その後に大きなリンギング現象が認められ，このときの周波数は約 660 kHz です．

このリンギングはインダクタンスを含む回路による共振なので，LR 直列回路の逆回路，つまり CR 直列回路を付加することで抑圧することができますが，定数設定には注意が必要です．スナバ効果を大きくすると波形はきれいになる反面，スナバ回路での電力消費が増加し，スイッチング効率を低下させてしまいます．

スナバ回路の定数設定の目安は，リンギング…共振周波数を測定し，CR 回路の時定数（周波数）をこれに合わせます．ここではリンギング周波数が約 660 kHz で

すから，抵抗 R を数百Ω（100～220Ω）として，コンデンサ C を，
$$C = 1/(2\pi fR)$$
として計算します．

写真 5-19(b)は $R = 220\,\Omega$，$C = 2200\,\mathrm{pF}$ のスナバ回路を挿入したときのスイッチング波形です．先のリンギングが完全に抑圧されていることがわかります．

5-5 電流制限回路の設計と実験

● パワー回路で欠かせない保護回路とは

パワー回路では，何らかの理由で大電流や高電圧が発生して半導体素子が破壊したり，部品の温度上昇で装置が故障したりします．半導体の破壊や故障により，他の回路を守るためには何らかの保護回路が重要です．保護すべき対象としては，以下のような項目があげられます．

▶ 過電流（オーバ・カレント）

図 5-12 に示すようにパワー MOS によるスイッチング回路において，ドレイン負荷が短絡されたり負荷抵抗が想定した値より低かったりすると，負荷抵抗に反比例して出力電流が増加し過電流状態に至ります．短絡状態ではきわめて大きなドレイン電流が流れ，パワー MOS は簡単に破壊してしまいます．

大きな出力電流は低負荷だけでなく容量性あるいは誘導性リアクタンス負荷においても流れます．

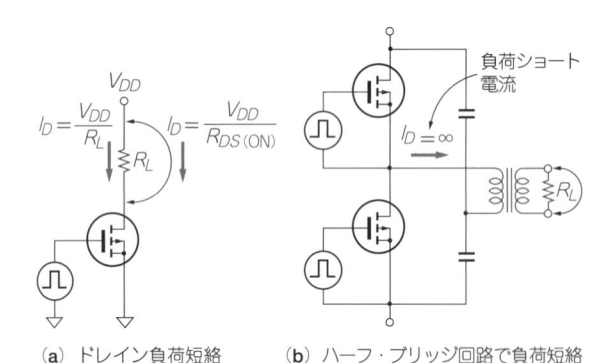

[図 5-12] 負荷短絡で過電流が発生するスイッチング回路
負荷をショートするとパワー MOS のドレイン電流は過電流状態になる

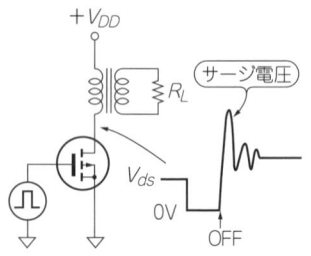

(a) ドレイン負荷短絡 　(b) ハーフ・ブリッジ回路で負荷短絡

[図 5-13] 過電圧が発生するスイッチング回路
トランス接続の場合サージによりドレイン電圧が過電圧になる

▶ 過電圧（オーバ・ボルテージ）

図5-13に示すように，パワーMOSスイッチング回路の負荷は常に抵抗性ではなく，スイッチング・トランスなどのインダクタンス性の部品が多く使われます．しかし，トランスにはリーケージ・インダクタンスが存在し，その影響でスイッチOFF時ドレインに大きなサージ電圧V_{SG}が加わり，ドレイン定格をオーバすることがあります．この状態が過電圧です．

サージ電圧V_{SG}は$V_{SG}=L(di/dt)$の関係で発生します．電流変化率(di/dt)が大きいため配線のインダクタンスLも無視できません．

▶ 過電力（オーバ・パワー）

出力インピーダンスの低いスイッチング回路において，定格負荷で動作しているときは良いのですが，負荷条件が大きく変化する用途では何らかの方法で電力制御を行わないと許容電力をオーバすることがあります．

消費電力が大きくなると装置内の温度が上昇し，半導体や電解コンデンサなどの部品の信頼性を低下させ，故障率が高くなります．

▶ 温度異常（オーバ・ヒート）

パワー回路では，半導体や受動素子で発生する熱をできるだけ抑えるように設計をすることがポイントですが，現実には発熱のない回路は作れません．発熱によって動作に支障がでるのが温度異常です．

高速スイッチング回路において効率を追求すると，スイッチング損失を小さくするために，パワーMOSのターン・オン/ターン・オフ時間を短縮することになります．効率が上がると結果として発熱は抑えられますが，一方でターン・オン/ターン・オフ時間が短くなることから放射ノイズが大きくなります．で，結局ノイズ対策のためにパワーMOSのゲート直列抵抗の値を大きくしたり，ゲートにフェライト・ビーズを追加したりというジレンマに陥ります．

一方，ある程度の発熱を許容するとなると，どうやって放熱するかといった熱設計技術が要求されます．

パワー回路（装置）の熱対策では大きな放熱器，あるいは強制空冷用ファン・モータなどがよく使われます．ところが，ファン・モータが故障して動作が停止したら，装置内の温度は急上昇します．

このようなことを想定して，センサ付きのファン・モータを使用するか，放熱器表面の温度を検出し，設定温度を越えたら装置の動作を停止するなどの対策を施します．

● 過電流センシングには微小抵抗

パワー MOS でオン抵抗の小さい素子というのは大変便利なのですが,使用するとき,負荷が何らかの理由で短絡すると大きなドレイン電流が流れることになり,その結果,定格電流をオーバして素子を破壊させてしまうことがあります.

半導体素子を破壊させないためには,回路に流れる電流をセンシング(検出)して,過大電流が流れたら動作を停止する,または電流値を制限することが基本です.電流センシングの方法としては抵抗を使う方法とカレント・トランスを使う方法があります.

もっとも簡単な電流センシングは,図 5-14 に示すように回路に電流センシング用抵抗 R_S を挿入することです.センス電圧 V_S はオームの法則から計算できます.

センス電圧 V_S は,回路に電流 I_D [A] が流れると直流回路では,

$$V_S = R_S \cdot I_D \quad \cdots\cdots\cdots\cdots\cdots\cdots\cdots\cdots\cdots\cdots\cdots\cdots\cdots\cdots\cdots\cdots\cdots\cdots\cdots (5\text{-}5)$$

の電圧を発生します.

R_S の定数は V_S を取り込む入力回路で決まります.

例えばトランジスタのベース-エミッタ間電圧 V_{BE} を利用する場合,$V_{BE} \fallingdotseq 0.6$ V です.したがって,R_S の値は,$V_S = 0.6$ V,$I_D = 10$ A とすれば,

$$R_S = V_S / I_D = 0.6 / 10 = 60 \text{ m}\Omega$$

抵抗器 R_S の消費電力 P_D は,$P_D = I_D^2 \cdot R_S$ から,

$$P_D = 10^2 \times 0.06 = 6 \text{ W}$$

となります.ただし,実用においては電力用抵抗器は温度ディレーティングを考慮する必要があります.6 W の消費だと許容消費電力が 10 W 以上の電力用抵抗器が必要です.スイッチング・レギュレータ制御 IC などでは,電流センスのスレッショルド電圧が 0.2 V 程度です.このような制御 IC などを使うことで $V_S = 0.2$ V に下げることができるなら,$R_S = 20 \text{ m}\Omega$ になるので,$P_D = 2$ W に下げることができます.

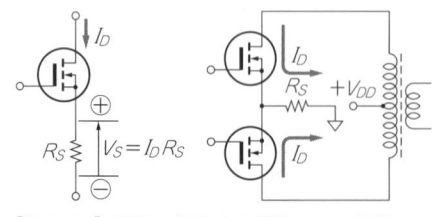

[図 5-14] 回路に挿入する電流センス抵抗
ドレイン電流をセンシングするために抵抗を入れるが,この消費電力も無視できない

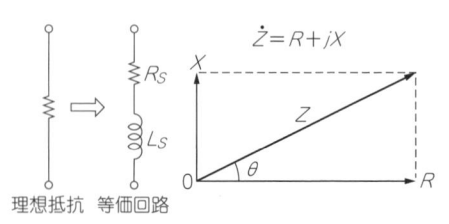

[図 5-15] 巻き線抵抗器の等価回路
抵抗といえどもインダクタンス成分を持っているので周波数が高くなるとインピーダンスが増加する

電流センシング用抵抗器で消費する無駄な電力を小さくするには，センス電圧 V_S を低くすることが重要ですが，スイッチング回路で生ずるノイズは決して小さくないので，誤検出を避けるためにもあまり低くすることはできません．
　センス回路での消費電力を小さくする方法としては，後述するカレント・トランス方式があります．

● **電力用抵抗器のインピーダンスおよび周波数特性に注意する**
　写真 5-20 が電流センシングに使用される電力用抵抗器の一例ですが，パワー・スイッチング回路では，流れる電流がパルス波形になるので，電流センシング用抵抗 R_S 自体の周波数特性にも注意します．この抵抗器の消費電力も無視できません．
　一般には巻き線抵抗器が多く使われています．発熱量が大きいので外周をセメント材でモールドしてあり，一般にはセメント抵抗と呼ばれています．ところがこの抵抗の内部は抵抗線をコイル状に巻いてあり，L 成分をもっているのです．L を含んだ抵抗値，つまりインピーダンスは，ふつうのテスタやマルチメータでは測定できません．
　図 5-15 は抵抗値の低い巻き線構造の抵抗器の等価回路です．R_S と直列インダクタンス L_S に分解して表します．インピーダンス Z は交流周波数での「抵抗」と考えればよく，

$$Z = \sqrt{R^2 + X^2} = \sqrt{R_S^2 + (2\pi f L_S)^2} \quad \cdots\cdots (5\text{-}6)$$

で表され，周波数が高くなるとインピーダンスが上昇します．
　最近のスイッチング・パワー回路は，スイッチング周波数が高くなる傾向があります．数百 kHz 以上の回路では配線インダクタンスや抵抗器のインダクタンスに十分な注意が必要です．一般にスイッチング周波数の高いパワー回路では，**写真 5-20（下）**に示すような低インダクタンスの金属板抵抗器が適しています．
　写真 5-20 に示した一般的な巻き線型セメント抵抗器（0.2 Ω，5 W）と，インダク

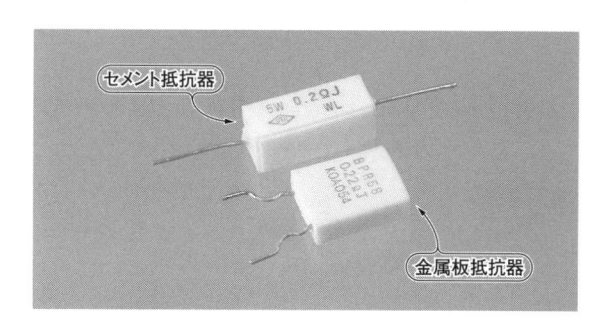

[写真 5-20] 電力用抵抗器の外観

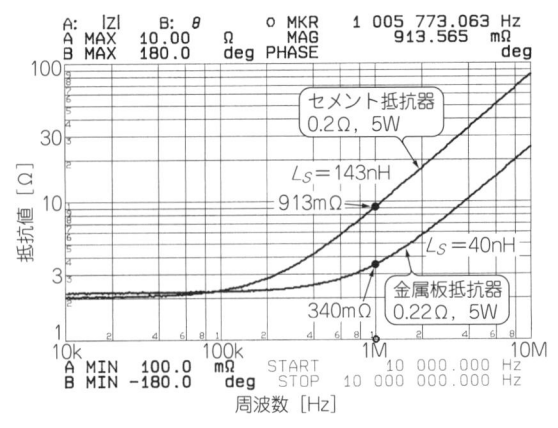

[図 5-16] 電力用抵抗器のインピーダンスと周波数特性
100 kHz までは平坦な特性だが，それ以上ではインピーダンスが増加し始める

タンスの小さな金属板抵抗器（0.22 Ω，5 W）のインピーダンスと周波数特性の比較を図 5-16 に示します．周波数 100 kHz までは平坦な特性ですが，それ以上の周波数ではインピーダンスが増加し始めます．金属板抵抗器は上昇し始める周波数が高く，周波数特性が良いことがわかります．セメント抵抗と比較すると，周波数 1 MHz におけるインピーダンスが 913 mΩ から 340 mΩ に改善されています．インダクタンス L_S の値を比較すると 143 nH と 40 nH です．

この L_S の値は測定したインピーダンス・アナライザの解析機能で算出しましたが，式(2)から計算しても近似した値が求まります．

● インダクタンス分のある抵抗器にパルス電圧が加わると微分波形が現れる

電力用抵抗器がインダクタンス成分 L をもつことがわかりました．したがって，このような抵抗器を使うときは回路的には RL 直列回路として考えなければなりません．RL 直列回路にパルス電流を流すと，両端に発生する電圧波形は微分波形になります．

写真 5-21 に示すのは，0.2 Ω，5 W のセメント抵抗器に 200 mA$_{(peak)}$ の電流を流したときの電圧波形です．微分波形の大きさは入力パルスの立ち上がり時間に関連します．ここではパルス・ジェネレータの設定…立ち上がり時間 t_r/立ち下がり時間 t_f を現実的な $t_r = t_f = 50$ ns として測定しました．実際の高速スイッチング回路では，微分電圧はさらに大きくなります．

また，この波形では 40 mV（0.2 Ω × 200 mA）のセンス電圧を検出するのに約 400

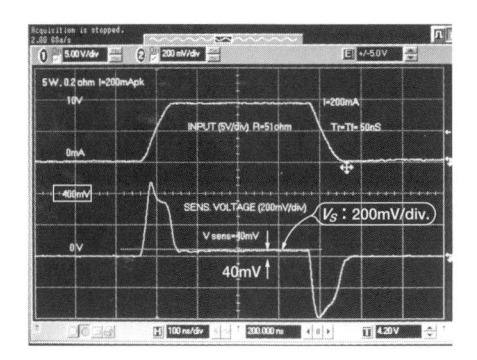

[写真 5-21] 0.2Ω，5 W のセメント抵抗器に生じる微分電圧波形（上：100 mA/div.，下：200 mV/div.，100 ns/div.）
電力用抵抗器にパルス電圧が加わると大きな微分波形が現れる

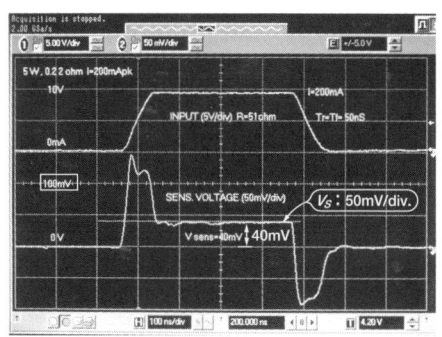

[写真 5-22] 0.22Ω，5 W の金属板抵抗器に生じる微分電圧波形（上：100 mA/div.，下：50 mV/div.，100 ns/div.）
金属板抵抗器を使用してもインダクタンスがあるので微分電圧パルスが発生する

mV の微分波形が現れています．これは本来不要な波形で，検出に必要な 40 mV の電圧が小さく見えてしまいます．

写真 5-22 はインダクタンスの小さな金属板抵抗 0.22 Ω，5 W に 200 mA$_{(peak)}$ の電流を流したときの電圧波形です．ピークのセンス電圧が約 150 mV の微分波形です（電圧軸は見やすくするために，200 mV/div.から 50 mV/div.に変更した）．これだと 40 mV のセンス電圧も大きく見えます．

● スイッチング回路における実際の電流センス電圧波形

では実際のパワー MOS スイッチング回路では，どのような電流センス電圧波形になるのかを観測してみましょう．

図 5-17 に示すのは 2SK1499 を用いたソース接地のスイッチング回路です．波形観測が目的なので，負荷 R_L はダミー抵抗 50 Ω にしてあります．ゲート・ドライブ IC IR2121 の CS（カレント・センス）入力は接地して，実験中に過電流検出動作はしないようにしています．ゲート・ドライブ IC IR2121 の構成は図 5-18 に示します．

図 5-17 においてドレイン電流 I_D は 150 V/50 Ω = 3 A，入力パルス幅は 800 ns としました．このとき 0.22 Ω の電流センス抵抗 R_S（金属板抵抗）の電圧降下を観測すると，写真 5-23 の下のトレースのようになりました．金属板抵抗器を使用しても等価インダクタンスはゼロではないので，微分波形が現れています．この微分波形はカレント・センスを誤らせます．正しいセンス電圧 V_S はセンス抵抗 $R_S = 0.22$ Ω とドレイン電流 $I_D = 3$ A をかけた 660 mV になるはずですが，実際はこれをはる

5-5 電流制限回路の設計と実験

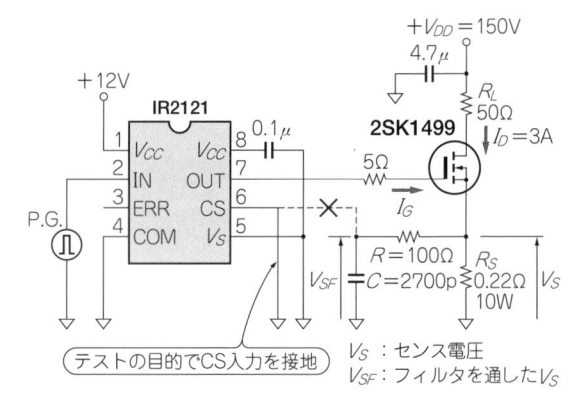

[図 5-17] 電流センス電圧波形を測定する
IR2121を使ってソース接地のスイッチング回路で波形を観測する回路

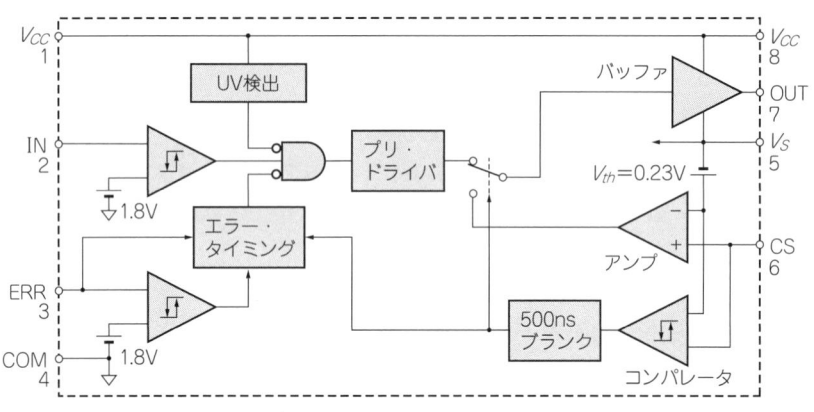

[図 5-18][6] ゲート・ドライブ IC IR2121 の構成（再掲）

かに越えた電圧が発生しています．

またパワー MOS の ON 時および OFF 時に，微分電圧パルスの前に別の「ひげ」状のパルス波が見えます．これはゲート・ドライブ回路から供給されたゲート電流 I_G によるものです．カレント・センス電圧 V_S の値を低く設計するとセンス抵抗 R_S での損失を小さくすることができますが，微分電圧とこのひげノイズで，電流制限機能が働いてしまいます．

実用的な過電流検出回路としてはセンス電圧をそのまま利用するのではなく，RC ローパス・フィルタを経由して微分波形を積分します．

写真 5-23 の上のトレースは，最適なパルス応答となるように RC ローパス・フィルタの値を選んだものです．$R = 100\,\Omega$，コンデンサ $C = 2700\,\mathrm{pF}$ としたときのフィルタ後のセンス電圧 V_{SF} の波形です．微分波形および「ひげ」ノイズが完全に

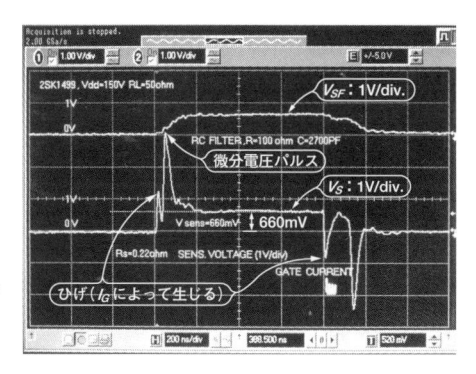

[写真5-23] 2SK1499のドレイン電流センス電圧波形(上下：1 V/div., 200 ns/div.)
微分電圧は約1/4に改善されている

除去されています．定数については周辺の動作条件により異なります．

● カレント・トランスによる電流検出は電力損失がない

センス抵抗の代わりにカレント・トランス(以下CT)を使うことで，センス抵抗方式で問題になった電力損失を小さくすることができます．とくに大電流回路において効果を発揮します．

図5-19にカレント・トランスの回路を示します．1次側の1ターン巻きを流れる1次電流I_1は，2次巻き数分の1，つまり$1/N_2$の2次電流I_2に変換され，終端抵抗R_Tで電圧に変換します．絶縁トランスですから直流の伝送はできません．

センス電圧V_Sは次式で決まります．

$$V_S = R_T \frac{I_1}{N_2} \quad \cdots\cdots\cdots\cdots\cdots\cdots\cdots\cdots\cdots\cdots\cdots\cdots\cdots\cdots\cdots\cdots (5\text{-}7)$$

1Aを1Vに変換するには，N_2が200回のCTでは$R_T = 200\,\Omega$になります．

$$I_2 = \frac{I_1}{N_2}$$
$$V_S = I_2 R_T$$
$$= R_T \frac{I_1}{N_2}$$

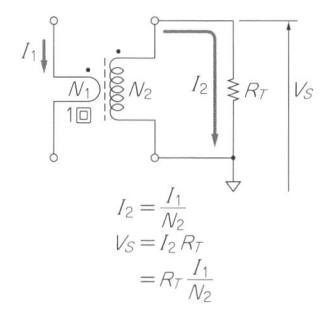

[図5-19] カレント・トランスCT-034による電流検出
直流は伝送できないが絶縁して電圧に変換できる

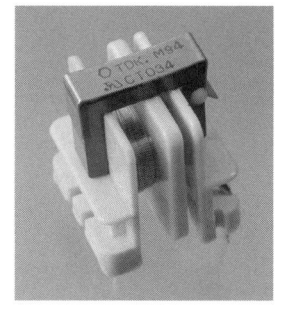

[写真5-24] カレント・トランスCT-034の外観(TDK)

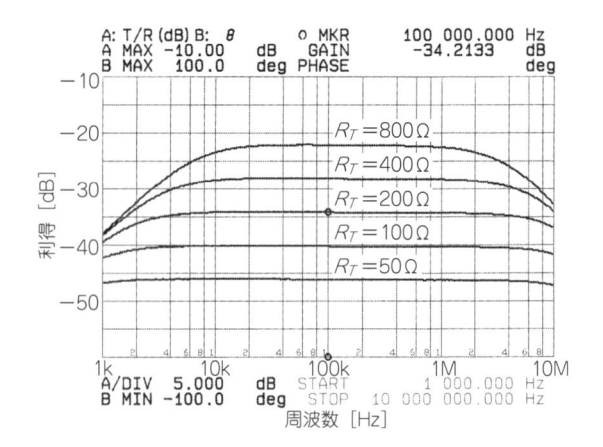

[図 5-20] CT-034 に終端抵抗 $R_T = 50 \sim 800\,\Omega$ を付加したときの周波数特性

小さな電流を変換しようとして抵抗 R_T を大きくすると，利得は上がるが帯域は狭くなる

ただし，トランスですから低域の周波数特性は CT の 2 次インダクタンス L と終端抵抗 R_T で決まります．このトランスの 3 dB 低下するカットオフ周波数 f_L は次式で決まります．

$$f_L = R_T / (2\pi L) \quad \cdots\cdots\cdots\cdots\cdots\cdots\cdots\cdots\cdots\cdots\cdots (5\text{-}8)$$

R_T の値が小さいほど帯域幅は広くなります．

写真 5-24 は TDK のカレント・トランス CT-034 です．この CT の 2 次インダクタンス L は約 22 mH なので，$R_T = 200\,\Omega$ でのカットオフ周波数 f_L は約 1.5 kHz となります．

CT-034（2 次巻き数は 200 回）に終端抵抗 $R_T = 50 \sim 800\,\Omega$ を付加したときの周波数特性の変化を**図 5-20** に示します．$R_T = 50 \sim 100\,\Omega$ 程度であれば帯域はかなり広いといえますが，小さな電流を変換しようとして R_T を大きくすると帯域は狭くなってしまいます．

● **カレント・トランスのパルス応答**

CT は 1 : N のトランスと等価です．**写真 5-25** に示すのは CT-034 を使用し，$R_T = 200\,\Omega$ で終端して故意に長いパルス幅 100 μs の電流パルス（50 Ω の直列抵抗に 50 V を印可）を入力したときの低周波での応答です．平坦部分の時間は短く，入力電流が OFF した後，負の電圧になり，やがてゼロ電圧に達しています．このように低周波でパルス幅が長い信号は，写真に示すような「サグ」と呼ばれる減衰を示します．「サグ」とはパルス・トランスなどで使われる用語で，パルスを通すときの平坦性がどれくらいかを表します．周波数特性で見ると低域特性に関係しています．

写真 5-26 に示すのは短いパルス幅での応答です．$R_T = 200\,\Omega$ での応答ですが，

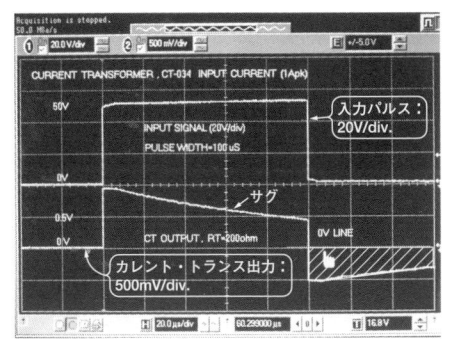

[写真 5-25] CT-034 の低周波数特性，$R_T =$ 200 Ωで終端（上：20 V/div., 下：500 mV/div., 20 μs/div.)
低周波でパルス幅が長い信号は「サグ」を生じてしまう

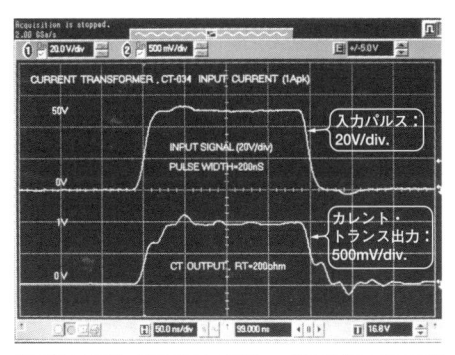

[写真 5-26] CT-034 の短いパルス幅での応答
（上：20 V/div., 下：500 mV/div., 50 μs/div.)
$I = 1$ A, $R_T = 200$ Ω観測で，高速応答している

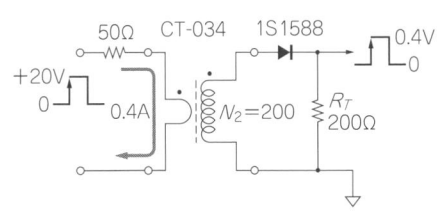

[図 5-21] 単極性パルスのときの直流再生回路
ダイオードを入れることにより直流分も再生できるようになる

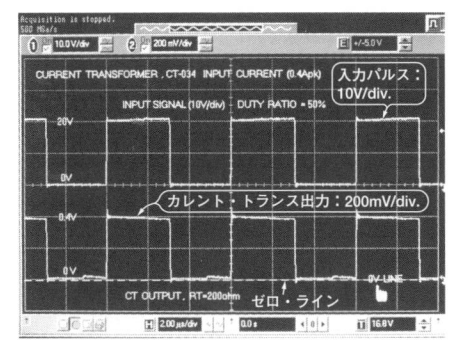

[写真 5-27] カレント・トランスでの直流再生
（上：10 V/div., 下：200 mV/div., 2 μs/div.)
入力デューティ比が大きくなっても 0 V ラインは維持される

先の図 5-20 の周波数特性で良かったとおり高速応答していることがわかります．

ところが，CT に流れる 1 次側電流波形のデューティ比が変化するとゼロ・ラインが移動してしまいます．これは交流分しか伝送しないトランスの宿命みたいなものですが，回路にちょっと工夫をするとゼロ・ラインを固定でき，直流のゼロ電圧を再生できます．

単極性でしかも正のパルスを入力する例で説明すると，図 5-21 に示すように CT 出力と終端抵抗 R_T との間にダイオードを接続します．写真 5-27 のようにデューティ比が大きくなっても 0 V ラインは維持され 0.4 A が 0.4 V に正しく変換されています．

● CTによるハーフ・ブリッジ出力回路でのセンシング波形

図5-22に示すのはパワーMOSによる一般的なハーフ・ブリッジ出力回路です．絶縁目的で出力トランス（巻き数比$1:1×2$）を使って整流・平滑しています．この回路で負荷状態を監視するために，出力トランスの1次側にCTを挿入して常に電流値をモニタしています．出力電流が設計値を越えないよう，図示はしていませんが電圧コンパレータを使って出力電流を監視，スレッショルドを越えたら動作を停止させます．

このようなハーフ・ブリッジ回路では出力電圧波形が対称PWM波か，デューティ50%の方形波なら容易にCTを挿入することができます．

写真5-28は，図5-22におけるハーフ・ブリッジ出力波形V_Lと出力トランスT_2の1次電流I_Oをカレント・プローブ（日本テクトロニクスのA6303）で測定した電流波形です．駆動信号はPWM波で，デューティ比はほぼ50%の波形です．電圧は$V_{DD}=140V$なので，約140V_{P-P}の振幅です．

さて，ここで使っている平滑回路はチョーク入力型です．そのため，電流波形は写真5-28の下のトレースのように直線的に増加するランプ波状になります．また，プッシュプル回路構成なので電流の向きは正，負の極性を繰り返します．なお，ここではプローブでクランプするときうっかり極性を反対にして測定したので実測の波形は反対になっています（ごめんなさい）．

写真5-29にハーフ・ブリッジ出力波形とCT出力を全波整流した出力V_Sの波形を示します．整流せずに終端抵抗だけでの波形なら先の写真5-28に示したカレント・プローブとほぼ同じ波形になります．CT出力を全波整流した理由は，この

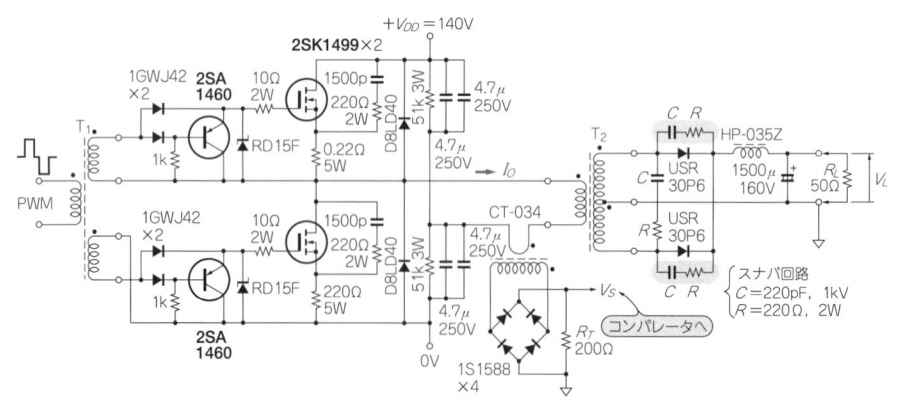

[図5-22] ハーフ・ブリッジ出力回路における電流センシング例
出力トランスの1次側にCTを挿入して，センス電圧V_Sを監視する

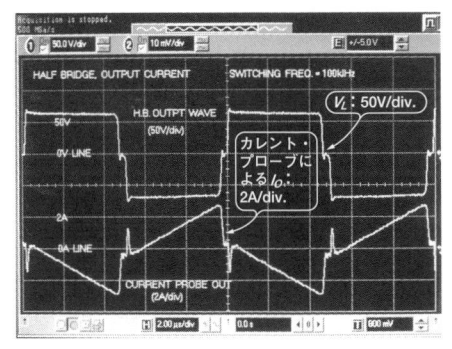

[写真 5-28] 市販のカレント・プローブで出力トランスの1次電流 I_O を観測（上：50 V/div., 下：2 A/div., 2 μs/div.）
負荷電圧 V_L とカレント・プローブで出力トランスの1次電流 I_O の関係波形

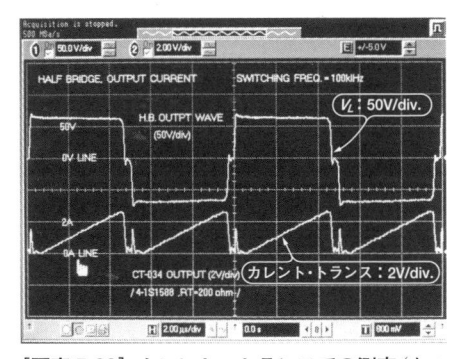

[写真 5-29] カレント・トランスでの測定（上：50 V/div., 下：2 V/div., 2 μs/div.）
カレント・トランスの電流に比例したセンス電圧波形は全波整流となる

後にアラーム信号作成用の電圧コンパレータ回路（単電源動作）を付加するためです．この波形は全波整流のためピーク・ツー・ピークの電流値が半分になっている点に注意してください．

● AC ライン入力では大きな突入電流に留意する

スイッチング・レギュレータ回路などで AC ラインからの電源入力を整流・平滑するのに多く使われるコンデンサ入力型整流回路は，電源 ON 時に大きな突入電流が流れます．そのため電源スイッチなどの接点を溶着させてしまうことがあります．

図 5-23 は AC100V を整流して，無負荷時に +140 V の直流電圧を得る回路の例です．まず回路を動作させる前に，抵抗 R_3 を短絡してこの回路の突入電流を観察します．1500 μF の平滑コンデンサ C_2 にカレント・プローブ CP を取り付け，流れる電流を観測します．

このとき，電源スイッチを ON にするタイミングは重要です．電源スイッチが ON されるタイミングは不定ですが，サイン波の位相角が 90°および 270°…つまり波形のピークで最大の突入電流が流れます．

突入電流は AC ライン・インピーダンス，整流ダイオード（図 5-23 では KBPC 2502）の動作抵抗 r_d，平滑コンデンサ C_2 のインピーダンスがゼロなら，無限大の電流が流れるはずです．しかし実際にはそれぞれにインピーダンスがあります．測定してみると，位相角 90°では写真 5-30 に示すように突入電流は約 180 A_{peak} の

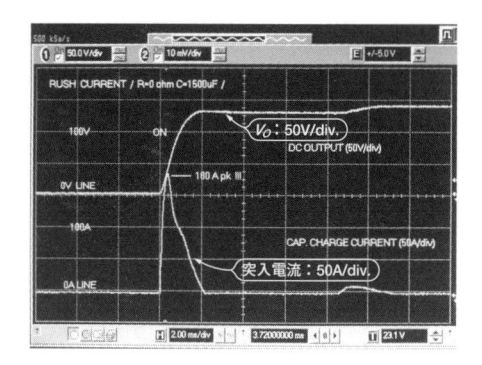

[写真 5-30] 図 5-23 における出力電圧 V_O と突入電流波形（上：50 V/div., 下：50 A/div., 2 ms/div.)
抵抗 R_3 を短絡して，どんな波形になるか確認する

電流で，わずか 1/4 サイクルでコンデンサ C_2 を 130 V 近くまで充電しているのがわかります．

140 V のピーク電圧を加えて約 180 A の電流が流れた結果から，AC ラインを含めた全体の回路抵抗 R は，

$R = 140 \text{ V} / 180 \text{ A} = 0.777 \text{ Ω}$

であるといえます．

なお，この例のような波形観測の際，オシロスコープのグラウンドは AC ラインに接続することになります．コンセントの極性にもよりますが，感電しないように注意してください．筆者は AC 100 V ラインをトランスで絶縁し，さらにオシロスコープ専用に小形のノイズ・カット・トランスを付加しています．

● パワー MOS による突入電流制限回路の実現

コンデンサ入力型整流回路の突入電流を抑制する方法としては，従来からパワー・サーミスタを AC ラインに挿入するか，電流制限抵抗を挿入しておいて，平滑コンデンサのチャージが終了してから，機械式リレーや SCR で電流制限抵抗をショートする方式が使われています．ここでは，スイッチング素子にオン抵抗の小さなパワー MOS を使用して，同様の目的を果す例を紹介します．

図 5-23 に示した電流制限回路は，AC ラインの電圧波形をダイオード D_1 と D_2 で整流して，パワー MOS のゲート-ソース間に加えています．

ダイオード D_1 と D_2 の出力は AC 100 V の全波整流波で，抵抗 R_1 を経由して，C_1 を充電します．このときの充電時定数は $\tau = R_1 C_1$ ではなく，抵抗値は R_1 と R_2 の並列合成値です．

ツェナ・ダイオード D_3 はパワー MOS のゲート電圧を設定しますが，この値はオン抵抗が十分小さくなる電圧にします．使用するパワー MOS によって違います

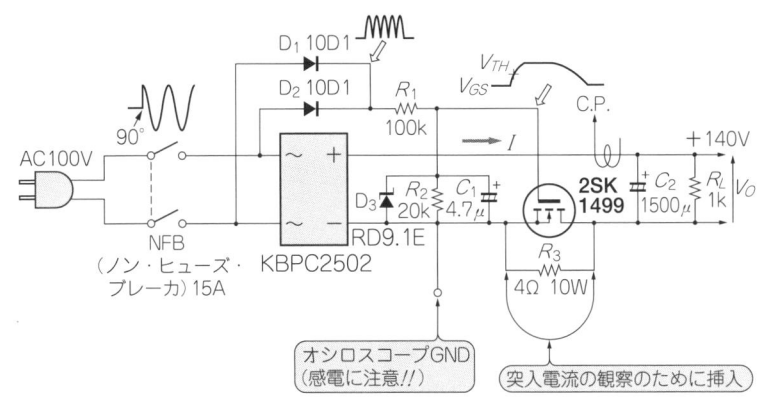

[図 5-23] 直流 140 V・30 A のピーク突入電流制限回路
AC 100 V をそのまま整流して，無負荷時に＋140 V の直流電圧を出力する回路に 30 A 電流制限を付加

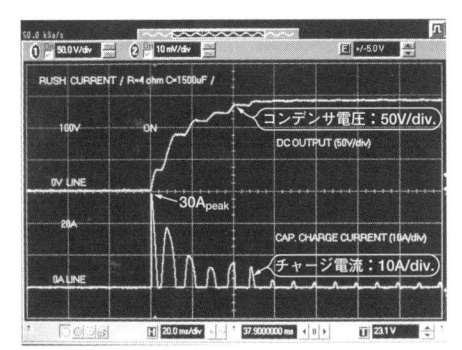

[写真 5-31] 電流制限抵抗 $R_3 = 4\,\Omega$ のときのコンデンサ C_2 の電圧・電流（上：50 V/div., 下：10 A/div., 20 ms/div.）
180 A 流れた突入電流（下）は 30 A に制限されている

[写真 5-32] ダイオード出力電圧と V_{GS} 波形（上：50 V/div., 下：5 V/div., 50 ms/div.）
AC 電源を ON/OFF してパワー MOS のゲート-ソース間電圧の立ち上がりを確認

が，ここでは 2SK1499 を使っているので 9 V の RD9.1E というツェナ・ダイオードを使いました．12 V 程度でもかまいません．

写真 5-31 の上のトレースは C_2 の端子間電圧波形です．R_3 に電流制限用として 4 Ω を挿入してあるので，充電に時間を要しています．下のトレースはコンデンサ C_2 に流れる電流波形で，約 30 A に制限されていることがわかります．

写真 5-32 は D_1，D_2 の出力波形とパワー MOS のゲート-ソース間電圧です．AC 電源が ON されてから，パワー MOS のゲート・スレッショルド電圧 V_{th} を越えるとドレイン-ソース間が ON します．パワー MOS が ON するまでの遅延時間

はおよそ 40 ms です．ON するまでの時間を長くしたい場合は $C_1 = 4.7\,\mu\mathrm{F}$ の静電容量を大きくします．

● パワー MOS による電子ヒューズの実現

AC ラインからの電源を整流・平滑した電源回路を使用して，直接パワー・スイッチング回路を動作させると，接続違いなどの何らかの理由でパワー素子に大電流が流れてしまい，パワー MOS やダイオードを破壊してしまうことがあります．

このような事故による破壊を防ぐにはガラス管ヒューズを挿入するのも効果があります．しかし，ガラス管ヒューズでは応答速度が遅く，ヒューズが断線する前に半導体素子が壊れてしまうことが多くあります．そこでコスト高にはなりますが，電子回路で構成した「何度でも使用できる速断ヒューズ回路」を製作してみました．

図 5-24 に設計した電子ヒューズの回路構成を示します．

この回路は先に示した図 5-23 の直流 140 V・30 A ピーク突入電流制限回路と負荷の間に入れ，過電流を遮断するように使用します．

電子ヒューズ回路はドライブの容易さからスイッチング素子としてパワー MOS を使いました．耐電圧・ドレイン電流の定格は負荷によって決定します．ここでは日本電気の 2SK1499 ($V_{DSS} = 450\,\mathrm{V}$, $I_D = 25\,\mathrm{A}$, $R_{DS(ON)} = 0.25\,\Omega$) を使用します．

この回路への入力電圧は AC 100 V を整流・平滑した約 +140 V の DC 電圧です．ゲート抵抗 R_3 でパワー MOS のゲート-ソース間を ON しますが，そのゲート電圧はツェナ・ダイオード RD9.1E でクランプされます．

遮断電流を検出する抵抗 R_S は $0.22\,\Omega$ で，負荷電流が流れることによる R_S の電圧

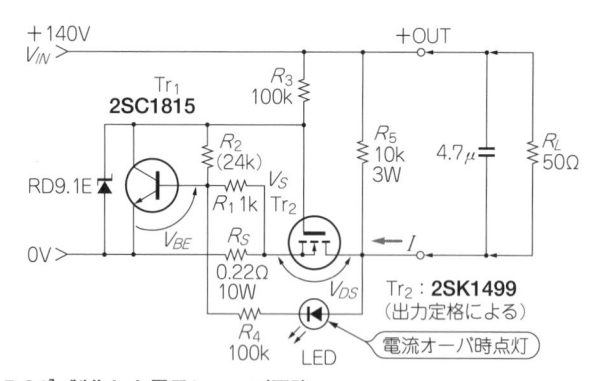

[図 5-24] 製作した電子ヒューズ回路
過電流になると LED が点灯し，遮断する．解除はこの回路の電源を OFF にする

[写真 5-33] ヒューズ回路のセンス電圧 V_S と V_{DS} 電圧の動作波形（上：50 V/div., 下：200 mV/div., 200 ms/div.）
試験的に徐々に負荷電流を増やしていくと，設定した電流値（センス電圧値）でパワー MOS を OFF し，回路を遮断することができる

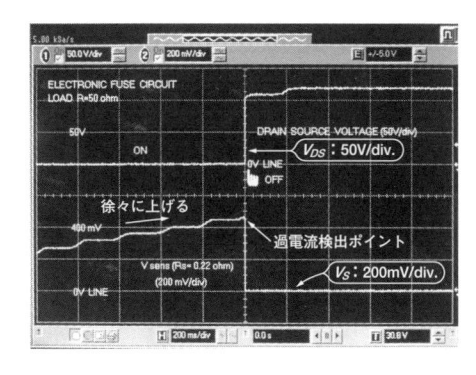

降下が Tr_1 の V_{BE} を上回ると，Tr_1 を ON します．トランジスタのおよその V_{BE} 電圧は 0.5 ～ 0.6 V で，負の温度係数をもっているので高精度を要求できません．

R_2 は Tr_1 が V_{BE} = 0.6 V 以下でも動作開始できるよう，バイアス電流を流すために挿入しています．こうすることで電流検出抵抗 R_S の値を下げ損失を減らすことができます．定数はバイアスする電圧を 0.3 V 程度として計算します．

設定された電流値をオーバすると Tr_1 が ON して，パワー MOS のゲート-ソース間電圧がほぼゼロになります．すると，パワー MOS が OFF して，ドレイン-ソース間電圧が入力電圧になり，抵抗 R_4 経由で正帰還となり，回路状態がホールドし，LED が点灯します．遮断した電子ヒューズを解除するにはこの回路の電源を OFF します．

写真 5-33 は過電流状態を作るため，負荷抵抗 R_L = 50 Ω として，入力電圧 V_{IN} を 0 ～ 120 V まで徐々に上昇させたときのセンス電圧 V_S と V_{DS} 電圧の動作波形です．R_2 = 24 kΩ の場合，入力電圧が 110 V（およその電流は I = 2.2 A）で遮断動作をしています．この値は過電流を検出することが目的なので，可変抵抗器を使い厳密に設定するようなことはしていません．

R_2 がない場合は，R_S 両端の電圧が V_{BE} と等しくなるような電流が流れたときにパワー MOS が OFF します．この例では具体的には入力電圧が 160 ～ 170 V，出力電流が 3.2 A 相当（高精度を期待できない）で遮断します．

接続される負荷に大容量のコンデンサがあると，突入電流によって回路が遮断されることがあります．このような場合は応答速度は少し遅れますが，Tr_1 のベース-エミッタ間にコンデンサを挿入します．

図 5-24 に示した回路定数は 100 V 系を想定していますが，パワー MOS や抵抗 R_3 を変更すれば，DC 12 V からの動作も可能です．0 V 側をスイッチングできない場合は，PNP トランジスタ，P チャネル・パワー MOS を使用して対応できます．

5-5 電流制限回路の設計と実験

5-6 過電圧保護回路の設計と実験

● 過電圧保護回路とは

パワーMOSに限りませんが，半導体の壊れる要因の一つに**耐圧破壊**があります．したがって半導体の使用においては，耐圧に十分なマージンをとることは信頼性を確保するうえで非常に大切なことです．パワーMOSの場合は定格を越える電圧が加えられるとブレーク・ダウンを起こし，大きなアバランシェ電流 I_{AS} が流れて破壊に至ります．

ところがパワーMOSでは，一般に耐電圧…最大ドレイン電圧の高いデバイスほどオン抵抗 $R_{DS(ON)}$ が高くなる傾向があるのです．単純に高耐圧な素子を使うわけにはいきません．

パワーMOSを使う回路において過大な電圧が加わる要因としては，以下のような場合が挙げられます．

- AC 100 Vで動作する装置(スイッチング電源)にAC 200 Vを入力したとき
- 回路用電源が故障してスイッチング回路に高電圧が加えられたとき
- 定電力制御方式の回路において，負荷がオープンになって可変電源が制御不能になり，最大電圧を出力したとき
- ハーフ・ブリッジやフル・ブリッジ出力回路において，負荷がオープンまたはショートして，大きなサージ電圧が発生したとき
- 出力トランスを使用したプッシュプル回路において負荷がオープンになったとき

などが考えられます．

過電圧に対する信頼性を上げるための回路が**過電圧保護回路**です．

例えばスイッチング電源回路が故障したとき，出力電圧が0 Vになってくれれば故障した電源につながる機器にダメージを与えることはありません．しかし，定格をはるかに上回るような電圧…過電圧が出力されると，その過電圧が機器の半導体素子を破壊することがあります．したがって市販のユニット化された電源機器には，必ずといってよいほど過電圧保護回路(Over Voltage Protector)が内蔵されています．

過電圧保護回路は，回路動作電圧が低い場合はOPアンプやコンパレータなどで簡単に実現することができますが，高電圧に対応するときは工夫した回路が必要になります．ここでは高電圧に対応でき，しかも動作用電源が不要な保護回路を検討

し，その試作と実験を行います．

● どこにでも使える過電圧検出回路の実現

図 5-25 は簡単で比較的高い電圧に対応できる過電圧検出回路です．過電圧は $+V_{in}$ ～ $-V_{in}$ 間の入力電圧から検出します．過電圧保護回路はこの出力信号を利用することにより実現できます．

▶ トランジスタの V_{BE} の温度係数をキャンセルする

図 5-25 において，トランジスタ Tr_1 のエミッタはツェナ・ダイオード D_2 でバイアスされています．使っているツェナ・ダイオードの電圧 V_Z は 6.2 V です．これには理由があります．トランジスタのベース-エミッタ間電圧 V_{BE} は負の温度係数（約 -2.3 mV/℃）をもっているので，周囲温度が上昇すると，過電圧の検出電圧が低下することになってしまいます．

一方，ツェナ・ダイオードのツェナ電圧 V_Z は，図 5-26 に示すように約 5 V を境に電圧温度係数が負から正に変化します．6.2 V では正の温度係数になります．したがって，図のように構成することでトランジスタの V_{BE} の温度係数をかなり相殺することができ，過電圧検出の温度特性を安定に保つことができます．

▶ 過電圧検出範囲の設定

図 5-25 の過電圧検出回路においてフォト・カプラ PC_1 のダイオードに電流が流れる… Tr_1 が ON するのは次の関係を満たされたときです．

$$V_{in} R_2 (R_1 + R_2) \geq V_{BE} + V_Z \quad \cdots\cdots\cdots\cdots\cdots\cdots\cdots\cdots\cdots\cdots\cdots (5\text{-}9)$$

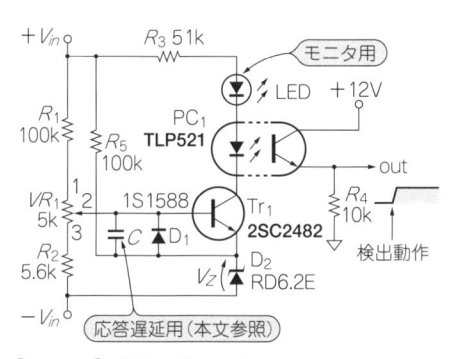

[図 5-25] 過電圧検出回路
この回路は簡単で比較的高い電圧に対応できる

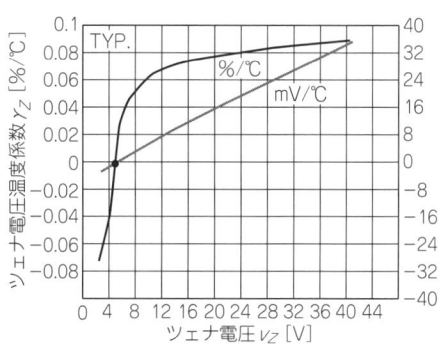

[図 5-26] ツェナ・ダイオードのツェナ電圧 V_Z の温度特性
ツェナ電圧を選べば，温度特性はトランジスタの V_{BE} の温度係数をキャンセルする．これで，過電圧検出の温度特性を安定に保つことができる

5-6 過電圧保護回路の設計と実験

式(5-9)は VR_1 をただの接続点として考えたときの式です．実際は VR_1 を可変すると $(R_1+R_2)/R_2$ の分圧比が変わり，過電圧検出回路の動作開始電圧を調整することができます．

回路定数は大まかな仮定で決めても問題ありません．抵抗分圧回路およびツェナ・ダイオードのバイアス電流を約 1 mA，フォト・カプラ PC_1 に流す電流を約 2 mA として求めました．

トランジスタ Tr_1 は，検出回路の非動作時にコレクタ-エミッタ間に高電圧が加わる可能性があるので，高耐圧の 2SC2482（300 V，0.1 A，$P_C=0.9$ W，東芝）を選定しました．LED は動作のモニタ用です．過電圧を検出すると点灯します．

フォト・カプラ出力は R_4 で電圧に変換されます．この出力を利用すればアラーム信号を発生させたり，機器の動作を停止させることができます．

▶ 検出回路の応答

図 5-25 の回路定数では，入力電圧が約 70～140 V の範囲で過電圧の検出が可能です．

写真 5-34 は検出電圧を約 70 V に設定したときの動作波形です．入力信号は直流ではなく，パルス・ジェネレータ出力から生成した高電圧出力です．上のトレースが入力電圧波形で，パルス幅 250 μs，電圧は約 70 V，下のトレースがフォト・カプラ PC_1 の出力波形です．70 V 以下の入力電圧ではフォト・カプラの出力がリニアになる領域があります．

この例による過電圧検出回路の応答時間は約 10 μs です．実際の回路で利用する

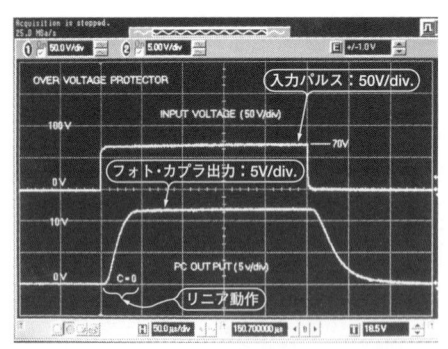

[写真 5-34] C なしのときの過電圧検出の動作波形（上：50 V/div.，下：5 V/div.，50 μs/div.）
70 V 検出回路で C なしは直ぐ応答し誤動作の可能性あり

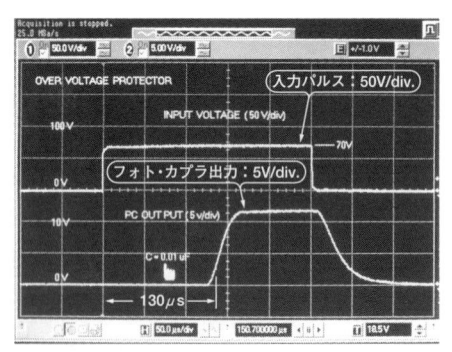

[写真 5-35] $C=0.01$ μF を挿入し，遅延させた過電圧検出の動作波形（上：50 V/div.，下：5 V/div.，50 μs/div.）
コンデンサで応答を遅らせ，スイッチング・ノイズの誤動作を防止

場合，この応答時間があまりに短いとスイッチング・ノイズなどによって過電圧検出回路が誤動作することがあります．この種の誤動作は，Tr_1 のコレクタ-エミッタ間に応答遅延用コンデンサを挿入することで対処できます．

写真 5-35 は Tr_1 のコレクタ-エミッタ間に $C=0.01\,\mu F$ を挿入したときの応答です．応答時間が約 $130\,\mu s$ 遅れています．コンデンサの容量は，周辺のノイズを調べてから決定します．

● プッシュプル出力回路で負荷がオープンになると

図 5-27 に示すのは，センタ・タップ出力トランスによる基本的なプッシュプル・スイッチング回路の例で，出力トランスの巻き数比を変えることにより，広範囲な負荷抵抗に対応することができます．しかし，このような回路で負荷への配線の断線などで負荷抵抗 R_L がオープンになると，スイッチング素子の負荷は出力トランスのインダクタンスだけになります．つまり，パワー MOS はインダクタンスをスイッチングすることになります．そのためパワー MOS のドレイン-ソース間には，大きなサージ電圧やリンギングが生じ，想定外の事態となります．このような状態を防ぐには**負荷オープン検出回路**が必要です．

プッシュプル・スイッチング回路においてパワー MOS のドレインに加わる電圧は，電源電圧 V_{DD} の2倍の電圧です．さらに，これにサージやリンギング電圧が加算されます．このときのサージやリンギング電圧の値は，出力トランスのインダクタンスやリーケージ・インダクタンス，スイッチング速度に左右されます．したがって，スイッチング素子…パワー MOS の耐圧は，供給電源電圧の2倍以上が必要です．そのためプッシュプル・スイッチング回路は高電圧回路では不利です．低電圧で大きな電力をスイッチングする場合によく使われます．

素子の耐圧が供給電源電圧の2倍しかないと，パワー MOS の最大定格にマージンがなくなり，素子の破壊に至ります．スナバ回路を追加すればある程度のサージ

[図 5-27] センタ・タップ方式プッシュプル・スイッチング回路の例
負荷の断線などでオープンになると，パワー MOS の負荷に大きなサージ電圧やリンギングが生じる．負荷オープン検出回路が必要となる

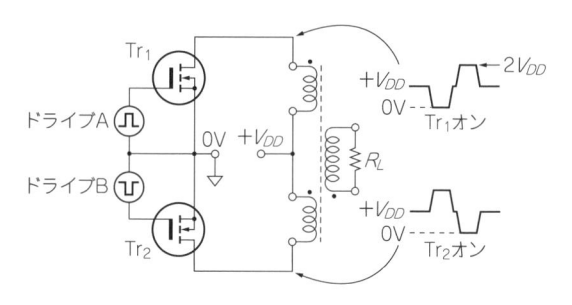

やリンギングを抑制できますが，負荷オープン時のサージのエネルギがスナバ回路で消費されることになるので変換効率が低下します．

● プッシュプル出力回路構成の実際

図 5-28 にトランス方式のプッシュプル・スイッチング回路の例を示します．ゲート・ドライブ回路は，トランスを使ってゲート・ドライブに必要な電力（数 W）と波形を同時に伝送する方式です．

入力トランス T_1 の 1 次側に加わるのは，ここでは周波数 500 kHz の方形波です．入力信号はプッシュプル・ソース・フォロアなどの図示しない別の低インピーダンス・ドライブ回路で駆動します．入力信号の電圧振幅は 24 V_{P-P} 程度必要です．

図 5-28 の回路ではスイッチング周波数は数百 k～1 MHz，負荷抵抗 R_L = 50 Ω に 200 W の電力を供給することができます．

50 Ω 負荷に発生する電圧 V_O [V_{RMS}] は，

$$V_O = \sqrt{200 \times 50} = 100 \text{ V}_{RMS} \quad \cdots\cdots\cdots (5\text{-}10)$$

です．出力波形が方形波の場合，V_{DD} = 100 V で 100 V_{RMS} (= 200 V_{P-P}) の電圧が得られます．

出力トランス T_2 は出力周辺回路などの損失を考慮して，巻き数比を 1：1.22 にステップ・アップしてあります．この出力トランスは，TDK の EI-60/PC-40 です．1 次インダクタンスは 36 μH，2 次インダクタンスは 52 μH，1 次から 2 次側を見たリーケージ・インダクタンスは約 1 μH です．EI コアには磁気飽和防止のためにギャップが入っています．

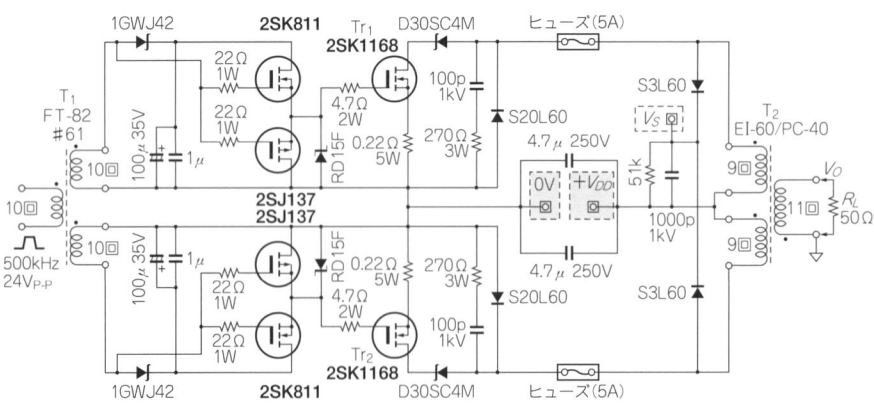

[図 5-28] 500 kHz，200 W のプッシュプル型出力スイッチング回路

写真 5-36 に Tr_1 と Tr_2 のゲート・ドライブ波形(ツェナ・ダイオード RD15F の両端電圧)を示します．プッシュプル回路なので二つの波形は逆位相になっています．なお，この波形は $V_{DD}=0\,V$ で測定しています．理由はゲート・ドライブ波形にスイッチング・ノイズが混入し，波形が見にくくなるのを防ぐためです．二つのドライブ波形を細かく比較するとわかるように，同時スイッチングしないように部品の特性や回路定数をうまく選んでデッド・タイムを発生させています．

写真 5-37 は Tr_1 と Tr_2 のドレイン電圧(0 V 間)波形です．負荷抵抗 R_L は純抵抗 50 Ω です．$V_{DD}=50\,V$ ですが，その 2 倍の 100 V の負荷電圧が発生しているのがわかります．また，スナバ回路の効果によりサージ電圧もかなり抑えられています．

● 負荷オープン時のサージ電圧を検出するには

さて，負荷がオープンになったときへの対応です．

図 5-29 に示すのがプッシュプル回路の負荷がオープンになったとき，サージ電圧を検出して動作を停止させるための回路です．先の図 5-28 の回路に破線部分($+V_{DD}$ と 0V，V_S)を接続して使用します．この負荷オープン検出回路は電源電圧 V_{DD} に依存しないので，電源電圧を可変して電力制御する方式にも応用できます．

負荷オープン検出回路は先の過電圧検出回路に類似していますが，回路電源をトランス両端に付加した CRD スナバ回路の電圧 V_S から受けています．スナバ電圧は約 $2V_{DD}$ です．これを R_1 と R_2 で 1/2 に分圧して，トランジスタ Tr_1 のベースに入力します．一方エミッタは V_{DD} に対して 6.2 V 高く，通常トランジスタは ON

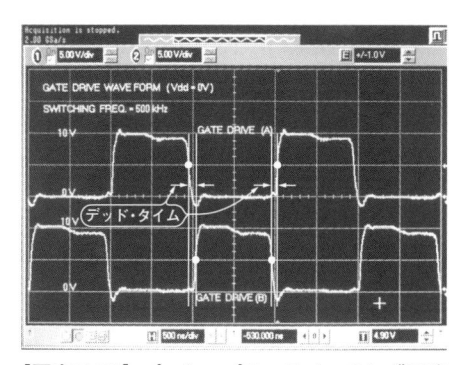

[写真 5-36] プッシュプル・スイッチング回路のゲート・ドライブ A, B 波形(上下：5 V/div., 500 ns/div.)
同時に ON しないようにデッド・タイムがある

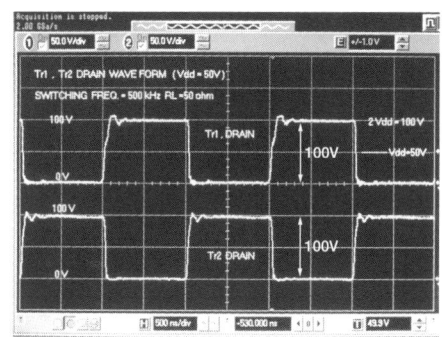

[写真 5-37] プッシュプル・スイッチング回路の V_{DS}(上下：50 V/div., 500 ns/div.)
$V_{DD}=50\,V$, $R_L=50\,Ω$

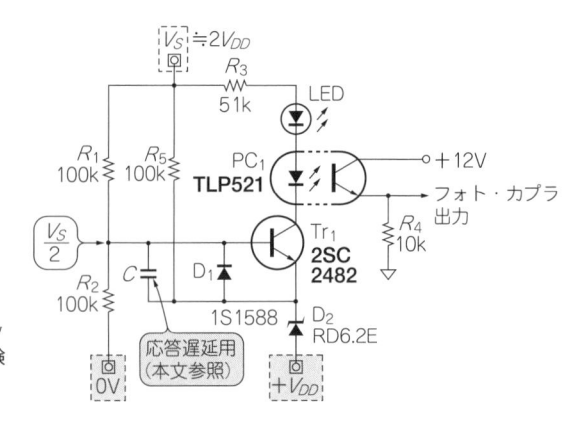

[図 5-29] 負荷オープン検出回路
図 5-28 の「500 kHz，200 W 出力スイッチング回路」に接続してサージ電圧を検出して動作を停止させる

しません．
　この回路が動作するのは次の関係を満たしたときで，
$$V_S/2 \geqq V_{DD} + V_Z + V_{BE} \quad \cdots\cdots\cdots\cdots\cdots\cdots\cdots\cdots\cdots\cdots\cdots\cdots\cdots (5\text{-}11)$$
スナバ電圧 V_S は電源電圧 V_{DD} と連動して変化します．そのため電源電圧に依存せずに負荷オープンを検出でき，電源電圧を制御して出力電力を可変する用途に最適です．

● 負荷オープン時のドレイン電圧波形とスナバ電圧波形
　図 5-28 のプッシュプル出力回路で，負荷抵抗 R_L（50 Ω）をオープンしたときのドレイン電圧を観測してみましょう．写真 5-38 にそのときの波形を示します．電

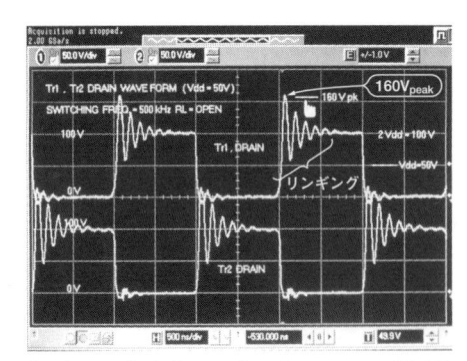

[写真 5-38] 負荷オープン時のドレイン電圧波形（上下：50 V/div.，500 ns/div.）
負荷をオープンすると大きなリンキング波形が出る

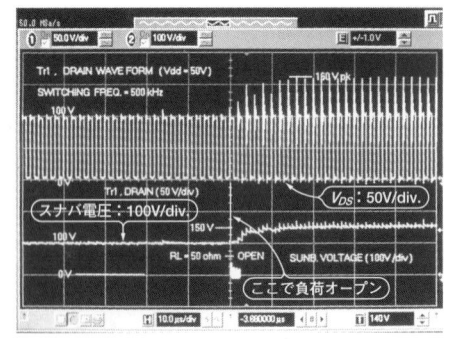

[写真 5-39] 負荷オープンしたときの V_{DS} とスナバ電圧波形（上：50 V/div.，下：100 V/div.，10 μs/div.）
画面の時間軸中央が負荷をオープンしたタイミング

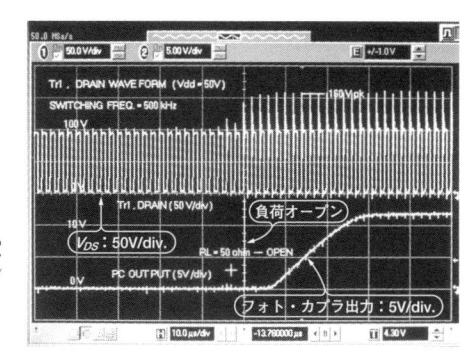

[写真 5-40] 負荷オープンしたときのサージ電圧検出波形（上：50 V/div., 下：5 V/div., 10 μs/div.）
画面の時間軸中央が負荷をオープンしたタイミング

源電圧はテストが目的なので，$V_{DD} = 50$ V と低く設定しました．

ドレイン電圧は Tr_1，Tr_2 のいずれもターン・オフ時に大きなリンギング波形が見られます．ピーク電圧は，(270 Ω + 1000 pF) のスナバ回路があるにもかかわらず 160 V_{peak} に達しています．これは V_{DD} の 3 倍以上の値です．

この例からわかるように，トランスが無負荷になることを想定したスイッチングでは，使用するパワー MOS の最大ドレイン電圧定格に十分なマージンが必要です．この点，図 5-22 で実験したハーフ・ブリッジ出力回路では，出力に付加したクランプ・ダイオード (D8LD40) で電源ラインにバイパスできます．そのため最大ドレイン電圧定格は，電源電圧に対して少しのマージンがあれば OK です．

写真 5-39 は，$V_{DD} = 50$ V でのスイッチング時に負荷抵抗をオープンしたときのドレイン電圧波形とスナバ電圧 V_S の波形です．スイッチング周波数は 500 kHz で，画面の時間軸中央が負荷をオープンしたタイミングです．V_{DS} 波形にリンギングが出始め，CRD スナバ回路で整流され，やがて V_S は約 150 V に達しています．

写真 5-40 が図 5-29 の回路を接続してサージ電圧を検出したときのフォト・カプラ出力波形です．スナバ電圧 V_S が 100 V から上昇しています．そしてツェナ電圧 V_Z と V_{BE} を加算した電圧を越えるとフォト・カプラに電流が流れ始めます．

ここで使用しているフォト・カプラは汎用タイプの TLP521 です．応答はそれほど速くありません．遅れ時間 10 μs 以下，立ち上がり時間は約 20 μs です．

出力回路形式がフォト・カプラのオープン・コレクタなので，制御回路とのインターフェースは簡単です．負荷オープンを検出したら，回路が安全サイドとなるよう制御回路へ指令します．

パワーMOS FET 活用の基礎と実際

第6章
Pチャネル・パワーMOSの応用技術

日本の半導体メーカが製造しているパワーMOSのほとんどは
Nチャネル型です．しかし，Nチャネル型と組み合わせてPチャネル・パワーMOSを
使用すると，増幅回路やスイッチング回路を簡素化できます．
この章ではPチャネル・パワーMOSについて解説・実験します．

6-1　Pチャネル・パワーMOSを使うと

● PチャネルMOSの特徴

　パワーMOSのほとんどはNチャネル型です．そのため，Nチャネル型を相補する特性をもつPチャネル型パワーMOSについてはあまり解説されたものがありません．まず，Pチャネル・パワーMOSの特徴を説明します．Pチャネル・パワーMOSがあまり使われていない理由としては，Nチャネル型と比べて次のような短所があるからです．

- ドレイン-ソース間の耐電圧 V_{DSS} が低い
- 定格ドレイン電流 I_D が小さい
- 入力容量 C_{iss} がやや大きい
- オン抵抗 $R_{DS(on)}$ がやや高い
- スイッチング特性がやや劣る
- 品種が少ない

　しかし，Pチャネル・パワーMOSはNチャネル型と組み合わせて使用することにより，増幅回路やスイッチング回路を簡素化できる長所は捨てがたいものです．
　さて，CQ出版社の2004/2005最新FET規格表から，パワー・スイッチング回路に使えそうな国産のPチャネル・パワーMOSを抜粋して，表6-1にまとめてみました．選定の基準は，最大ドレイン電圧 $V_{DSS} \leq -200\,V$，最大ドレイン電流 $I_D \leq -5\,A$ です．V_{DSS} は $-30\,V$，$-60\,V$，$-100\,V$ の低電圧系が多く，$-160\,V$

[表6-1][9] 最大ドレイン電圧 $V_{DSS} \leqq -200\,V$，最大ドレイン電流 $I_D \leqq -5\,A$ のPチャネル・パワーMOSの例

型名	メーカ名	V_{DSS} [V]	I_D [A]	P_D [W]	C_{iss} [pF]	コンプリメンタリ
2SJ56	ルネサス	−200	−8	125	1200	2SK176
2SJ114	ルネサス	−200	−8	100	1000	2SK400
2SJ116	ルネサス	−400	−8	125	1400	2SK298
2SJ200	東芝	−200	−12	150	1500	2SK1530
2SJ307	三洋電機	−250	−6	30	1250	―
2SJ352	ルネサス	−200	−8	100	800	2SK2221
2SJ403	三洋電機	−200	−5	25	550	―
2SJ404	三洋電機	−200	−6	25	700	―
2SJ405	三洋電機	−200	−8	30	1100	―
2SJ406	三洋電機	−200	−12	40	2400	―
2SJ407	東芝	−200	−5	30	800	―
2SJ449	日本電気	−250	−6	35	1040	―
2SJ455	三洋電機	−250	−7	45	1290	―
2SJ456	三洋電機	−250	−9	50	1950	―
2SJ512	東芝	−250	−5	30	800	―
2SJ516	東芝	−250	−6.5	35	1120	―
2SJ585LS	三洋電機	−250	−6.5	2	720	―
2SJ569LS	三洋電機	−300	−5	30	750	―

以上の品種はかなり少なくなっています．最大ドレイン電流 I_D が −10 A を越える品種はごく限られています．

　これらの高電圧系のPチャネル・パワーMOSのなかで，**コンプリメンタリ回路用の使いやすい品種**は，ルネサスの 2SJ114/2SK400，東芝の 2SJ200/2SK1530 などです．

● Pチャネル MOS の効果的な応用例

　Pチャネル・パワーMOSを使用した回路には次のような効果的な応用例があります．

- Pチャネル・ハイ・サイド・スイッチング回路では，入力電圧 V_{in} より低いドライブ電圧で駆動できるので，電源電圧の低い回路でのスイッチングに使用できます．
- プッシュプル構成の増幅回路はPチャネル・デバイスを使用すると，簡単な回路構成になります．
- ハーフ・ブリッジ回路ではゲート・ドライブ用トランスの2次巻き線が一つ

で済みます．
- バイアス電圧を付加することにより，リニア動作が可能となりクロスオーバひずみを減少できます．

では，Pチャネル・パワーMOSの特徴を活かした応用回路を作って実験してみましょう．

6-2　ハイ・サイド・スイッチング…ロード・スイッチ回路の設計

● ハイ・サイド・スイッチング回路の基本構成

Nチャネル型パワーMOSを使うハーフ・ブリッジ回路や，直流電源ラインのロード・スイッチなどは，電源の高電位側をスイッチングすることになるので，いわゆるハイ・サイド・スイッチング回路となります．Nチャネル型パワーMOSでハイ・サイド・スイッチングを行うには，図6-1(a)に示すように，入力電圧 V_{in} より電位の高いドライブ電圧 $V_{in} + V_{GS(on)}$ が必要になります．

矩形波状の信号を出力する場合だけならば，図6-1(b)に示すようにパルス・トランスとクランプ・ダイオードを使用してドライブすることが可能です．しかし，パルス幅が長く(低周波)なると，パルス・トランスの自己インダクタンスを大きくする必要があり，実用的ではありません．

Column 5 (p.67)で示したように，Nチャネル型パワーMOSを駆動するためのブースト電源を内蔵したハイ・サイド・ゲート・ドライブ用ICもあります．IR2110やIR2111などです．

図6-1(c)はPチャネル・パワーMOSを使用したハイ・サイド・スイッチング回路です．この場合，ドライブ電圧は入力電圧 V_{in} より低い電圧 $V_{in} - V_{GS(on)}$ で

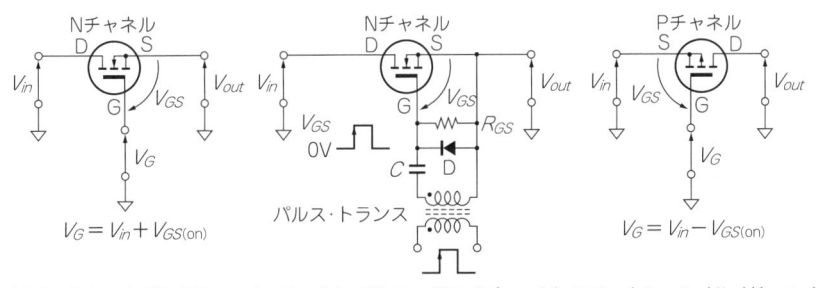

(a) Nチャネル・ハイサイド・スイッチ　(b) パルス・ドライブ　(c) Pチャネル・ハイサイド・スイッチ

[図6-1] ハイ・サイド・スイッチング回路を実現するには
電位の高い側(ハイ・サイド)をスイッチングするにはゲート電圧が問題になる

良いのでシンプルな回路が実現できます．これは，電源電圧の低い回路でのスイッチングが容易な方式といえます．

● 12V・10A ライン・ロード・スイッチの設計

ここで実験するスイッチ回路は，Pチャネル・パワーMOSを＋12V・10A電源ラインに挿入するものです．このパワーMOSスイッチ回路は入力＋12Vを供給する電源ラインのスイッチで，10A程度の電流をON/OFFできるものです．ロード・スイッチと呼ばれている回路です．

図6-2は，Pチャネル・パワーMOS（2SJ331）を使用した負荷に供給する＋12V電源ラインをON/OFFするスイッチ回路です．入力電圧範囲を＋6～＋14V，この供給をON/OFFでき，流れる電流を約10A程度とし，パワーMOSを駆動する

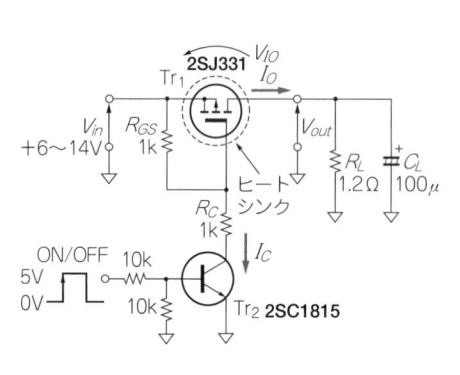

[図6-2] ＋12V・10A電源ラインのハイ・サイド・スイッチ回路

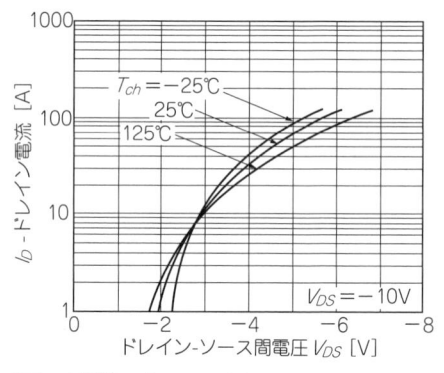

[図6-3][10] パワーMOS 2SJ331の V_{GS} と I_D 特性
データからドレイン電流を10A流すにはドライブ電圧は－3Vとなる

[表6-2][10] Pチャネル・パワーMOS 2SJ331の主な電気的特性

項　目	条　件	記号	値	単位
最大ドレイン-ソース間電圧	—	V_{DSS}	－60	V
最大ドレイン電流	直流	$I_{D(DC)}$	－30	A
	パルス	$I_{D(pulse)}$	－120	A
全損失	$T_C = 25℃$	P_D	150	W
ドレイン-ソース間オン抵抗（最大値）	$V_{GS} = -4V$, $I_D = -12A$	$R_{DS(on)}$	55	mΩ
入力容量（最大値）	$V_{DS} = -10V$, $V_{GS} = 0V$, $f = 1MHz$	C_{iss}	4300	pF

回路を設計してみます．

　+12 V 電源ライン・スイッチ回路は出力に大容量のコンデンサが接続されることを想定すべきです．10 A を流すための負荷抵抗 R_L 1.2 Ωのほか，あらかじめ負荷容量 C_L 100 µF を接続してテストします．ここで使用する 2SJ331（日本電気）の主な電気的特性は表 6-2 のとおりです．データ・シートの V_{GS}-I_D 特性（図 6-3）から判断すると，ゲートを駆動するのに必要なドライブ電圧 $V_{GS\text{(on)}}$ は入力電圧から −3 V で，約 10 A のドレイン電流を流すことができます．ゲートはロジック・レベルからのドライブを考えるとトランジスタ Tr_2（2SC1815）によるスイッチング回路が簡単です．

　この回路のゲート-ソース間に接続する抵抗 R_{GS} は，スイッチ OFF 時の遅延時間に大きく関係します．高速スイッチングする場合は，トランジスタ Tr_2 のコレクタ電流 I_C を大きめに設定し，コレクタ抵抗 R_C はできるだけ低抵抗値とします．最低入力電圧 V_{in} を +6 V としたので，$V_{GS\text{(on)}}$ = 3 V，トランジスタ Tr_2 のコレクタ電流 I_C は数 mA で動作すればよいので，ここでは 3 mA とします．すると R_C と R_{GS} は次のように求まります．

$$R_C = \frac{V_{in} - V_{GS\text{(on)}}}{I_C} = \frac{6-3}{0.003} = 1\,\text{k}\Omega$$

$$R_{GS} = \frac{V_{GS\text{(on)}}}{I_C} = \frac{3}{0.003} = 1\,\text{k}\Omega$$

　この定数で，入力電圧 V_{in} が +12 V のときは，式の逆算からわかるとおり I_C = 6 mA，$V_{GS\text{(on)}}$ = 6 V で動作することになります．もちろん高速スイッチングの必要がなければ，R_C は高抵抗でもかまいません．

● 負荷側コンデンサへの充放電電流に留意する

　写真 6-1 は，図 6-2 で構成した +12 V 電源ライン・スイッチ回路を ON/OFF するドライブ信号と出力電圧 V_{out} の波形です．Tr_2 のベースを 5 V レベルのロジック信号で制御し，+12 V/10 A の電源ラインを ON/OFF しています．

　出力電圧 V_{out} の波形を見ると，ドライブ信号 ON 時は短時間で出力が立ち上がります．しかし，ドライブ信号 OFF 時はすぐには出力がゼロになりません．負荷側のコンデンサ C_L（100 µF）にチャージした電荷が，負荷抵抗 R_L = 1.2 Ω との時定数で放電しているためです．

　写真 6-2 は，Tr_1（2SJ331）のゲート電圧波形です．ドライブ信号 OFF のときは Tr_2 が OFF なので入力電圧 V_{in}（+12 V）と等しく，ゲート-ソース間がゼロ・バイアス状態になっています．ドライブ信号 ON のときは +6 V に低下して，Tr_1 に −6 V

[写真6-1] Pチャネル・ハイ・サイド・スイッチの入出力波形(上：5V/div., 下：5V/div., 200μs/div.)
負荷側のコンデンサにより，立ち上がりは早いが立ち下がりが遅い波形になる

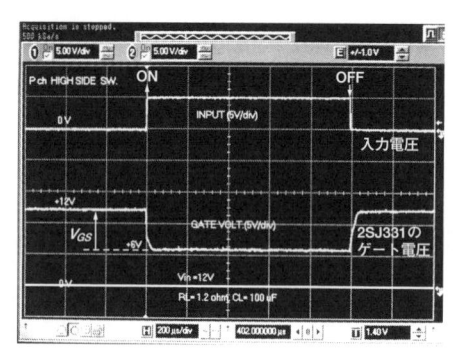

[写真6-2] ハイ・サイド・スイッチ2SJ331のゲート電圧波形(上：5V/div., 下：5V/div., 200μs/div.)
OFF時のゲート電圧は入力と同じ+12Vだが，入力信号ONにより+6Vに低下してパワーMOSがONとなる

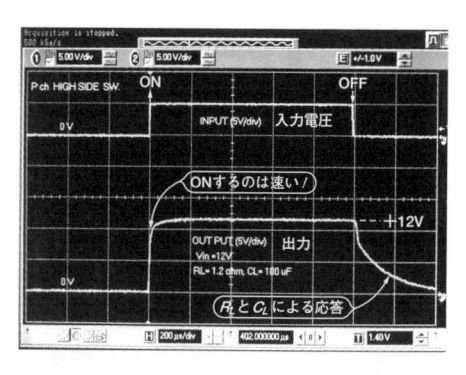

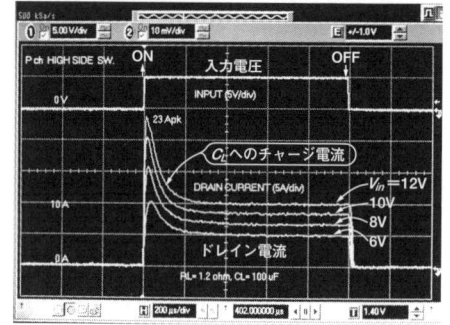

[写真6-3] ハイ・サイド・スイッチの入力電圧を変化させたときの出力電流波形(上：5V/div., 下：5A/div., 200μs/div.)
入力電圧V_{in}を+6Vから+12Vまで変化させると，出力電流波形は入力電圧に比例して流れる

のV_{GS}が加わるので，ドレイン-ソース間がONします．

この回路におけるパワーMOS入出力間の電位差V_{IO}は，Tr_1の$V_{GS}=-6V$でのオン抵抗0.04Ω(実測値)と出力電流I_Oの積です．つまり，

$$V_{IO} = R_{DS(on)} \cdot I_O = 0.04\,\Omega \times 10\,A = 0.4\,V$$

ロード・スイッチなどにおけるパワーMOSのON時の入出力間電位差は重要です．パワーMOS入出力間の電位差V_{IO}を小さくするためには，パワーMOS自身のオン抵抗を下げることです．これには，ゲート-ソース間電圧をマイナス10V程度に上げて，オーバドライブします．具体的には$V_{in}=12V$のとき，R_{GS}を$1\,k\Omega$ → $2\,k\Omega$，R_Cを$1\,k\Omega$ → $330\,\Omega$に変更します．ゲート-ソース間電圧として低い電源電圧しか得られない場合は，ゲート・スレッショルド電圧V_{TH}の低いPチャネ

ル・パワー MOS を選択します.

　写真 6-3 の波形の下のトレースは，図 6-2 の +12 V 電源ライン・スイッチ回路で，入力電圧 V_{in} を +6 V から +12 V まで変化させたときの出力電流 I_O の波形です. 出力電流 I_O は入力電圧 V_{in} の大きさに比例した電流が流れます.

　なお，入力電圧 V_{in} の変化に関わらず，ドライブ信号を ON にしたときは大きなピーク電流が流れます. これは，出力に接続した負荷容量 C_L(100 μF)によるものです. 一般の電源ラインは容量負荷になることがほとんどです. この回路の実験では V_{in} = +12 V で 23 A_{peak} にも達することが確認できました.

6-3　コンプリメンタリ・プッシュプル出力回路の設計

● 回路構成はシンプルになる

　プッシュプル構成の増幅回路やスイッチング回路では，P チャネル・デバイスを使用すると，回路構成が簡単になることがあります. 図 6-4 にいわゆるコンプリメンタリ（相補）型と呼ばれる回路構成の例を示します. 前述した図 6-1(c) のハイ・サイド・スイッチを P チャネル型および N チャネル型の二つのパワー MOS を使ってコンプリメンタリ・プッシュプル出力回路として実現したものです. 供給電源が正負の 2 極電源(+V_{DD}, -V_{DD})で，ドライブ信号もゼロを挟んだ両極性です.

　この回路は使用する P チャネル・デバイスの耐電圧によりますが，±10 V 以下のドライブ信号を数十 V 以上の高電圧パルス波に変換するのに適しています. パワー MOS の Tr_3 も Tr_4 もソース接地回路を構成しており，プッシュプル動作します. 出力は電源電圧の +V_{DD} から -V_{DD} までフルスイングできるため，ソース・フォロア…ドレイン接地回路と比べ高効率なスイッチング回路を実現できます. パ

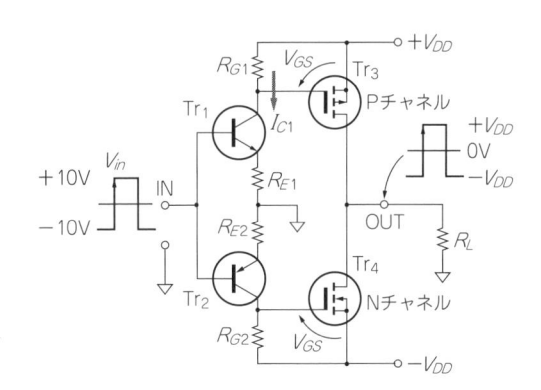

[図 6-4] P チャネル型パワー MOS を使ったコンプリメンタリ・プッシュプル出力回路の基本構成

ワーMOSドライブ用トランジスタTr_1とTr_2はスイッチング回路ではなく，リニア動作のレベル・シフト回路です．

ドライブ用トランジスタのエミッタ抵抗R_{E1}は，

$$R_{E1} = \frac{V_{in} - V_{BE1}}{I_{C1}} \quad \cdots\cdots\cdots\cdots\cdots\cdots\cdots\cdots\cdots\cdots\cdots\cdots\cdots\cdots\cdots\cdots\cdots\cdots\cdots\cdots\cdots\cdots\cdots\cdots\cdots\cdots (6\text{-}1)$$

ただし，I_{C1}：Tr_1のコレクタ電流

V_{BE1}：Tr_1のベース-エミッタ間電圧 ≈ 0.6 V

Column 9
カレント・プローブを自作する

パワーMOSなどを使ったパワー・スイッチング回路を実験するとき，電圧波形だけの観測では動作の詳細を把握することができません．電圧波形と合わせて，パワーMOSやダイオードなどの半導体に流れる電流波形を観測することがとても重要です．電流波形を観測するときは，カレント・プローブと呼ばれるものを使用します．

ところが，直流から測定できるカレント・プローブは高価です．数十kHz以上の高周波スイッチング電流波形観測が目的なら，安価なカレント・トランスを代用して，プローブを自作することができます．

写真6-AはTDKのカレント・トランスCT-034にミノムシ・クリップと終端抵抗および同軸ケーブル(1 m)を追加して作成した簡単なカレント・プローブです．回路は**図6-A**で，電圧変換抵抗を200Ωにすると，1 V/1 Aの電流変換感度をもつことになります．カレント・トランスCT-034は**写真6-B**に外観を示します．

ただし，このカレント・プローブを使用するときは測定回路の電流経路を切断し，トランスを挿入して測定しなければなりません．これは面倒なことです．ですから，

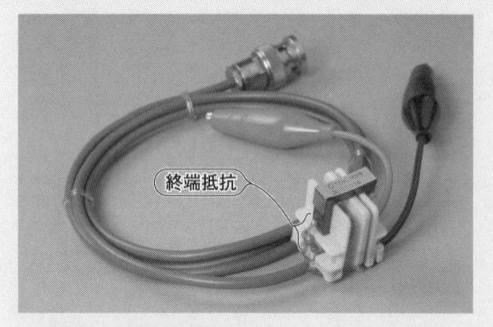

[写真6-A] 自作したカレント・プローブ
100 kHz以上の高周波スイッチング電流波形観測が目的なら，これで代用することができる

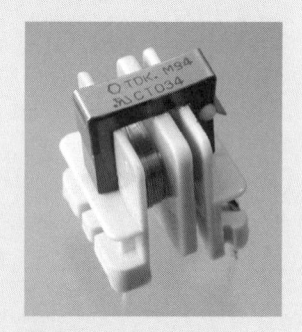

[写真6-B] カレント・トランス CT-034 [TDK㈱]

で設定します．I_{C1} は，

$$I_{C1} = \frac{V_{in} - V_{BE1}}{R_{E1}} \quad \cdots\cdots\cdots\cdots\cdots\cdots\cdots\cdots\cdots\cdots\cdots\cdots\cdots\cdots\cdots\cdots\cdots (6\text{-}2)$$

で求めます．

Tr_3 のゲート-ソース間に挿入する抵抗 R_{G1} は，

$$R_{G1} = \frac{V_{GS(\text{on})}}{I_{C1}} \quad \cdots\cdots\cdots\cdots\cdots\cdots\cdots\cdots\cdots\cdots\cdots\cdots\cdots\cdots\cdots\cdots\cdots (6\text{-}3)$$

実験回路や試作回路などにおいては，あらかじめカレント・トランスを組み込んでおくような工夫を薦めます．

回路のスイッチング周波数が高くなると，プローブを挿入したときの挿入インピーダンスが被測定回路に影響を与えて正しく測定できなくなります．ミノムシ・クリップは長さを短くして挿入インピーダンスをなるべく低く抑えることが大切です．

写真 6-A に示すプローブの挿入インピーダンスは，直列インダクタンス L が実測値で 160 nH なので，周波数 100 kHz での挿入インピーダンス Z は 100 mΩ，1 MHz では 1 Ω となります．インダクタンスを下げるには，ミノムシ・クリップまでの配線を短くすることも大切です．

このカレント・トランスの周波数特性については**図 6-B** を参照してください．

1 MHz 以上の高周波スイッチングの測定には，簡単に自作できる小形トロイダル・コアを使うのが便利です．50 ターン巻いて 50 Ω で終端すると電流変換感度は 1 V/1 A になります．高周波特性も優れています．

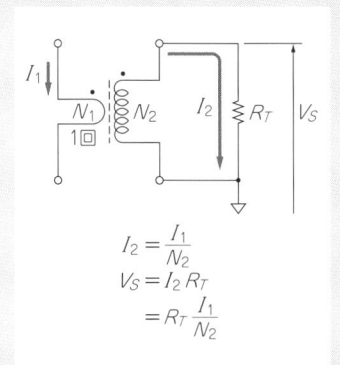

[図 6-A] カレント・プローブの回路
トランスの巻き数で電流を電圧の値に変換できる

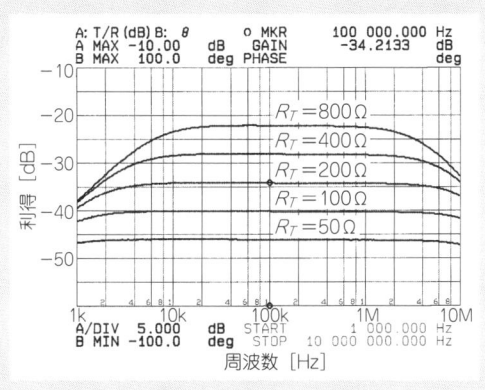

[図 6-B] CT-034 の周波数特性

から算出します．トランジスタを高速スイッチングするときはコレクタ電流を増やすために，R_{G1} はできるだけ低抵抗値とします．ドライブ回路側の増幅可能周波数を示すしゃ断周波数 f_C は，この R_{G1} とパワー MOS Tr_3 の入力容量 C_{iss} との積で決まります．

● コンプリメンタリ・スイッチング回路の実際

図 6-5 に，P チャネル・パワー MOS を使った具体的なコンプリメンタリ・スイッチング回路例を示します．この回路の仕様は次のとおりです．

- ドライブ入力電圧(V_{in})：±10 V
- 出力電圧(V_O)：±48 V
- 負荷抵抗(R_L)：50 Ω
- 出力電力 P_O = 46 W

実用の回路と図 6-4 に示した基本回路と異なるのは，パワー MOS のゲート・ドライブ回路です．図 6-4 の回路ではゲート入力側のしゃ断周波数 f_C がゲート-ソース間抵抗 R_G に依存していますので，バイポーラ・トランジスタを使ったコンプリメンタリ・プッシュプル回路に置き換えました．こうするとパワー MOS ゲート・ドライブ回路の出力抵抗が下がるので高速化できます．

電源電圧 V_{DD} は ±48 V ですが，この電圧を変更するときは，ツェナ・ダイオー

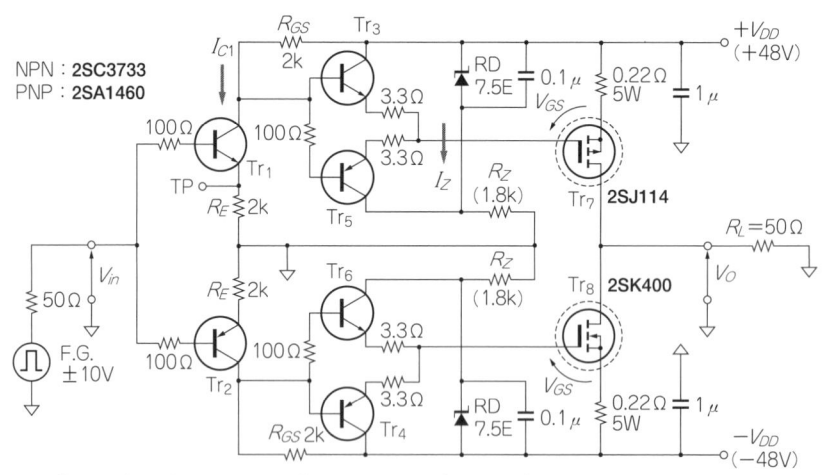

[図 6-5] 出力 46 W コンプリメンタリ・プッシュプル出力回路の実際
ゲート・ドライブをコンプリメンタリ・プッシュプルにするとゲート駆動の出力抵抗が下がるので高速化できる

ド(7.5 V)のバイアス抵抗 R_Z を調整しなければなりません．R_Z の値は次式で算出します．

$$R_Z = \frac{V_Z}{I_Z} \quad \cdots\cdots\cdots\cdots\cdots\cdots\cdots\cdots\cdots\cdots\cdots\cdots\cdots\cdots\cdots\cdots\cdots\cdots\cdots\cdots\cdots\cdots\cdots\cdots\cdots\cdots (6\text{-}4)$$

ただし，V_Z：ツェナ電圧，I_Z：ツェナ電流
ツェナ電流 I_Z は，およそ 20 mA 程度に設定します．

出力用のパワー MOS は，ここではルネサスの**コンプリメンタリ・ペア** 2SJ114 と 2SK400 を使います．2SJ114 の主な電気的仕様を次に示します．カッコ内はペアとなる 2SK400 の値で，相補でほぼ同じ仕様になっています．

- $V_{DSS} = -200\,\text{V}\,(+200\,\text{V})$
- $I_{D(DC)} = -8\,\text{A}\,(+8\,\text{A})$
- $P_D = 100\,\text{W}\,(100\,\text{W})$
- $C_{iss} = 1000\,\text{pF}\,(1100\,\text{pF})$
- $R_{DS(on)} = 0.6\,\Omega\,(0.6\,\Omega)$

最大出力電力は，電源電圧 V_{DD} と負荷抵抗 R_L で決まります．出力電力を大きくするには，電源電圧 V_{DD} を上げるか負荷抵抗 R_L を下げることになります．

R_L を下げるには，負荷抵抗と出力段との間に負荷との絶縁も兼ねた出力トランスを挿入する方法があります．出力トランスは絶縁の意味もありますが，1次側と2次側の巻き数比 (N_1/N_2) の 2 乗の割合でインピーダンス変換もできます．トランス追加後の出力段の負荷抵抗 R_{La} は，

$$R_{La} = R_L \left(\frac{N_1}{N_2} \right)^2 \quad \cdots\cdots\cdots\cdots\cdots\cdots\cdots\cdots\cdots\cdots\cdots\cdots\cdots\cdots\cdots\cdots\cdots\cdots (6\text{-}5)$$

となります．

● **スイッチング波形は良好**だが…

では，実際の回路(**図 6-5**)に信号を加えて波形を見ることにしましょう．観測する回路への入力信号は，50 Ω 出力のファンクション・ジェネレータから周波数 100 kHz，出力振幅 ± 10 V の矩形波パルス信号を供給します．波形観測は回路への電源電圧を ± 48 V の非安定電源，負荷抵抗を $R_L = 50\,\Omega$ とします．

写真 6-4 の上側トレースは入力電圧波形，下側トレースはトランジスタ Tr_1 のエミッタ電圧波形です．入力信号が - 10 V 時はエミッタ電圧が - 2 V，+ 10 V 時には約 + 10 V 弱になっているので，約 5 mA のエミッタ電流が流れていることがわかります．

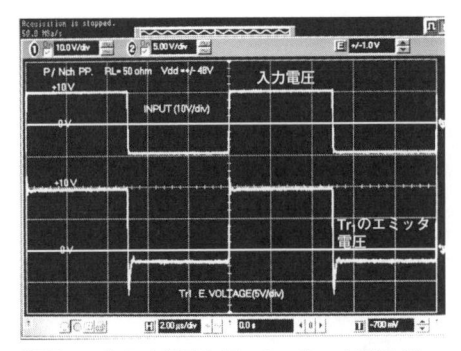

[写真 6-4] 入力信号と Tr_1 のエミッタ電圧（上：10 V/div., 下：5 V/div., 2 μs/div.）
TP ポイントでエミッタ電圧を観測すると約 5 mA のエミッタ電流が流れているのがわかる

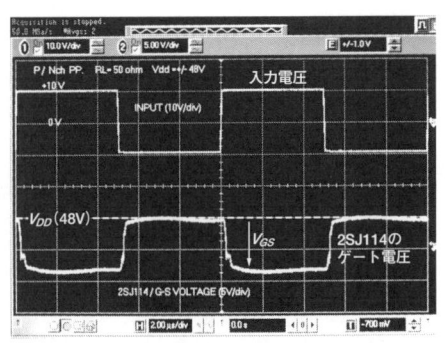

[写真 6-5] 入力信号とゲート電圧波形（上：10 V/div., 下：5 V/div., 2 μs/div.）
ゲート電圧波形は AC 結合のため V_{DD} に対して負の波形になっている

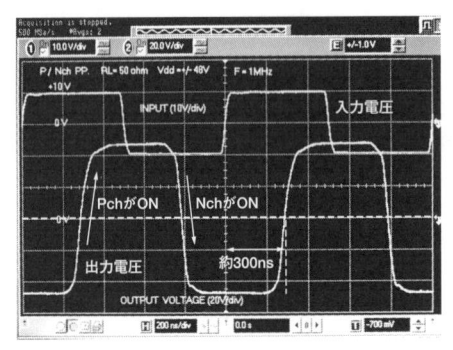

[写真 6-6] 入力周波数を 1 MHz に上げたときの入出力波形（上：10 V/div., 下：20 V/div., 200 ns/div.）
パルス信号の時間遅れは約 300 ns ある．スイッチング特性は良好だ

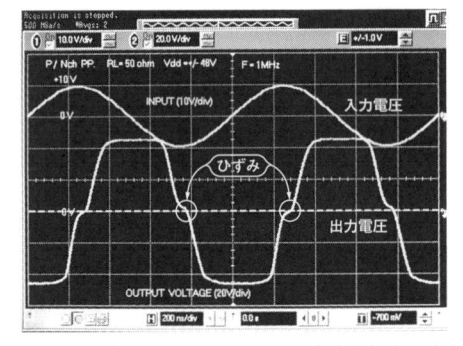

[写真 6-7] 入力に 1 MHz の正弦波を加えたときの入出力波形（上：10 V/div., 下：20 V/div., 200 ns/div.）
波形の 0 V 付近でひずみが生じ，リニア動作では十分でないことがわかる

　写真 6-5 は，上側トレースは入力電圧波形，下側トレースは Tr_7 (2SJ114) のゲート電圧波形です．この波形はオシロスコープの入力が AC 結合されていますので，電源 V_{DD} に対して負のドライブ電圧波形になっています．電圧振幅は約 $-8\,V_{peak}$ です．

　次に入力信号周波数を 1 MHz に上げて，負荷抵抗 $R_L = 50\,\Omega$ での出力電圧 V_O 観測した結果が**写真 6-6** です．入出力波形から，P チャネルおよび N チャネルの二つのパワー MOS が交互に動作しているのがわかります．出力波形の立ち上がりが少し遅れているのは P チャネル・パワー MOS の特性によるものです．回路の時間遅れは約 300 ns ありますが，スイッチング波形は良好です．

ところで矩形波パルス信号はきれいに増幅しているのがわかりましたが，1 MHz の正弦波信号に変えて入力すると，出力波形は**写真6-7**に示すように，ゼロ電圧付近で大きなひずみを生じます．理由は，ゲート-ソース間にバイアス電圧が加えられていないからです．矩形波パルス…スイッチング用途なら**図6-5**の回路でOKですが，リニアな動作をさせたい場合は，Tr_1とTr_2にバイアスを加える必要があります．リニア動作を実現する方法については**6-5節**で説明します．

6-4　コンプリメンタリ・ハーフ・ブリッジ回路の設計

● Nチャネルを使った一般的なハーフ・ブリッジ回路の確認

　Nチャネル/Pチャネル・コンプリメンタリを利用したハーフ・ブリッジ回路を説明する前に，Nチャネル・パワーMOSだけで構成した基本的なハーフ・ブリッジ出力回路を**図6-6**に示します．この回路では入力トランスT_1の2次側巻き線が二つあり，ハイ・サイド側とロー・サイド側がそれぞれの巻き線でドライブするようになっています．ただし，ロー・サイド側巻き線出力は反転してNチャネル・パワーMOSのゲートに接続します．1次側と2次側の巻き数比は1：1です．ハーフ・ブリッジ回路の「**擬似的な接地**」は，電源ラインに挿入した二つのバイパス・コンデンサC_Bで作ります．この擬似的な電位は中間点になりますので$V_{DD}/2$です．

　この回路の最大出力振幅は，ほぼV_{DD}で決まります．パワーMOSのオン抵抗や出力波形の立ち上がり時間などを無視すると，最大出力電力P_{Omax}は中間点の電圧$V_{DD}/2$と負荷抵抗R_Lから，

$$P_{Omax} = \frac{V_{DD}^2}{4R_L} \quad \cdots\cdots\cdots\cdots\cdots\cdots\cdots\cdots\cdots\cdots\cdots\cdots\cdots\cdots\cdots\cdots\cdots\cdots\cdots\cdots (6\text{-}6)$$

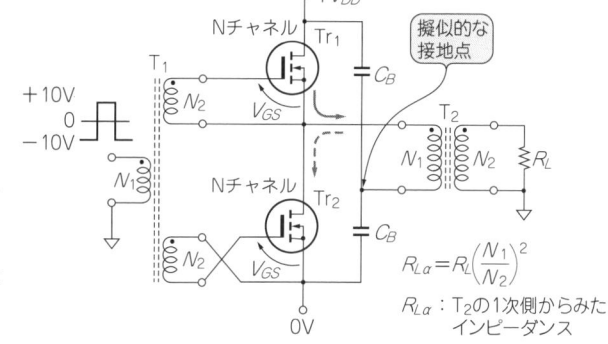

[図6-6] Nチャネル・パワーMOSを使ったハーフ・ブリッジ出力回路
この回路は入力トランスの2次のロー・サイド側巻き線は反転してゲート端子に接続する

$R_{La} = R_L \left(\dfrac{N_1}{N_2}\right)^2$

R_{La}：T_2の1次側からみたインピーダンス

と求まります.

　大きな電力を必要とする場合は，この回路で出力トランス T_2 を追加してさらに負荷抵抗を下げます．図内にも示すように，1次側から見たインピーダンス変換後の負荷抵抗は式(6-5)に示したとおりです．

● Pチャネルを利用したコンプリメンタリ型ハーフ・ブリッジ回路

　図 6-7 に示すのは，Nチャネル・パワーMOSとPチャネル・パワーMOSをコンプリメンタリで使ったハーフ・ブリッジ回路です．Nチャネル・パワーMOSだけで構成した図 6-6 と比べると，入力側ゲート・ドライブ用トランス T_1 の2次巻き線(1：1)が一つで済んでいます．

　図 6-7 の回路は，一見プッシュプル・ソース・フォロア回路のように見えます．

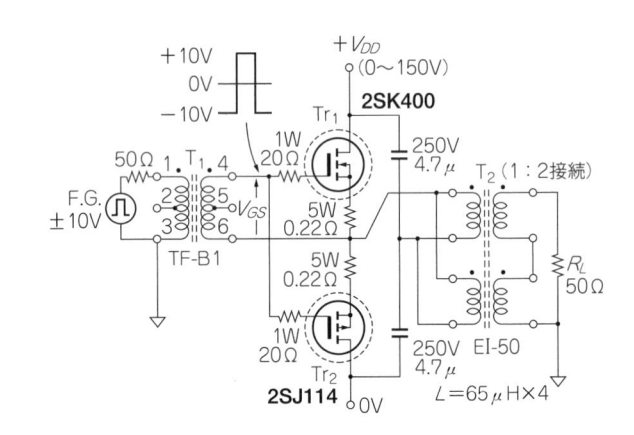

[図 6-7] Pチャネル・パワーMOSを使ったコンプリメンタリ型ハーフ・ブリッジ回路

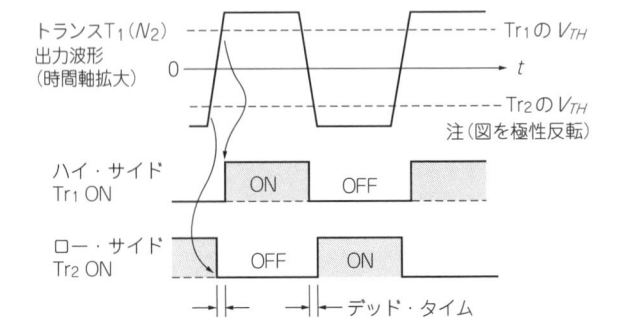

[図 6-8] 不感帯の発生
入力信号 ON/OFF 時のパワーMOS ハイ・インピーダンス状態はトランス T_1 の特性からこのように2つの信号間にハイ・インピーダンスの状態が生ずる

しかし，T_1 の 2 次側の一端（6 番端子）が出力端子に接続されているのでソース接地回路になります．一般的なソース・フォロア回路では，出力より数 V 高いドライブ電圧を出力できる回路が必要です．図 6-7 の回路ならば，±10 V 以下のバイポーラ信号でパワー MOS を駆動することができます．

また，それぞれのパワー MOS が OFF のときゲート電圧を負にバイアスできるので，確実に OFF することができます．さらに都合が良いことに，図 6-8 で示すようにドライブ波形がある立ち上がり時間をもっていると，それぞれのパワー MOS が ON する電圧（V_{TH}）までに要する時間が不感帯（ハイ・インピーダンスの状態）として生じます．これによって，ハーフ・ブリッジで必要となる上下アームの貫通（短絡）防止のためのデッド・タイム設定回路を省略することができます．

● コンプリメンタリ型ハーフ・ブリッジ回路のトランス

図 6-7 のハーフ・ブリッジ回路ではゲート・ドライブ用トランス T_1 と出力トランス T_2 は目的とする周波数特性を考慮して設計します．実験に使用した二つのトランスを写真 6-8 に示します．

▶ 入力トランス T_1

スイッチング周波数を 100 kHz から 1 MHz 程度の範囲と想定して，ゲート・ドライブ用入力トランス T_1 は，第 4 章，表 4-1 に示した日本パルス工業㈱の高速パルス・トランス（TF-B1）を使用しました．巻き数比 1：1 のセンタ・タップ付きで，1 次および 2 次インダクタンスは実測で約 1.4 mH ありました．このトランスを 50 Ω で終端し周波数特性を測定したのが図 6-9（a）です．−3 dB の通過帯域は約 40 k 〜 2 MHz，中心周波数は 100 kHz でした．

▶ 出力トランス T_2

出力トランス T_2 は，周波数 1 MHz で使えるように設計してあります．TDK の EI-50 コアにインダクタンス約 45 μH の巻き線を 4 回路作り，これを直列または並

[写真 6-8] 使用した入力トランスと出力トランス
左の小さいほうが入力パルス・トランス TF-B1，右の大きいほうが出力トランス．TDK の EI-50 コアに巻き線した

6-4 コンプリメンタリ・ハーフ・ブリッジ回路の設計

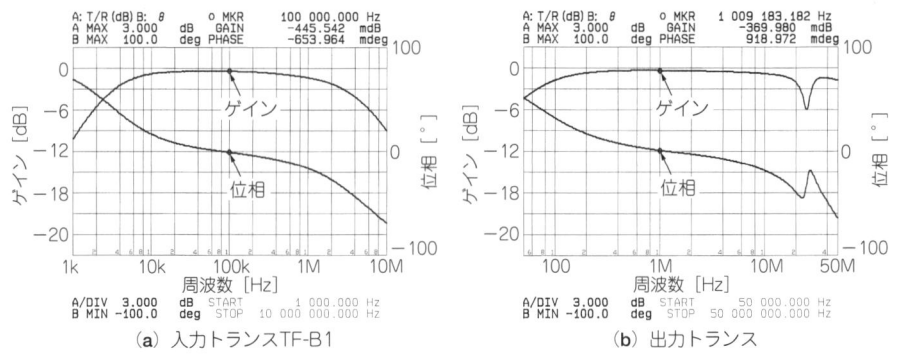

[図 6-9] 使用した入力トランスと出力トランスの周波数特性
(a) 入力トランス TF-B1
(b) 出力トランス

列接続することにより1：1の等倍，1：2のステップ・アップ($R_L' = R_L/4$)，2：1のステップ・ダウン($R_L' = 4R_L$)を実現できるようにしてあります．

図 6-9(b)が出力トランスの特性ですが，1次巻き線と2次巻き線をそれぞれ並列接続して1：1のトランスとし，インピーダンス50Ω終端で周波数特性を測定した結果です．低域特性が70 kHz/−3 dBとなっていますが，図 6-7で示したハーフ・ブリッジ回路のような低インピーダンス出力回路でドライブする場合は，現実の低域特性はもっと改善されます．中心周波数は位相差がゼロとなる周波数で，ちょうど1 MHzになっています．出力トランス T_2 の高域特性はかなり広帯域になっています．

● コンプリメンタリ型ハーフ・ブリッジ回路の各部動作波形

写真 6-9 は，図 6-7 におけるコンプリメンタリ型ハーフ・ブリッジ回路の入力 T_1 の1次側電圧波形(上)と，出力段 Tr_2 のゲート-ソース間電圧 V_{GS}(下)です．ほぼ同じ波形といえます．入力は 100 kHz，±10 V のパルス信号です．オシロスコープはACラインに絶縁トランスを挿入して，オシロスコープのグラウンドを絶縁(フローティング)した状態で波形を観測しました．V_{GS} が正のときは上側のNチャネル・パワーMOSが，V_{GS} が負のときは下側PチャネルパワーMOSがONします．

写真 6-10 は負荷抵抗 $R_L = 50$ Ω，$V_{DD} = 140$ V での出力波形です．このときの出力電力は波形ではわかりにくいですが，電力計で測定すると 328 W でした．

ところで，この図 6-7 の回路でも入力に矩形波の代わりに 100 kz，±10 V の正弦波を加えると，写真 6-11 に示すように大きな波形ひずみを生じます．これは使

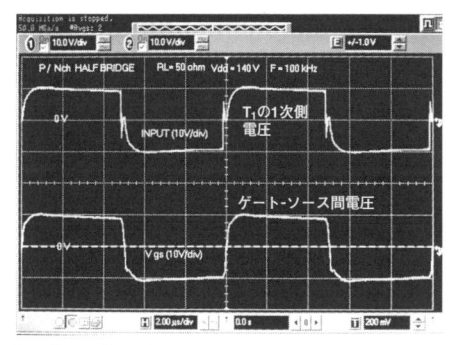

[写真 6-9] 入力トランスの 1 次側電圧波形と，出力段 Tr_2 のゲート-ソース間電圧 V_{GS}（上：10 V/div., 下：10 V/div., 2 μs/div.）
V_{GS} が正のときは上側の N チャネルが，V_{GS} が負のときは下側 P チャネルが ON する

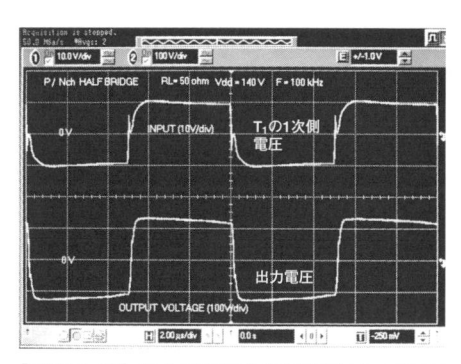

[写真 6-10] 出力段の出力電圧波形（上：10 V/div., 下：100 V/div., 2 μs/div.）
この回路は V_{DD} = 140 V で出力 328 W になる

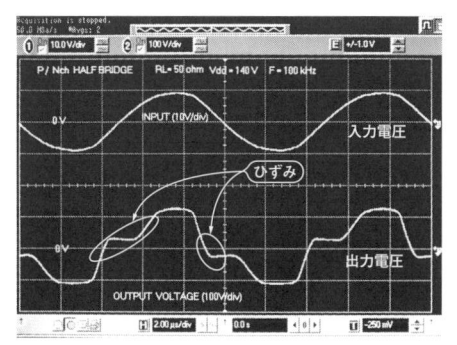

[写真 6-11] 入力に正弦波を加えたときの入出力波形（上：10 V/div., 下：100 V/div., 2 μs/div.）
この回路も出力波形に大きなひずみが発生し，リニア動作には不向きだ

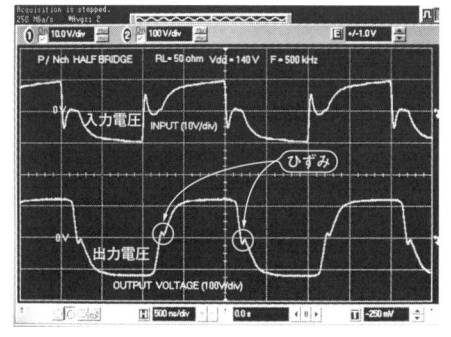

[写真 6-12] 入力に 500 kHz の矩形波を加えたときの入出力波形（上：10 V/div., 下：100 V/div., 500 ns/div.）
左の波形同様に出力波形に大きなひずみが発生する

用している二つのパワー MOS 両方共のゲート-ソース間電圧 V_{GS} が，V_{TH} に達するまでの不感帯…ハイ・インピーダンス状態によるものです．正弦波を増幅するには，回路上にもっと別の工夫が必要になります．

　入力周波数を 500 kHz の矩形波にしたときの出力波形を**写真 6-12** に示します．また，**写真 6-10** に示したように，100 kHz 矩形波のときは 328 W の出力でしたが，1 MHz にすると出力電力は 255 W となり，効率は 91 % でした．

6-5　リニア動作の可能なハーフ・ブリッジ回路

● コンプリメンタリ型回路のクロスオーバひずみを改善する

　図 6-7 に示したハーフ・ブリッジ回路は PWM などの矩形波信号増幅を目的としたものですが，用途によっては正弦波信号を増幅したいことがあります．しかし，図 6-7 に示した回路では出力波形は ON/OFF するときに不感帯(ハイ・インピーダンスの状態)があり，クロスオーバひずみを発生していました．

　クロスオーバひずみを改善するには，二つのパワー MOS が共に**完全 OFF** にならないようなバイアス回路を付加します．**図 6-10** にバイアス回路を付加したコンプリメンタリ・ハーフ・ブリッジ出力回路を示します．この回路は，出力段の二つのパワー MOS のゲート-ソース間にバイアス電圧を与え，リニア動作可能な回路にしたものです．

　二つのパワー MOS ゲート間のゲート・バイアス電圧 V_{GG} は 2SJ114 と 2SK400 のゲート電圧対ドレイン電流のデータから判断すると，約 8 V 程度必要です．バイアス回路はトランジスタを利用したもので，V_{GG} はツェナ電圧 V_Z とトランジスタの V_{BE}，可変抵抗器 VR_1 による抵抗分圧比 N で決まります．このバイアス回路は V_{BE} が N 倍されるので V_{BE} マルチプライヤ回路と呼びます．

　なお，このようなパワー MOS のゲート・バイアス回路では V_{GG} が高電圧になり，V_{BE} の温度係数による電圧変動が大きくなるので，トランジスタのエミッタにツェ

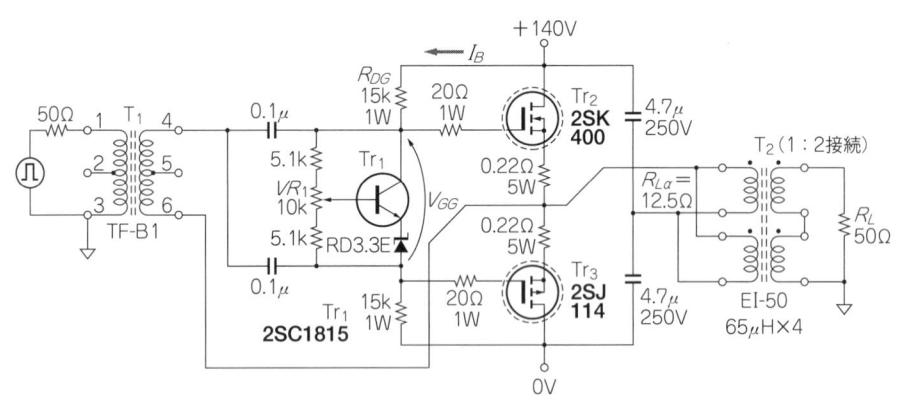

[図 6-10] 正弦波への対応を考えたリニア動作コンプリメンタリ・ハーフ・ブリッジ出力回路
正弦波を入力しても方形波を入力しても波形ひずみが小さくリニア動作する回路

ナ・ダイオードを付加して，変化率を緩和します．

図 6-10 に示す回路定数のとき，V_{GG} の可変範囲は実測で約 4.5 〜 13 V です．パワー MOS のドレイン-ゲート間バイアス抵抗 R_{DG} は，次式で算出します．

Column 10
クロスオーバひずみ改善のポイント

　増幅回路において生じるクロスオーバひずみは，0 V 付近(ゼロ・クロス)で発生するひずみです．図 6-C に N チャネル/P チャネル・パワー MOS を使用したコンプリメンタリ・プッシュプル増幅回路と入出力特性を示します．

　パワー MOS の $V_{Gon}(=V_{TH})$ はバイポーラ・トランジスタの($V_{BEon}=0.6\,\text{V}$)に比べ高い電圧ですから，図のようなプッシュプル回路を構成すると，入力波形の 0 V 付近ではドレイン電流が流れない状態になります．このため出力波形のゼロ・クロス付近では大きな非直線性が見られ，ひずみが生じることになります．

　クロスオーバひずみをなくすには，入力信号に ±V_{GS}(パワー MOS の V_{TH} 特性による)分の電圧を加えて，点線で示した直線領域で動作をさせるようにします．

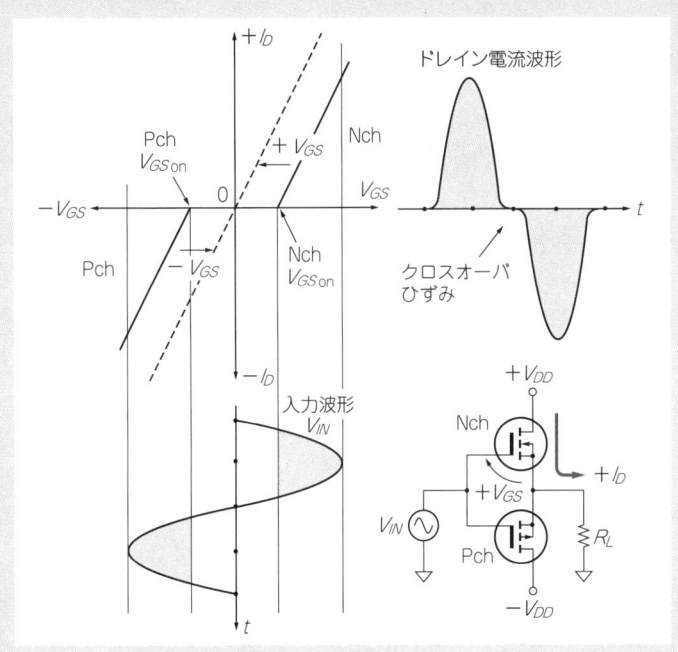

[図 6-C] プッシュプル増幅回路と入出力特性
クロスオーバひずみをなくすにはバイアスを加えて，点線の動作をさせるようにする

6-5 リニア動作の可能なハーフ・ブリッジ回路

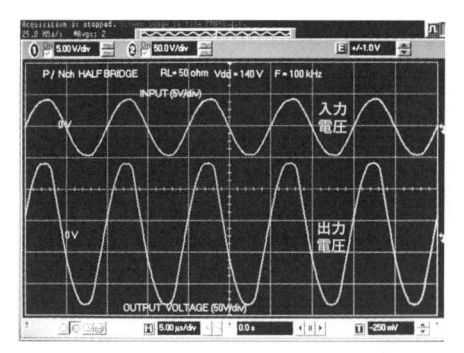

[写真 6-13] 入力に正弦波を加えたときの入出力波形（上：5 V/div., 下：50 V/div., 5 μs/div.）バイアスを調整し，入力信号を許容最大にしても波形のクロスオーバひずみが見えないくらい小さい

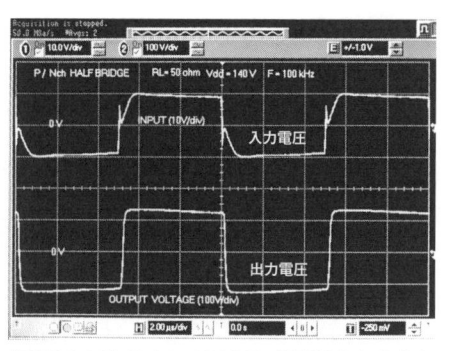

[写真 6-14] 入力に 100 kHz 矩形波を加えたときの入出力波形（上：10 V/div., 下：100 V/div., 2 μs/div.）

$$R_{DG} = \frac{V_{DD}}{2} I_B \quad \cdots\cdots\cdots\cdots\cdots\cdots\cdots\cdots\cdots\cdots\cdots\cdots\cdots\cdots\cdots (6\text{-}7)$$

ただし，I_B：バイアス電流

この回路では I_B が 5 mA 程度になるように，

R_{DG} = 70 V/5 mA = 14 kΩ

としました．回路定数は厳密にする必要はありませんので 15 kΩ を使用し，下側の抵抗器も同じ 15 kΩ にしました．

● クロスオーバひずみの改善を確認する

図 6-10 ではバイアス回路の調整が必要です．入力に 100 kHz，±10 V の正弦波を加え，波形を観測しながら波形ひずみが少なくなるようにゲート・バイアスを調整します．ただし，このようなリニア動作回路で波形ひずみを小さくしようとすると，入力信号がないときのドレイン電流を大きく設定することになり，パワー MOS の消費電力が大きくなり，結果，パワー MOS の温度上昇が大きくなってしまいます．

写真 6-13 の波形はゲート・バイアス電圧 V_{GG} を約 8.5 V に設定し，出力波形が飽和するまで，入力信号レベルを上げたときの波形を示します．V_{DD} = 140 V で動作させており，出力電力は約 145 W です．変換効率はリニア動作なので約 65 % と低くなっています．

この回路に矩形波を加え，スイッチング動作させるとどうでしょう．写真 6-14 は入力信号を 100 kHz の方形波，振幅を ±10 V としたときの出力波形です．V_{DD} = 140 V で動作，出力電力は 341 W で，変換効率は 93.6 % と高い値を示しています．

パワー MOS FET 活用の基礎と実際

第7章
電子式ステップ・ダウン・トランスの設計

ここではパワー・スイッチング回路の具体的な応用例として，PWM 制御の原理に基づいた電子式ステップ・ダウン・トランスを設計・試作します．
PWM 制御はスイッチング・レギュレータをはじめとする
いろいろな制御回路に広く使用されている重要な技術です．

7-1　PWM 制御の原理と構成

● 電圧制御…なぜ PWM 方式が良いのか

　PWM とは Pulse Width Modulation の略称で，**パルス幅変調**と訳されています．変調というと振幅変調（AM）や周波数変調（FM）がよく知られていますが，パルス幅変調というのは図 7-1(c)に示すようにパルス列のパルス幅比…デューティ比を変化させるものです．制御信号はパルス幅比…H レベル/L レベルの時間幅比ですから，変調された信号もディジタルな波形になっている点が特徴です．

　変調された波形を平均化して電圧や電力の信号に戻すことを復調と言いますが，パルス幅変調された信号はローパス・フィルタによって簡単に直流信号に変換することができる点も大きな特徴です．PWM によらない一般の電圧可変方法は以下のような原理です．

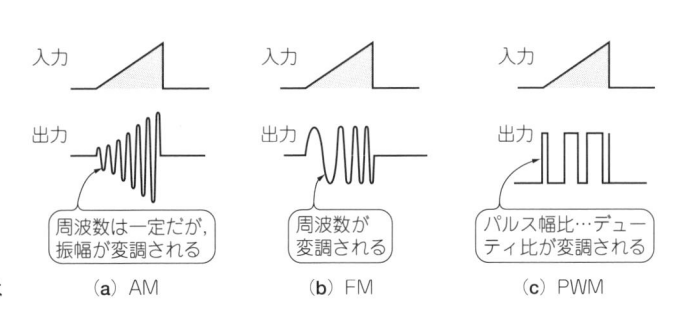

[図 7-1] PWM 制御とは　　(a) AM　　(b) FM　　(c) PWM

(a) 直列制御型

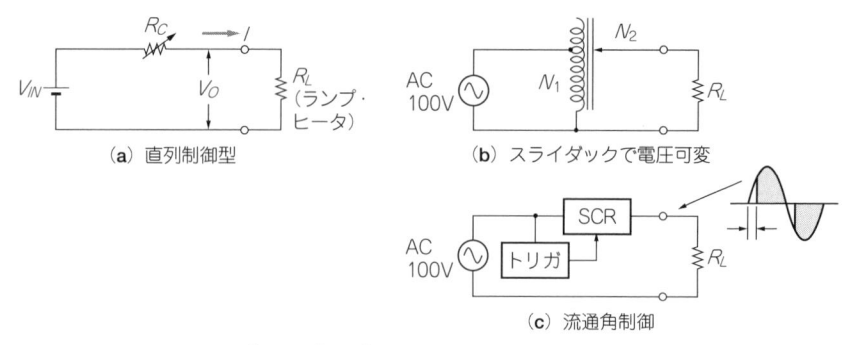

(b) スライダックで電圧可変

(c) 流通角制御

[図 7-2] 負荷への電圧を可変する方法

　図 7-2 は負荷抵抗 R_L に加わる電圧を可変しようという例です．図 7-2(a)は負荷抵抗 R_L と直列に可変抵抗素子（トランジスタやパワー MOS でもよい）を接続し，その可変抵抗素子を制御することで出力電圧を制御します．このときの出力電圧 V_O は，

$$V_O = V_{IN} \cdot \frac{R_L}{R_C + R_L} \quad \cdots\cdots (7\text{-}1)$$

となり，可変抵抗 R_C の値を無限大から 0 Ω に変化させることで，出力電圧 V_O を制御することができます．しかし，この方法では抵抗 R_C に出力電流のすべてが流れるので大きな電力 P_D を消費し，

$$P_D = I^2 \cdot R_C \quad \cdots\cdots (7\text{-}2)$$

となって熱を発生するので，大電力用途には向いていません．

　交流の場合は図 7-2(b)に示すように**スライダック**と呼ばれる AC 電圧調整器（大形で重量大）が使われています．出力電圧は巻き数 N_1 に対して，N_2 を変化させることで任意に可変することができます．

　図 7-2(c)はサイリスタと呼ばれるスイッチング素子を使って交流波形の流通角（アナログ的なパルス幅）を制御する例で，負荷で消費する電力を制御することができます．調光器やはんだごての温度調節などに応用されています．

● PWM …パルス幅制御による電圧制御のしくみ

　図 7-3 に PWM 制御によって直流電圧を可変するときの構成を示します．直流電圧 V_{IN} をトランジスタやパワー MOS などのスイッチング素子で ON/OFF します．ON/OFF 時間と周期との比率をデューティ比と呼び，0〜1（0〜100％）で表しますが，広範囲に任意に電圧を制御できることも特徴の一つです．ON/OFF 時

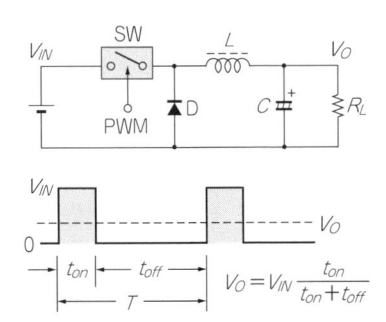

[図 7-3] PWM 制御による電圧可変
ON/OFF 時間のデューティ比を可変することで電圧を制御できる

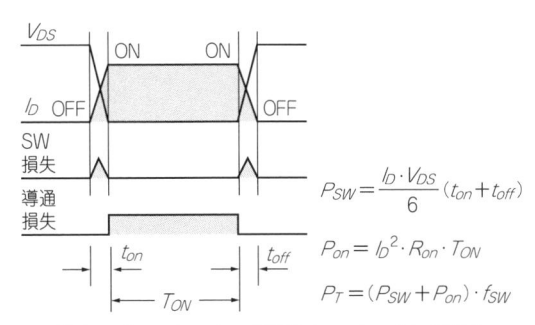

[図 7-4] スイッチング回路のスイッチング損失

$$P_{SW} = \frac{I_D \cdot V_{DS}}{6}(t_{on}+t_{off})$$

$$P_{on} = I_D^2 \cdot R_{on} \cdot T_{ON}$$

$$P_T = (P_{SW}+P_{on}) \cdot f_{SW}$$

$$V_O = V_{IN} \frac{t_{on}}{t_{on}+t_{off}}$$

間や周期はマイコンやディジタル回路によって設定できることも大きな特徴です．

負荷が抵抗や電球，ヒータなどのときは，負荷に供給される平均電圧は図のパルス幅(t_{on})を周期で割った値 V_O になります．きれいな直流電圧が必要なときはチョーク・コイル L と平滑コンデンサ C によるローパス・フィルタで平滑・平均化して直流電圧を得ます．

PWM 制御の一番の特徴は電圧制御に伴う損失がほとんどないことです．損失のほとんどは主にスイッチング素子のオン抵抗に起因し，

$$P_C = I_O^2 \cdot R_{ON} \quad\cdots\cdots\cdots\cdots\cdots\cdots\cdots\cdots\cdots\cdots\cdots\cdots\cdots\cdots\cdots\cdots\cdots\cdots (7\text{-}3)$$

となりますが，オン抵抗の小さなパワー MOS を使用することで，高効率を実現することができます．

もちろん，図 7-4 に示すようにスイッチングの過渡時にスイッチング損失を発生しますので，スイッチング周波数が高くなるに従い損失は大きくなりますが，これもパワー MOS の微細加工技術の進歩によってどんどん改善されつつあります．

いずれにせよ，従来の電圧制御方式に比べると飛躍的に高効率化を実現することができます．

● PWM 制御回路の構成

図 7-5 に PWM 制御回路の基本的な構成を示します．キーになるのは三角波（またはのこぎり波）発生回路と電圧コンパレータです．

信号入力周波数よりも十分に高い周波数の三角波（またはのこぎり波）を発生させ，これと信号入力電圧をコンパレータで比較します．すると出力には周波数…周期一定のパルス幅変調(PWM)した信号が得られます．

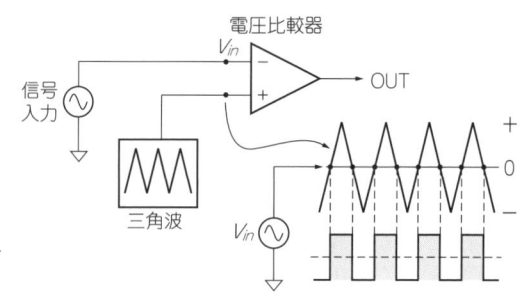

[図 7-5] PWM 信号の発生原理
PWM 波は三角波発生回路と電圧コンパレータで発生させる

出力パルス幅およびデューティ比は入力信号の大きさによって変化します．比較信号が対称三角波である場合，入力信号の大きさに比例してデューティ比が変化します．

このように電圧制御を行うのに便利な PWM 回路ですが，スイッチング電源における電圧制御に広く利用されています．ですから，スイッチング電源制御用 IC の中に便利な PWM 制御用 IC を見つけることができます．本書のパワー MOS 応用でも多く登場します．また，オーディオ用 D 級アンプあるいはディジタル・アンプと呼ばれるものも，この PWM 回路を変形あるいは発展させたものです．

7-2　ステップ・ダウン回路の構成

● 基本は PWM ステップ・ダウン・コンバータ

国内向けの一般家庭用電気製品は公称 AC100 V 仕様で作られていますが，米国では 60 Hz・120/240 V，ヨーロッパ圏の多くでは 50 Hz・230 V 仕様となっています．そのため国内仕様の電気製品を海外で使用する場合，200 V 系から 100 V に変換…ステップ・ダウンする変圧機器が必要で，多くがトランス方式のものです．海外用品を扱う店などで販売されていますが，出力電力容量に比例してトランスの形状が大きくなり，重くて携帯には不便です．

そこで AC 入力ラインを直接スイッチングして 1/2 にステップ・ダウンする**電子式トランス**で，小形軽量化を試みることにしました．

図 7-6 はスイッチング電源におけるステップ・ダウン…降圧型コンバータの原理図です．スイッチング素子 S_1/S_2 の ON/OFF 時間比を PWM コントローラでドライブし，PWM 出力を LC 平滑フィルタで平均化して直流電圧を得ます．

出力電圧 V_O は，入力電圧 V_I と PWM コントローラからのパルス幅デューティ比で決まり，次式で表せます．

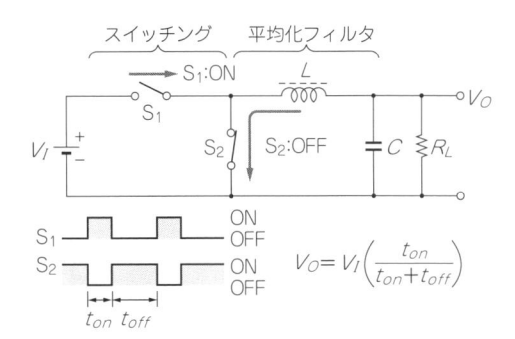

[図 7-6] ステップ・ダウン・コンバータの原理
スイッチング素子の ON/OFF 時間比を PWM コントローラでドライブし，平滑フィルタで平均化して低い電圧を得る

$$V_O = V_I \cdot \frac{t_{on}}{(t_{on}+t_{off})} \quad\quad\quad\quad\quad\quad\quad\quad\quad\quad\quad\quad\quad\quad\quad (7\text{-}4)$$

ただし，t_{on} ： S_1 の ON パルス時間
　　　　t_{off} ： S_2 の OFF パルス時間

ここで入力信号を直流から商用電源とし，S_1/S_2 のデューティ比を 50 ％固定にしてスイッチングすれば，入力電圧の 1/2 の交流電圧に変換することができそうです．

● 大電力アナログ・スイッチが必要

出力電圧を一定電圧にするには，**図 7-7** に示すように基準電圧を内蔵して出力電圧を監視し，フィードバックによって電圧を一定値に制御する必要があります．これがいわゆる定電圧電源(あるいはスイッチング電源)のしくみですが，ここでは一定電圧出力のための制御は行いません．入力電圧を忠実に 1/2 にするだけです．そのためフィードバック制御を行いません．スイッチング素子において電圧損失を生じると，それはそのまま出力電圧の低下となって現れます．スイッチング素子に

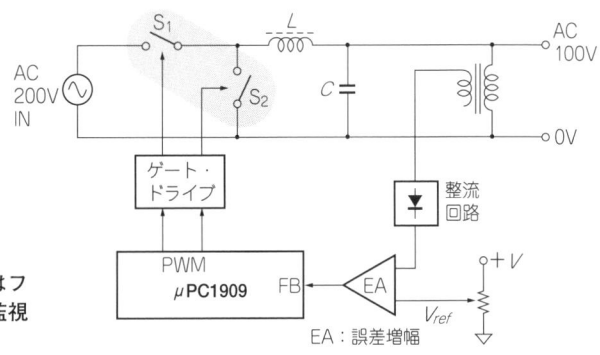

[図 7-7] 定電圧出力を得るにはフィードバックして出力電圧を監視する

おける電圧損失を小さくするにはオン抵抗の小さな(大電力用)パワー MOS を使う必要があります．

また入力信号が交流波形なので，スイッチングには正・負両極性を扱えるアナログ・スイッチが必要です．交流・大電力を扱えるアナログ・スイッチとしては**フォト MOS リレー(Column 11 参照)**がありますが，現在入手できるフォト MOS リレーでは高いスイッチング周波数に対応できません．

この電子トランスの設計では 50/60 Hz の交流電圧を通過させるので，通過させる信号に比べて十分に高い PWM スイッチング周波数は 100 kHz 程度を考えています．ここでは N チャネル・パワー MOS を(後述の理由から)2 個逆直列に接続し，ゲートを絶縁ドライブして大電力アナログ・スイッチを実現します．

図 7-8 に試作する電子式ステップ・ダウン・トランスのアナログ・スイッチ部の基本構成を示します．(交流用なので)双方向に電流を流せるアナログ・スイッチを AC ラインに対して直列および並列に入れ，約 100 kHz の周波数で ON/OFF 動作させます．

つまり，周波数 50/60 Hz の交流信号を 100 kHz の PWM 信号で ON/OFF し，その出力から 100 kHz 分を LC ローパス・フィルタで除去し，平均化します．するとローパス・フィルタ出力には，振幅が PWM スイッチング信号のデューティ比に比例した入力と同じ 50/60 Hz の交流出力が得られます．

● パワー MOS を交流スイッチとして使うときの動作

図 7-9 に N チャネル・パワー MOS による交流用アナログ・スイッチの動作を示

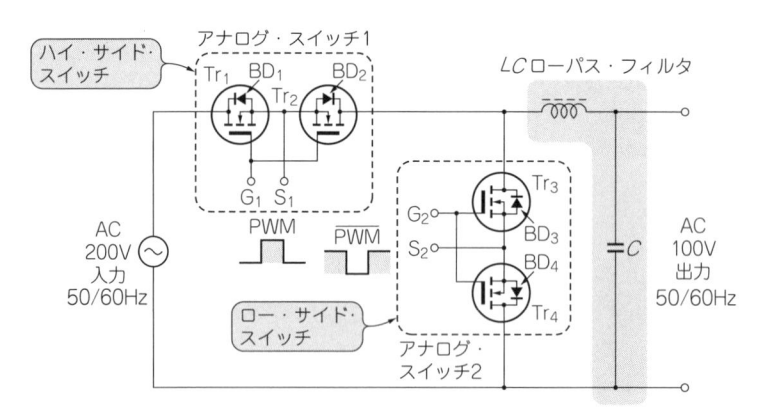

[図 7-8] **電子式ステップ・ダウン・トランスの基本回路**
AC 200 V 50/60 Hz を AC 100 V 50/60 Hz に PWM 制御で変換する

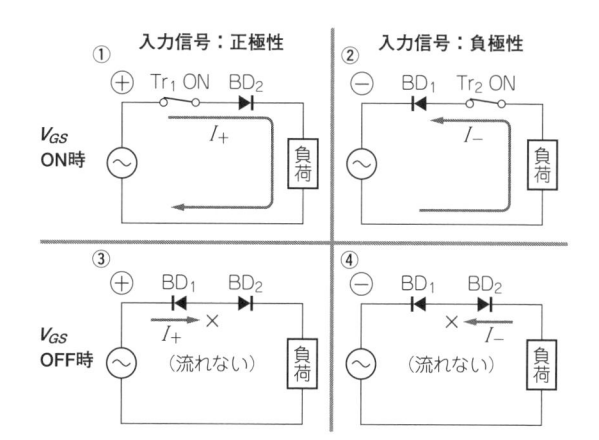

[図7-9] パワー MOS の交流に対するスイッチ動作

します．この例のような交流に対するアナログ・スイッチでは，パワー MOS に存在する寄生（ボディ）ダイオードを積極的に利用します．パワー MOS のデータ・シートからボディ・ダイオードに流せる電流は定格ドレイン電流と等しいことがわかります．

ただし，図 7-8 のアナログ・スイッチ構成からスイッチおよびボディ・ダイオードの動作を考察すると以下の四つのモードが存在することがわかります．

▶ 動作モード①

入力信号の極性が正のときに Tr_1 が ON すると，Tr_1 のドレインからソースに向かってドレイン電流が流れる．このとき Tr_2 のドレイン-ソース間はボディ・ダイオード BD_2 が導通して順方向にバイアスされる．

▶ 動作モード②

入力信号の極性が負のときで Tr_2 が ON すると，ドレインからソースに向かって逆方向に Tr_2 のドレイン電流が流れ，ボディ・ダイオード BD_1 は順バイアスされて導通する．

▶ 動作モード③と④

これはパワー MOS のゲート-ソース間が OFF 状態（$V_{GS} = 0$）のとき．Tr_1 および Tr_2 のドレイン電流は流れず，それぞれのボディ・ダイオードは逆向きに直列接続されたのと等価なので，やはり電流は流れない．

● 交流に対するアナログ・スイッチ動作の確認

では実際に原理どおりにパワー MOS が交流に対するアナログ・スイッチとして動作するかを確認してみます．図 7-10 は確認用の回路です．入力 AC ライン電圧

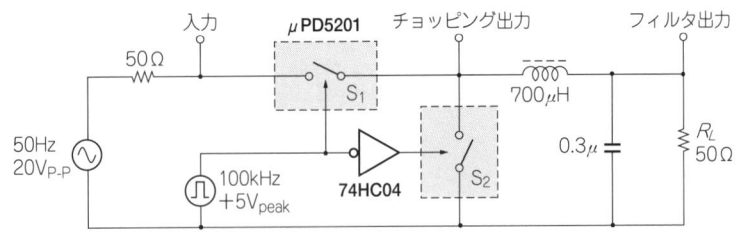

[図 7-10] パワー MOS の交流に対するアナログ・スイッチ動作の確認する回路

観測ポイントは入力とその途中，出力の 3 か所を準備して波形を観測する

Column 11
フォト MOS リレーとは

　パワー MOS の技術とフォト・カプラの技術を結合したものに，フォト MOS リレーと呼ぶ素子があります．フォト MOS リレーの内部構造は一般のフォト・カプラに似ています．異なるところは発光ダイオードから放射された光を太陽電池で電圧に変換し，MOS FET のゲートにバイアスを与えています．出力の MOS FET を 2 個直列に接続することにより交流電源ラインを ON/OFF することができます．従来の機械的な接点リレーと比べて次のような利点があります．

- 動作および復帰時間が短い
- 駆動電流が数 mA オーダと小さい
- 半導体でできているため小形化が図れる
- 寿命が長い

　一方，半導体スイッチであるがために，スイッチ回路の電気的特性は次のような制限を受けます．

- ON 抵抗が存在するため大電力を ON/OFF できない
- 低インピーダンス回路では挿入損失がある
- ON/OFF する負荷電圧は出力段の MOS FET の耐圧で制限される

フォト MOS リレーの内部回路を**図 7-A** に示します．

[図 7-A] フォト MOS リレーの内部回路 (松下電工 AQV20 シリーズ)

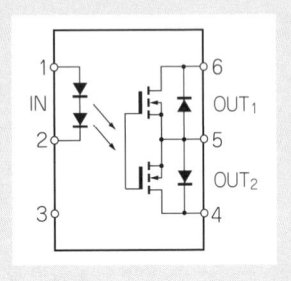

の代わりに発振器で 50 Hz，20 V_{P-P}，$Z_O = 50\,\Omega$ の信号を与え，50 Ω の負荷抵抗 R_L を接続します（商用 100 V の AC ライン信号を直接扱うのは危険が伴うので，安全な範囲の小信号で予備実験を行うことは，この種の実験・試作では常套手段）．絶縁ゲート・ドライブ信号はスイッチング周波数が 100 kHz，デューティ比は約 50 % です．

写真 7-1 は，図 7-10 において AC ライン波形に相当する 50 Hz の波形と，これをアナログ・スイッチ 1 と 2 でチョッピングしたときの波形です．

アナログ・スイッチに加える入力信号が 20 V_{P-P} より減衰していますが，理由は信号発生器の出力抵抗が 50 Ω，デューティ比が 50 % なので負荷抵抗が見かけ上 100 Ω となるからです．

出力のスイッチング周波数は 100 kHz ですが，写真 7-1 の下のトレースだと 100 kHz には見えません．理由はチョッピング動作を見やすくするため，故意にディジタル・オシロスコープのサンプリング数を落として表示した結果です．

写真 7-2 は，ローパス・フィルタで 100 kHz 分を除去しチョッピング波形を平均化して，元の波形を再現しているようすを示しています．デューティ比を約 50 % に設定しているため，出力電圧の振幅は入力信号の約 1/2 です．

スイッチングのデューティ比を可変できるように構成すれば，出力振幅をもっと自由に設定することができます．これはほかの目的，例えば交流安定化電源などに応用できそうです．

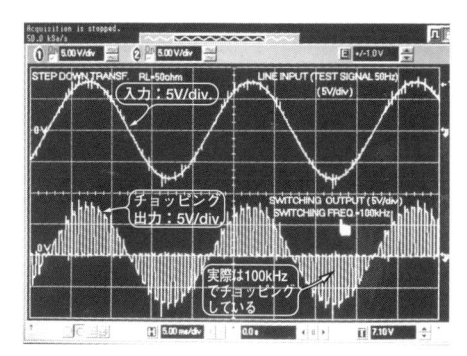

[写真 7-1] 50Hz，20 V_{P-P} の入力信号によるチョッピング動作の確認（上：5 V/div., 下：5 V/div., 5 ms/div.）
50 Hz の入力信号は 100 kHz でチョッピングされた波形になる

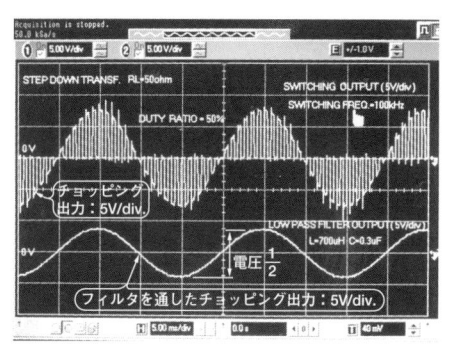

[写真 7-2] チョッピング出力をローパス・フィルタで平滑する（上：5 V/div., 下：5 V/div., 5 ms/div.）
ローパス・フィルタを通すとデューティ比が 50 % なので入力の半分の電圧出力になる

| 7-3 | 絶縁ゲート・ドライブ回路の設計 |

ここで設計する電子式トランスは商用ACラインの電圧を制御するわけですから，ドライブ回路の絶縁が欠かせません．絶縁を行うにはフォト・カプラあるいは絶縁トランスを利用する方法があります．はじめは広範囲な出力電圧を得るためにPWMデューティ比の制限のないフォト・カプラによる回路を検討しましたが，部品点数が多くなり実用的ではないと判断しました．

● パルス・トランスによる絶縁ゲート・ドライブ回路

そこでパワーMOSのゲート・ドライブ回路として，ゲート・ドライブに必要な電力を伝送できるパルス・トランス方式を検討することにしました．電圧制御のためのPWMデューティ比は回路仕様からほぼ50％なので，20～80％程度まで実用できれば良いと考えました．アナログ・スイッチ駆動用の絶縁ゲート・ドライブ回路の構成を図7-11に示します．パルス・トランスは第4章，表4-1に紹介した日本パルス工業㈱のTF-C1を使います．

この絶縁ゲート・ドライブ回路はスイッチング・レギュレータ制御ICでドライブします．ここではアナログ・スイッチが図7-8に示したようにハイ・サイドとロー・サイドの2系統必要ですから，2相出力をもったPWMコントロールIC μPC1909Cを使うことにしました．

図7-12に μPC1909Cの構成を示します．本来はアクティブ・クランプ型スイッチング・レギュレータを構成するためのICチップなのですが，回路機能的に便利なのでこのICを使うことにしました．

なお，パルス・トランスは直流信号を伝送できません．よってPWMコントロ

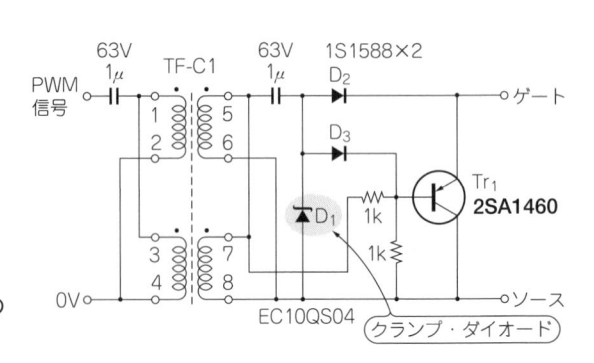

[図7-11] パルス・トランス方式の絶縁ゲート・ドライブ回路

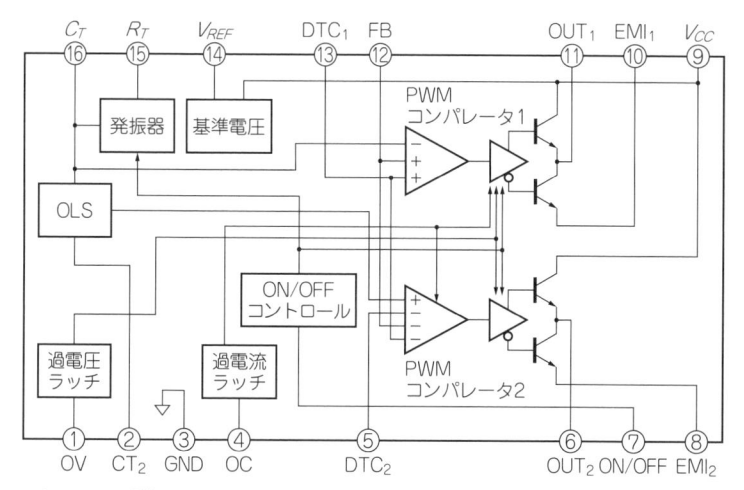

[図7-12]⁽¹¹⁾ スイッチング・レギュレータ用IC μPC1909Cの内部構成

ールICと絶縁ゲート・ドライブ回路との間は$1\,\mu\mathrm{F}$のコンデンサで結合します．また，2次側をクランプ・ダイオードD_1でクランプして，OFF時のロー・レベル（負電位）をほぼ$0\,\mathrm{V}$にシフトさせます．D_1は順方向電圧V_Fの小さなショットキ・ダイオードです．

D_2，D_3およびTr_1は，これにつながるパワーMOSのターン・オフ遅延を短縮するための放電回路で，第4章，**4-3節**で紹介しました．パルス・トランスの2次側からTr_1のベースに挿入した$1\,\mathrm{k}\Omega$の抵抗は，OFF時のスイッチング特性をさらに良くします．

● 実際のゲート・ドライブ波形

写真7-3は，ゲート・ドライブ回路の負荷にアナログ・スイッチ用パワーMOSを接続して観測した波形です．PWM信号はμPC1909Cからの$100\,\mathrm{kHz}$出力です．実際はこの後で製作する電子式ステップ・ダウン・トランス回路（**図7-13**）を使って測定しています．測定の都合でオシロスコープのグラウンドが共通になるので，ACライン入力は加えず，外部電源で$+12\,\mathrm{V}$を加えて波形を観測しました．

上のトレースは回路**図7-11**にあるパルス・トランスの2次側出力波形です．デューティ比が73％のとき，OFF時のレベルが$-6\,\mathrm{V}$までシフトしています．

下のトレースはクランプ・ダイオードD_1の両端の電圧波形です．波形はほぼゼロ・レベルにクランプされています．もちろんデューティ比を10％から90％近く

7-3 絶縁ゲート・ドライブ回路の設計

[写真7-3] 絶縁ゲート・ドライブ回路のパルス・トランス出力とクランプ出力(上：5 V/div., 下：5 V/div., 2 μs/div.)
トランスの2次側出力は負にシフトしているが、クランプ・ダイオード D_1 でゼロ・レベルは維持される

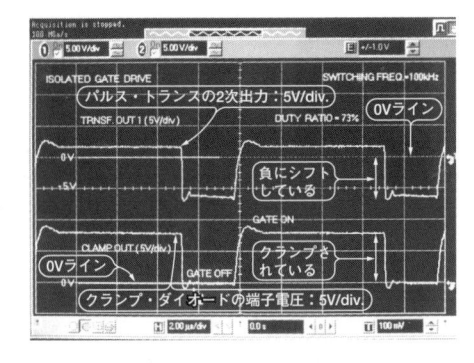

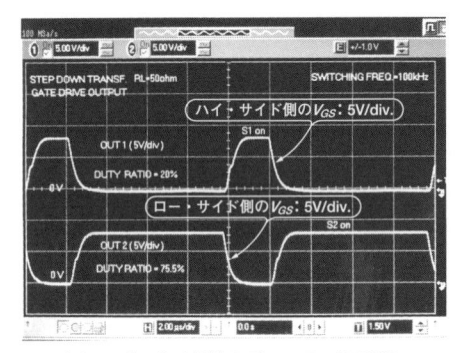

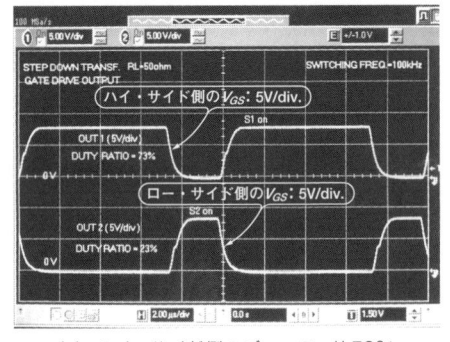

(a) ハイ・サイド側のデューティ比20%　　(b) ハイ・サイド側のデューティ比73%

[写真7-4] 絶縁ゲート・ドライブ回路のドライブ波形
(上：5 V/div., 下：5 V/div., 2 μs/div.)

まで変化させてもゼロ・レベルは維持されます．

写真7-4(a)は，実際のパワーMOSの V_{GS} 波形です．上のトレースがハイ・サイド側，下のトレースがロー・サイド側で，ハイ・サイド側のデューティ比を20%に設定しています．使用しているパワーMOS IRFP22N50Aは500 V・22 A・277 Wタイプで入力容量 C_{iss} が3450 pFありますが，反転出力ドライブ波形のデューティ比が大きいにもかかわらず，良いドライブ波形が得られています．

写真7-4(b)は，写真7-4(a)の条件に加えて，ハイ・サイド側のデューティ比を73%と大きく設定した場合の波形です．ハイ・サイド側のデューティ比を50%より大きくしても，正しくレベル・シフトが行われています．

● PWM制御用IC … μPC1909CXのあらまし

ここで使用しているPWM制御用IC … μPC1909CXは本来はアクティブ・クラ

ンプ型と呼ばれるスイッチング電源の1次側制御用に使われる IC です．アクティブ・クランプというのはゼロ・ボルト・スイッチング動作を実現するための方式の一つですが，ここでは言及しません．制御出力は正出力および反転出力の2系統を備え，その PWM 出力デューティ比を外部抵抗器で設定することができます．電子式ステップ・ダウン・トランス回路では，この PWM 出力デューティ比可変の2系統反転出力を活用しています．

μPC1909CX の内部構成は**図 7-12** に示しました．メイン出力（OUT_1）は通常の PWM 出力，サブ・スイッチ出力（OUT_2）がアクティブ・クランプ用です．ここでは普通に OUT_1 をハイ・サイド側，OUT_2 をロー・サイド側に使用します．

μPC1909CX の主な端子の機能を簡単に説明しておきます．

▶ OV（1 ピン）

過電圧保護入力で，約 2.4 V のスレッショルド電圧をもつコンパレータ回路で構成されています．一度保護回路が働くと，電源電圧 V_{CC} が約 2 V 以下にならないと復帰できません．

▶ CT_2（2 ピン）

CT 端子波形をレベル・シフトして PWM コンパレータ 2 に与えます．シフト量は基準電圧端子 V_{ref} から抵抗を接続してデッド・タイムの設定を行います．

▶ OC（4 ピン）

過電流保護入力端子で，スレッショルド電圧は約 +210 mV です．約 200 μA の吐き出し電流が流れるので，RC フィルタ回路を挿入する場合には抵抗値の制限があります．通常 100 Ω 以下とします．

▶ DTC_2（5 ピン）

OUT_2 のデッド・タイム設定端子です．

▶ ON/OFF（7 ピン）

外部信号で出力を ON/OFF する端子です．使わないときは V_{ref} に接続します．

▶ FB（12 ピン）

PWM コンパレータ 1 および 2 のフィードバック入力です．FB 信号は対称三角波のピーク 3.5 V，ボトム 1.5 V と比較します．

▶ DTC_1（13 ピン）

OUT_1 の最大デューティ比（デッド・タイム）の設定と OUT_1 の最小デューティ比を決定します．

その他，詳細についてはデータ・シートを参照してください．

7-4　電子式ステップ・ダウン・トランスの試作と評価

● 動作のあらまし

図7-13に試作した電子式ステップ・ダウン・トランスの全回路図を示します．アナログ・スイッチをドライブする絶縁ゲート・ドライブ回路部は，図7-11に示した回路が2回路必要です．なお，AC 200 Vの入力ラインにはノーマル・モードのノイズ・フィルタ（$L=500\,\mu H$，$C=1\,\mu F$）を付加して，スイッチング周波数およびその高調波がACラインに逆流することを防止しています．

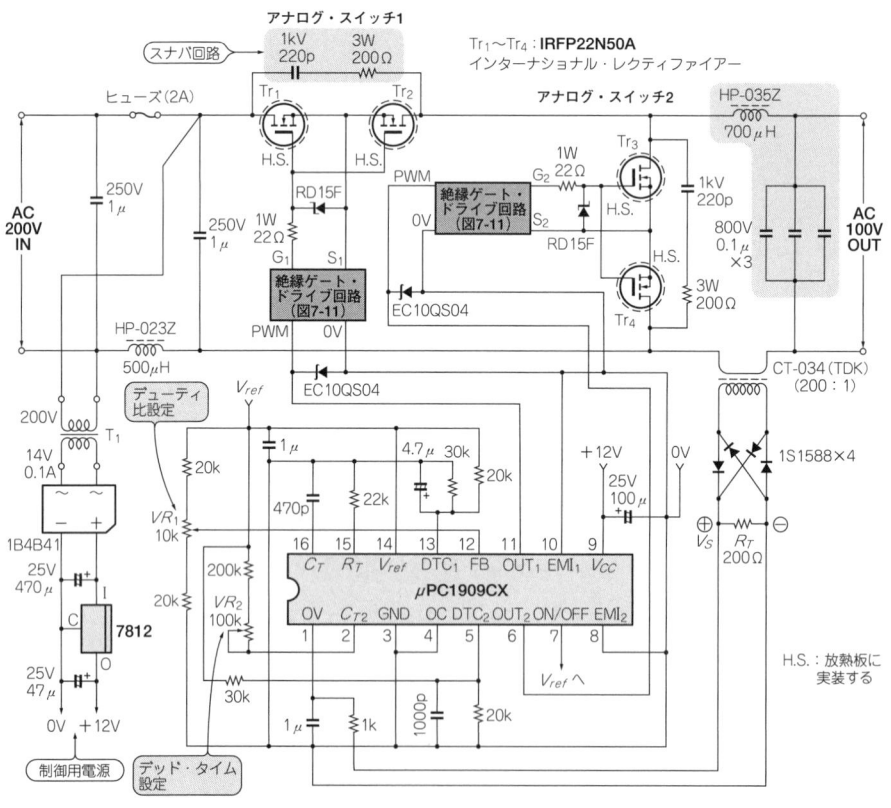

[図7-13] 試作した電子式ステップ・ダウン・トランスの回路
アナログ・スイッチとその絶縁ゲート・ドライブ回路によって構成し200 V-ACを100 V-ACに変換するもの

制御回路用の電源には，200 V：14 V（0.1 A）の小形電源トランスと3端子レギュレータで+12 Vの安定化電源を作っています．

　アナログ・スイッチとして使用するパワーMOSは負荷に何がつながるか負荷電力が未定なので，余裕をみてインターナショナル レクティファイアー社のIRFP22N50Aを使用しました．定格500 V・22 A，許容損失は277 W@T_A = 25 ℃です．スイッチング特性が優れており，オン・ディレイは26 ns，オフ・ディレイは47 nsですから，高速・大電力スイッチングに適しています．

　μPC1909CXは本来スイッチング電源コントロール用ICなので，FB端子を利用して帰還をかけて電圧を安定させることも可能ですが，回路が複雑になります．FB端子による帰還はかけずに，オープン・ループで動作させ，VR_1でPWM出力デューティ比を設定し，出力電圧を調整することにします．したがってAC入力ラインの電圧が変動すると，これに伴って出力電圧も変化します．

　デッド・タイムは各サイド2個のパワーMOSの同時ONによるシュート・スルーを避けるためのもので，VR_2で設定します．ドライブ回路やパワーMOSのスイッチング特性に依存するので抵抗値の設定には注意してください．

● 過電流保護回路はシャット・ダウン方式

　AC 100 V系の機器では，一般にAC 85 ～ 135 V程度の入力範囲を想定して電源回路を設計をしますが，過負荷になって出力電圧が低下し，85 Vを大きく下回ると負荷につながる機器の動作が不安定になります．

　試作する電子式ステップ・ダウン・トランスでは電圧安定化のためのコントロールは行っていませんので，出力電圧が一定以下になったらシャット・ダウンするように設計します．そのためにOV端子（過電圧保護）の機能を使うことにしました．

　μPC1909CXには過電流保護（OC）端子もありますが，この機能を使って電流を制限すると過負荷時に定電流モードとなって出力サイン波のピークが抑えられ，出力電圧が低下することになるので機能的に満足できません．

　過負荷はお馴染みのカレント・トランスCT-034を使用し，ACラインに対して絶縁したうえで検出します．電流を電圧に変換するときに全波整流し，200 Ωの電流-電圧変換抵抗R_Tで1 A_{peak}の電流を+1 Vに変換します．

　過電圧保護回路の動作電圧は約2.4 Vで，100 W負荷時のピーク電流は実測で約2 A_{peak}（検出電圧は+2 V）ですから，20 ％オーバの120 Wで過負荷動作するはずです．

　保護回路の動作が開始するときの負荷電力を大きくする場合は，電流-電圧変換

抵抗 R_T を小さく設定します．検出電圧 V_S は，カレント・トランス CT-034 の巻数比が 200：1 なので，$V_S = I_{peak} \cdot R_T / 200$ から，R_T を 50 Ω に変更すれば 8 A_{peak} を +2 V 検出に変換することができます．

● 出力フィルタの設計

　PWM スイッチング周波数が 100 kHz，通過させる信号周波数が 50/60 Hz ですから，出力段ローパス・フィルタの設計はあまり厳密である必要はありません．平均化が目的なので，オーソドックスな定 K 型 *LC* ローパス・フィルタにしました．50/60 Hz の商用電源周波数は減衰なく通過させ，スイッチング周波数の 100 kHz をできる限り減衰させます．

　しゃ断周波数 f_C を 10 kHz，特性インピーダンス Z_0 を 50 Ω（R = 100 V/2 A）とすると L と C それぞれの値は，

$$L = Z_0 / (2\pi f_C) \fallingdotseq 795\,\mu H \quad \cdots\cdots\cdots\cdots\cdots\cdots\cdots\cdots\cdots\cdots\cdots\cdots\cdots\cdots (7\text{-}5)$$
$$C = 1 / (2\pi f_C Z_0) \fallingdotseq 0.318\,\mu F \quad \cdots\cdots\cdots\cdots\cdots\cdots\cdots\cdots\cdots\cdots\cdots (7\text{-}6)$$

と計算できますが，使用する部品の都合で，これらの値に近い，$L = 700\,\mu H$，$C = 0.3\,\mu F$ を選択しました．

● AC 入力ライン側にもフィルタが必要

　試作した電子式ステップ・ダウン・トランスは，AC ラインを直接スイッチングします．したがって，スイッチング・ノイズは AC 入力ラインに逆流します．この逆流はできるだけ抑えなければなりませんが，レベルは雑音端子電圧として管理します．雑音端子電圧を小さくするには，一般的に使われているコモン・モード・フィルタのほかに，ノーマル・モード・ノイズを大きく減衰できる *LC* フィルタが必要です．これはスイッチング電源の力率改善を行うための PFC … Power Factor Control 回路の場合と同じです．

　ノーマル・モード・フィルタとしては π 型フィルタが適しています．コンデンサ C の値はスイッチング周波数 f_{SW} = 100 kHz でのリアクタンス $X_C = 1/(2\pi f_{SW} C)$ が数 Ω のオーダとなるように設計しますが，静電容量を大きくしすぎると，コンデンサに流れる電流が増加して好ましくありません．

● 各部の動作波形を確認するには

　安全に動作を確認するには AC 200 V を入力する前に，200 V：14 V の電源トランス T_1 を切り離して，外部から直流電源で +12 V を与え，AC 200 V の代わりに

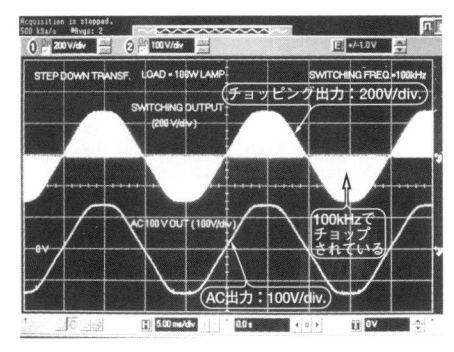

[写真 7-5] AC 200 V を入力したときのチョッピング波形と出力電圧(上：200 V/div., 下：100 V/div., 5 ms/div.)
上の波形は AC 200 V が 100 kHz でチョッピングされている

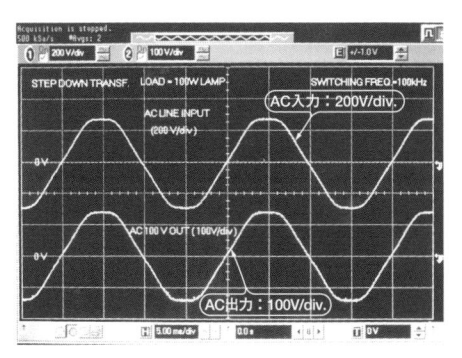

[写真 7-6] AC 200 V ラインの入力と出力電圧 (上：200 V/div., 下：100 V/div., 5 ms/div.)
AC 200 V ライン入力と出力 AC 100 V は電圧だけが PWM デューティ比 50 %のため半分になっている

正弦波発振器などから 50 Hz (60 Hz)，20 V_{P-P} の信号を入力します．

最初に，アナログ・スイッチ 1 の V_{GS} をオシロスコープで波形観測し，PWM デューティ比と ON/OFF のレベルなどを確認します．次に絶縁ゲート・ドライブ回路の S_1 出力を見てチョッピング動作が正しく行われているか確認し，最後にローパス・フィルタ出力電圧が入力電圧の約 1/2 になっているかを確認します．

写真 7-5 は AC 200 V を入力し，100 V 出力側の負荷として 100 W の白熱電球を 1 個接続したときの，チョッピング出力波形とローパス出力(つまり AC 100 V 出力)波形です．

チョッピング波形は 100 kHz のスイッチング周波数で動作し，時間軸 5 ms/div. では白く塗りつぶされたようにしか見えません．AC 100 V 出力波形のピークが少しつぶれていますが，これは AC 200 V ラインの入力波形も同様に少しつぶれている(**写真 7-6**)ためです．

● デッド・タイムの設定

電子式ステップダウン・トランスは，PWM 制御による**ハーフ・ブリッジ**のスイッチング回路です．しかし，出力側にローパス・フィルタがあります．アナログ・スイッチ 2 が OFF してから ON するまでの時間が長いと，ローパス・フィルタ用インダクタの端子電圧が大きく跳ね上がります．また，デッド・タイムが長いとインダクタによる電圧の跳ね上がりによって見かけの PWM デューティ比が小さくなり，出力電圧が低下します．

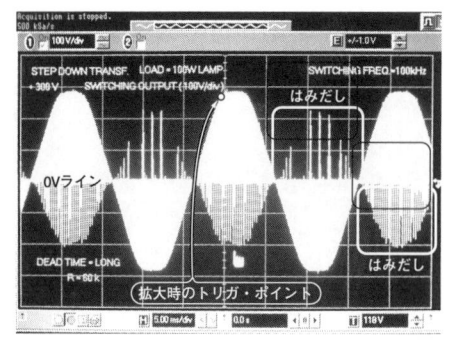

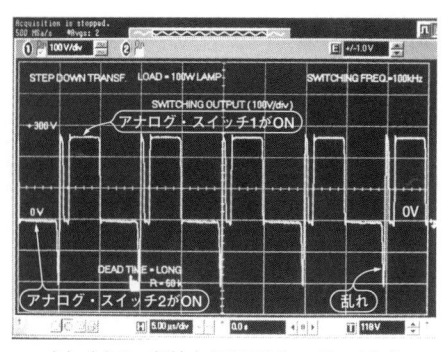

(a) ノーマル(100V/div, 5ms/div)
デッド・タイムを長くしたときのチョッピング出力(100V/div., 5ms/div.)

(b) (a)の一部拡大(100V/div., 5μs/div.)

[写真7-7] デッド・タイム設定時間を長くしたときのチョッピング波形

　写真7-7(a)はデッド・タイム設定時間を故意に長くしたときのチョッピング波形です．インダクタによる跳ね上がりによって波形が0Vラインからはみ出し，正と負側で差が出ています．負荷電力が大きくなるにしたがい，この跳ね返り電圧が増加するので，定格最大負荷電力で跳ね上がりが生じないようにデッド・タイムを設定します．

　写真7-7(b)はこのようすを拡大したものです．トリガはAC入力のほぼピーク・ポイントでかけています．0Vラインはアナログ・スイッチ2がONしているタイミングで，アナログ・スイッチ2のOFFからアナログ・スイッチ1のONまでの時間，つまりデッド・タイムは約2μsです．波形の乱れは，ゲート・ドライブ回路，パワーMOSのスイッチング特性によるもので，μPC1909CXの出力が乱れているわけではありません．この乱れは細いパルスが発生し，正側が+280V(入力信号のピーク値でクランプ)，負側が-200Vです．

　写真7-8は，100W負荷において跳ね返りが生じないように，デッド・タイムを最適に調整したときのμPC1909CXのOUT_1とOUT_2の出力波形です．

● 応答性…ソフト・スタートが実現できている
　最後に試作した電子式ステップ・ダウン・トランスの入出力の応答特性を見てみましょう．写真7-9は負荷として100Wの白熱電球を接続してAC入力をON/OFFしたときの波形です．上のトレースは，AC 100V出力波形で，ACラインをONしてから約60ms経過後に立ち上がり，約150msで定常電圧100Vに達します．

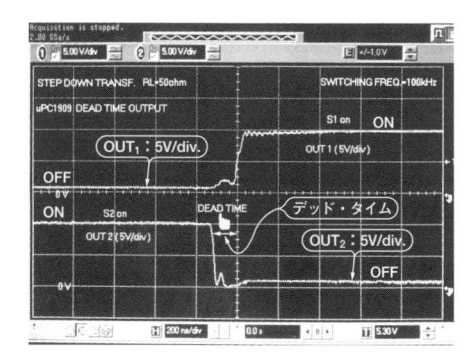

[写真 7-8] 最適デッド・タイムでのμPC1909CX の OUT₁ と OUT₂ の出力 (上：5 V/div., 下：5 V/div., 200 ns/div.)

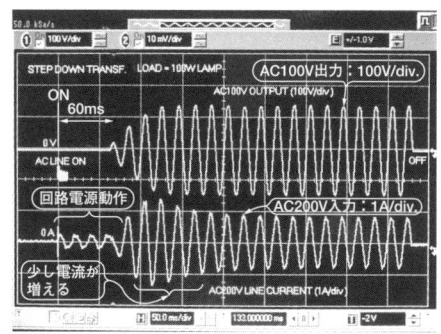

[写真 7-9] 電子式ステップ・ダウン・トランスの入出力の応答特性 (上：100 V/div., 下：1 A/div., 50 ms/div.)

　下のトレースは，AC 200 V ラインの入力電流波形です．出力が出始める前に電流が少し流れていますが，これはμPC1909CX の回路駆動のためのものです．電球負荷なので点灯するまでの間，電流が増えています．
　このようにソフト・スタートするので，電源スイッチを ON/OFF しても，**インラッシュ電流…突入電流**が流れることはありません．
　ここまでの実験によって電子式ステップダウン・トランスが比較的容易に製作できることが確認できました．駆動回路用電源の簡素化，カレント・トランスの省略，高性能化などを考えることで本格的なものに発展させることができます．そのためには他に，負荷に接続される機器によってはインラッシュ電流で過負荷動作しないかなどの検討が必要です．また，AC 200 V ラインに逆流する雑音端子電圧の評価も必要です．
　ステップ・ダウン型の交流安定化電源は，AC 100 V 出力を直流に変換して FB 端子に帰還をかけることで実現できます．別に誤差増幅器を設けることで出力可変の交流安定化電源も実現できそうです．

7-4 電子式ステップ・ダウン・トランスの試作と評価 | 189

第8章
12V・2.5A スイッチング電源の設計

パワー・スイッチング回路がもっとも多く利用されている応用分野は，スイッチング電源回路です．スイッチング電源は変換効率が高いため，電子機器用電源のほとんどに採用されています．この章ではパワーMOS応用の代表例として，スイッチング電源への適用実験を行います．

8-1　スイッチング電源を設計しよう

● 設計するスイッチング電源のあらまし

　ここで紹介するのはもっともオーソドックスなフォワード型コンバータと呼ばれるDC-DCコンバータです．

　製作するのはAC 100 V_{RMS}を整流，平滑した140 Vの直流電圧を入力し，フォワード型DC-DCコンバータでトランス絶縁し，12 Vの直流電圧に降圧します．スイッチング電源の主な仕様は次のとおりです．

- 入力電圧：DC 120～160 V
- 出力電圧：12 V（10.75～15.2 V 可変）
- 出力電流：2.5 A
- 出力電力：30 W

● スイッチング電源の種類

　スイッチング電源の対極にあたるアナログ電源，つまりドロッパ型の電源は，低ノイズ特性が必要な特殊な分野，例えばロー・ノイズ・アンプなどに代表される微小信号回路，高インピーダンス回路などに使用されているくらいです．

　スイッチング電源にはいろいろな種類・方式があり，代表的なものとしては次の4種類があります．

- フォワード方式

- 非絶縁チョッパ方式(降圧)
- 非絶縁チョッパ方式(昇圧)
- フライバック方式

 ただし，スイッチング電源を原理から紹介するのは本書の目的ではありません．スイッチング電源の設計技術などの詳細については別の図書を参考にしてください．

● スイッチング電源の代表…フォワード方式の基本構成

 フォワード型コンバータ方式の基本回路を図8-1に示します．

 この基本回路はメインのスイッチング素子であるTr_1がONしているデューティ比に比例した出力電圧が得られることから，フォワード型コンバータと呼ばれています．出力電圧の制御は第7章でも紹介したPWM制御方式で，それによる出力電圧V_{out}は次式で決まります．

$$V_{out} = \frac{N_2}{N_1} \cdot \frac{t_{on}}{T} V_{in} \quad \cdots\cdots\cdots\cdots\cdots\cdots\cdots\cdots\cdots\cdots\cdots\cdots\cdots\cdots (8\text{-}1)$$

ただし，
　N_1：スイッチング・トランスの1次巻き数
　N_2：スイッチング・トランスの2次巻き数
　t_{on}：パワーMOSのオン時間
　T　：パワーMOSのスイッチング周期

 この式からわかるように，出力電圧がパワーMOSのスイッチング周期TとON時間t_{on}の比(t_{on}/T)…デューティ比で決まります．図8-1に示すPWM IC…スイッチング電源用コントローラICが式(8-1)のデューティ比(t_{on}/T)を制御して，出力電圧V_{out}を一定に保つ働きをします．

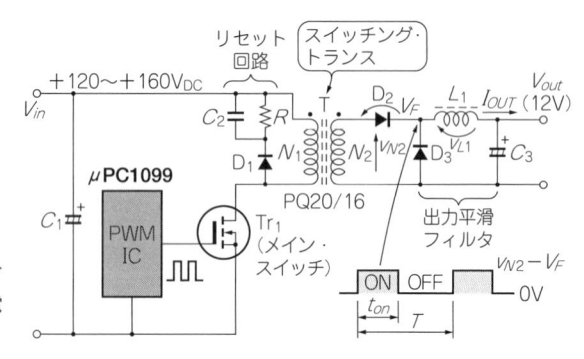

[図8-1] フォワード型コンバータの基本回路
この電源回路はメインのスイッチング素子がONしている時間に比例した電圧を出力する

この電源回路は，メインのスイッチ素子 Tr_1 の負荷にトランス T を使用しています(**スイッチング・トランス**という)．そのため入力と出力を絶縁することができます．また出力電圧は，トランスの 1 次側と 2 次側の巻き数比によって変更できますので，自由度の高い設計が可能です．

　スイッチング・トランス T として利用できるのは**フェライト・コア**です．スイッチングは 100 kHz 程度ですので，トランスはフェライト・コアのデータシートを参照しながら自分で設計して巻き線を行います．2 次巻き線の巻き数は，必要とする出力電圧 V_{out} に，ダイオード D_2 の順方向電圧 V_F，平滑チョーク・コイル L_1 の直流抵抗分による電圧降下 V_{L1} を加算して決めます．詳しくは「スイッチング・トランスの製作」で後述します．

　スイッチング・トランス T の 1 次側にあるリセット回路は，トランスが**磁気飽和**を起こさないように Tr_1 の OFF 期間に放出するためのものです．

　出力電圧が高く，出力電流の小さいスイッチング電源の場合は，ダイオード D_2 の順方向電圧 V_F やコイル L_1 の直流抵抗分の電圧降下 V_{L1} を無視してかまいません．しかし，今日の CPU 用電源に代表される低電圧・大電流のスイッチング電源では，高効率特性が重要視されており，とくにダイオードの順方向電圧 V_F をいかに小さくするかが重要になっています．最近は，整流ダイオードを使う代わりに，パワー MOS を使用した**同期整流回路**が主流になってきました．同期整流については第 4 章 Column 7 (p.105) を参照してください．

8-2　12 V・2.5 A フォワード型スイッチング電源の設計

● 設計する電源回路のあらまし

　設計した 12 V・2.5 A フォワード型スイッチング電源の回路図を**図 8-2** に示します．この電源の出力電圧はある程度は可変できるようになっており，可変範囲は実測値で 10.75 〜 15.2 V です．

　スイッチング電源用には多くの制御用の IC が市販されています．ここでは PWM 方式によるフォワード型コンバータ用によく利用されている日本電気製の μPC 1099CX (IC_1) を使います．構成を**図 8-3** に示しますが，この IC は**図 8-2** に示しているように，トランスの 1 次側 (AC 100 V 入力側) に配置することを前提に設計されています．**1 次側制御コントローラ…プライマリ・コントローラ**とも呼ばれています．

　1 次側制御コントローラは，電源投入直後のフィードバック端子 (IC_1 の 2 番ピン

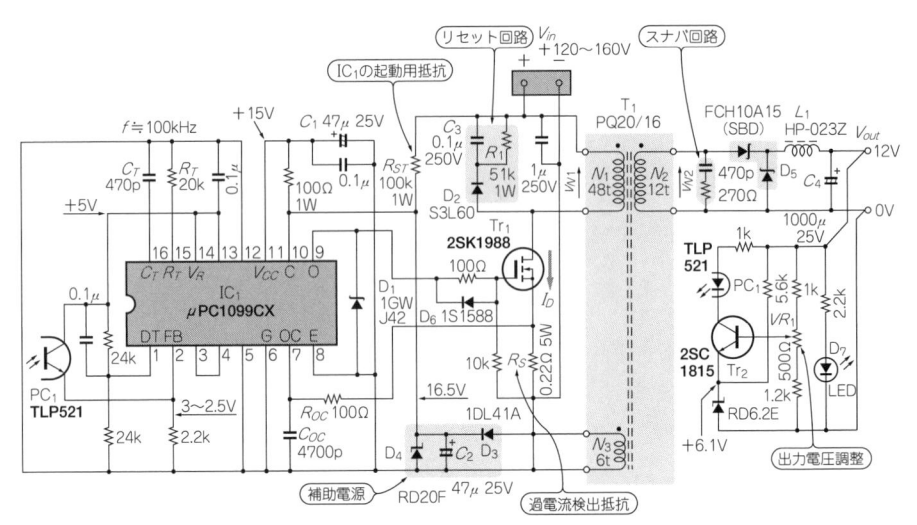

[図 8-2] 入力 120-160 V，12 V・2.5 A のフォワード型スイッチング電源回路
入力直流電圧約 140 V を PWM 方式により直流 12 V へ降圧する

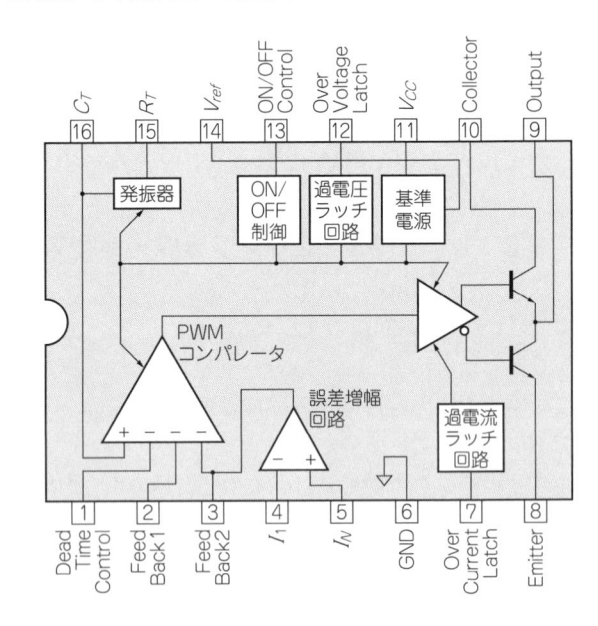

[図 8-3][12] スイッチング電源コントローラ μPC1099CX の構成

FB 端子)の電圧が低い(約 1.5 V 以下)間，出力信号のデューティ比が最大になるように動作します．そして 2 次側の出力電圧の上昇とともに FB 端子の電位が立ち上がり，約 3.5 V になると最小デューティ比で動作します．この FB 端子電圧と PWM

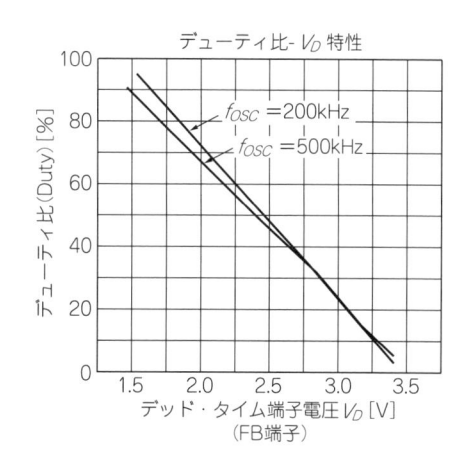

[図 8-4][(12)] μPC1099CX の FB 端子電圧と PWM 出力デューティの関係
この IC は FB 端子電圧が上がると PWM 出力デューティ比は小さくなる

出力デューティ比の関係を図 8-4 に示します．

電源を投入すると，コレクタ端子(10 番ピン C 端子)に接続された起動抵抗 R_{ST} から電源供給を受けて起動し，内蔵の発振回路が動作してパワー MOS (Tr_1, 2SK1988) を駆動します．いったん起動すると，R_{ST} では電源電流を供給しきれないので，スイッチング・トランス T_1 の補助電源用巻き線 N_3 の出力信号を整流・平滑した直流電源 16.5V の供給を受けて，定常動作に移行します．補助巻き線の出力信号は，IC_1 自身が Tr_1 を ON/OFF して生成しています．IC_1 は，自分で自分の電源を供給しながら動作するのです．この制御用 IC，μPC1099CX はスタンバイ電流が $200 \mu A_{max}$ と小さいため，補助電源や起動回路を簡素化できます．

μPC1099CX に内蔵されている 3 番，4 番，5 番ピンの誤差増幅器(EA)，13 番ピンの出力 ON/OFF 制御，12 番ピンの過電圧ラッチ回路(OVL)は使用しません．OVL はいったんラッチすると自動的に復帰しませんから，これも使用しません．過電流ラッチ回路(OCL)は，7 番端子の入力電圧が +220 mV または -210 mV を越えると動作します．

● 電源コントローラの周辺回路
▶ スイッチング周波数

PWM 制御のためのスイッチング周波数(三角波発振周波数)は制御用 IC，μPC 1099CX の 16 番ピン C_T 端子と 15 番ピン R_T 端子で設定します．ここでは発振周波数を 100 kHz としましたので，C_T = 470 pF，R_T = 20 kΩ となります．この周波数を高くするとトランスなどの小形化が可能になります．しかし，使用するトランスのコア材の周波数特性やメイン・スイッチ Tr_1 のスイッチング損失の増大から

限界があります．

▶ 最大デューティ比

　出力電圧はメイン・スイッチ Tr_1 のデューティ比で決まります．デューティ比を大きくすると出力電圧は最大で入力電圧（ここでは 140 V）近くまで上げることができそうです．しかし，実際にはそうなりません．トランスが飽和してしまう可能性があるからです．そのため 1 次側制御コントローラでは，PWM の最大デューティ比を制限して，トランスが飽和に至らないようにしています．この回路の最大デューティ比は，制御用 IC μPC1099CX の DT 端子電圧を約 2.5 V に設定して約 50％ に制限します．50％ 以上に設定すると，トランスの励磁エネルギが完全にリセットできなくなる可能性があります．

Column 12

スイッチング電源のその他の回路方式

スイッチング電源にはフォワード方式の他に次のようなものがあります．

● 非絶縁チョッパ方式（降圧）の基本的な回路構成

　この方式は電圧を下げるときの DC-DC コンバータによく使用されています．回路構成を図 8-A に示します．パワー MOS が ON したときに，平滑コイル L に電流が流れ，OFF したときにダイオード D が導通して OFF で示す方向に電流が流れます．出力電圧 V_{OUT} は入力電圧 V_{IN} にデューティ比を掛けた電圧になります．つまり，入力電圧 V_{IN} が 140 V で PWM デューティ比 50％ でスイッチングするなら，出力電圧 V_{OUT} は 70 V になります．

● 非絶縁チョッパ方式（昇圧）の基本的な回路構成

　この方式は電圧を上げるための回路で，原理的に入力電圧 V_{IN} より低い電圧を出力することはできません．回路構成を図 8-B に示します．パワー MOS が ON したとき平滑コイル L にエネルギが蓄えられ，OFF したときにダイオード D に電流が流れます．出力電圧はオフ・デューティ比（1－オン・デューティ比）で入力電

[図 8-A] 非絶縁チョッパ方式（降圧）の基本回路
デューティ比に合わせて入力電圧が降圧され出力される

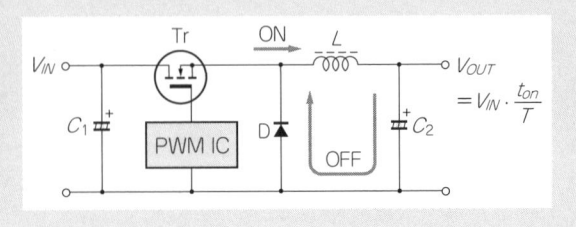

$$V_{OUT} = V_{IN} \cdot \frac{t_{on}}{T}$$

▶ 過電流検出回路

　この回路は過負荷時の保護として過電流を検出するものです．検出する電流値は1次側で，Tr_1 のソースに接続した抵抗 R_S で 1 A（= 0.22/R_S）に設定します．R_S = **過電流検出抵抗**は制御用 IC μPC1099CX のデータシートで示してある過電流感知電圧 0.22 V から 0.22 Ω になります．

　ただし，メイン・スイッチ Tr_1 のドレイン電流（I_D）が流れ出すときに生じるスパイク状のノイズによって誤動作しないように，抵抗 R_S 両端の電圧を導入する OC 端子には R_{OC}（100 Ω）と C_{OC}（4700 pF）によるローパス・フィルタを通して入力します．ローパス・フィルタがないと，もっと低いドレイン電流で OCL（過電流ラッチ回路）が動作する可能性があります．

圧 V_{IN} を割った電圧になります．つまり，入力電圧 V_{IN} 140 V のとき PWM デューティ比 75 % でスイッチングするなら，出力電圧 V_{OUT} は 140 V を 0.25（= 1 - 0.75）で割った 560 V になります．

● フライバック方式の基本的な回路構成

　フライバック方式はフォワード方式のようにトランスを使用しますが，極性を反転して接続します．回路構成を図 8-C 示します．パワー MOS が ON したときトランスの 1 次側インダクタンスにエネルギが蓄えられ，OFF のときにトランスの二次巻き線 N_2 により，ダイオード D に電流が流れます．出力電圧はデューティ比とトランスの巻き線比に応じた電圧になります．

[図 8-B] 非絶縁チョッパ方式（昇圧）の基本的な回路構成
デューティ比に合わせて入力電圧より高い電圧が出力される

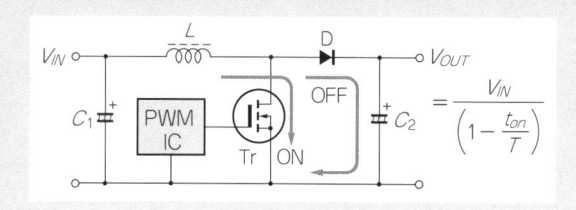

$$V_{OUT} = \frac{V_{IN}}{\left(1 - \dfrac{t_{on}}{T}\right)}$$

[図 8-C] フライバック方式の基本的な回路構成
デューティ比とトランスの巻き線比に応じた電圧を出力できる

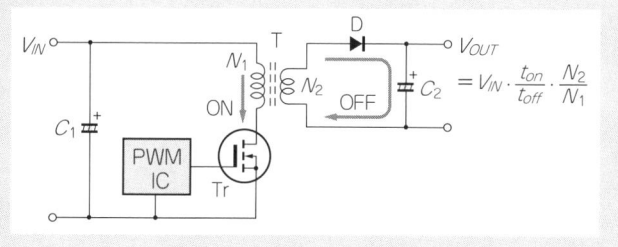

$$V_{OUT} = V_{IN} \cdot \frac{t_{on}}{t_{off}} \cdot \frac{N_2}{N_1}$$

R_{OC} の値は，OC 端子の吐き出し電流の制限から 100 Ω 以下が適当です．C_{OC} は過電流時のゲート・ドライブ波形を観測して決めます．

▶ 起動抵抗 R_{ST}

1 次側制御方式のスイッチング電源では，直流の入力電圧から起動抵抗 R_{ST} を介して IC_1（制御用 IC μPC1099CX）を起動します．値は 200 kΩ でも動作しますが，IC_1 の 11 番ピン電源端子に挿入するコンデンサ（C_1）の容量（47 μF）が大きいと起動時間が長くなるので，100 kΩ としました．

▶ IC_1 の補助電源回路

補助電源は制御用 IC μPC1099CX のための電源となります．この IC 自ら発振することにより補助電源電圧を発生します．このときのシーケンスは起動抵抗 R_{ST} により IC_1（制御用 IC μPC1099CX）が起動し，メイン・スイッチ Tr_1 のスイッチングが始まると，補助電源巻き線 N_3 に電圧 16.5 V が発生します．この電圧の正のピーク電圧を D_3 と C_2 で整流・平滑して，IC_1 の補助電源を作ります．ツェナ・ダイオード D_4 RD20F は補助電源電圧を一定の 20 V にするためのものではなく，20 V 以上にならないようにするクランプ・ダイオードの役目をします．

▶ トランスのリセット回路

この回路はトランスの励磁電流による蓄積エネルギの放出操作（リセット）を行います．スイッチング電源におけるスイッチング・トランス T_1 では，トランスが磁気飽和を起こさないように注意する必要があります．そのためにメイン・スイッチ Tr_1 の ON 期間（t_{on}）にスイッチング・トランス T_1 の巻き線に蓄えられたエネルギは，Tr_1 の OFF 期間に放出しきる必要があります．

スイッチング周波数が 100 kHz，スイッチング最大デューティ比が 50 ％のときの $t_{on(\max)}$ は 5 μs です．この期間にトランス 1 次巻き線（インダクタンス値 L_P = 8.2 mH）に流れる最大励磁電流 $i_{LP(\max)}$ は，次式から 98 mA です．

$$i_{LP(\max)} = \frac{t_{on(\max)} V_{in}}{L_P} = \frac{5 \times 10^{-6} \times 160}{8.2 \times 10^{-3}} \fallingdotseq 98 \, \text{mA}$$

リセット回路は 1 次巻き線間に置くダイオード D_2，抵抗 R_1，コンデンサ C_3 の回路で構成し，Tr_1 の ON 時に 1 次巻き線に蓄えられた励磁エネルギを Tr_1 の OFF 時に吸収します．時定数 $C_3 R_1$ は，入力電圧とリセット電圧がほぼ等しくなるように選定します．

▶ パワー MOS Tr_1

メイン・スイッチング素子は，2SK1988（450 V・2.5 A 日本電気）を使用しました．ドレイン-ソース間の耐圧は最大入力電圧 160 V の 2.5 ～ 3 倍必要です．ドレイン電

流の定格は，余裕をみて2A以上あればよいでしょう．これは後出の**写真8-7**：過負荷動作の実験結果でわかります．

▶ 整流ダイオード D_5

2次整流回路のダイオードには，できるだけ損失を小さくするため，順方向電圧 V_F の小さな**ショットキ・バリア・ダイオード**を使用します．ここでは2チップを1パッケージにしたFCH10A15（日本インター）を使用します．

▶ 平滑用チョーク・コイル L_1

スイッチング・トランスを経て，整流した後の波形は半波整流したような波形です．きれいな直流にするには平滑用チョーク・コイルが欠かせません．このチョーク・コイルのインダクタンス値 L_1 は，最大出力電流の数％から最大30％程度のリプル電流が流れるように設計しますが，厳密に求める必要はありません．L_1 が大きいほどリプル電流が小さくてよいのですが，性能だけ求めると形状が大きくなり不経済です．

L_1 の値は，例えばリプル電流 I_{ripple} が最大出力電流(2.5 A)の5％になるように設定(=0.125 A)し，PWMスイッチングの最大オン時間 $t_{on(max)}$ を $5\mu s$ とすれば，

$$L_1 = \frac{(V_{N2} - V_{out} + V_F)\, t_{on(max)}}{I_{ripple}} \fallingdotseq \frac{(V_{N2} - V_{out})\, t_{on(max)}}{I_{ripple}} \quad \cdots\cdots\cdots\cdots\cdots (8\text{-}2)$$

$$= \frac{15 \times 5 \times 10^{-6}}{0.125} = 600\,\mu H$$

ただし，
$\quad V_{N2}$：2次巻き線の出力電圧(30)[V]
$\quad V_{out}$：出力電圧(12)[V]
$\quad V_F$：D_5 の順方向電圧[V]

▶ 平滑コンデンサ C_4

平滑コンデンサの値は希望する出力応答特性や出力リプル電圧などによって決定します．出力リプル電圧は，平滑チョーク・コイルに流れるリプル電流と C_4 の**等価直列抵抗** ESR との積で求まります．なお，ここに使用する平滑用電解コンデンサは，使用しているスイッチング周波数100 kHzにおいて十分にESRの小さなものを選ぶ必要があります．

▶ 帰還回路

このスイッチング電源の出力電圧は，VR_1 の設定で決まります．これはスイッチング・トランスの2次側に用意した定電圧ダイオード(RD6.2E)とトランジスタ2SC1815への出力帰還電圧(ベース電圧)の差によって，フォト・カプラ(TLP521)

を動作させます．フォト・カプラを通して行う帰還回路は，IC_1（制御用 IC μPC 1099CX）に負帰還を施し出力電圧を決定します．回路の1次側と2次側の絶縁はフォト・カプラを使用し，フォト・カプラの LED 電流は約 1 mA で動作させます．

▶ スナバ回路

スナバ回路はメイン・スイッチ Tr_1 の ON 時に発生する逆起電力を吸収するためのもので，抵抗とコンデンサを直列にしています．

8-3　スイッチング・トランスの製作

● コアの種類と巻き数

▶ コアの形状と材質

「トランスを巻く」ことを経験している方は少ないかもしれません．しかし，高周波用トランスは巻き数が少なくて済むので，やってみると案外簡単なものです．ここでは出力電力が 30 W（= 12 V・2.5 A）なので，TDK 社 PQ シリーズのコアの中でもっとも小さい形状の PQ20/16（**写真 8-1**）を選びました．材質は PC44 というフェライト・コアです．図 8-5 に PQ コアの仕様を示します．

▶ 1次巻き線の巻き数 N_1

図 8-5 から，コアの実効断面積 A_e は 62 mm^2 です．最大磁束密度 B_m は，コアの仕様に対して余裕を見て 200 mT としました．次式から入力最小電圧 120 V での巻き数は 48 回とします．

$$N_1 = \frac{1000 \times V_{in(\min)} \cdot t_{on(\max)}}{B_m A_e} = \frac{1000 \times 120 \times 5}{200 \times 62} \fallingdotseq 48 回$$

ただし，t_{on}：ON 時間 [μs]，B_m：磁束密度 [mT]，A_e：断面積 [mm^2]

▶ 2次巻き線の巻き数 N_2

2次巻き線の出力電圧 V_{N2} は，整流ダイオード D_5 や補助電源用巻き線 N_3 での損失電圧を考慮して 30 V 確保します．巻き数は，次式から 12 回と求まります．

[写真 8-1] フェライト・コア PQ20/16 シリーズ

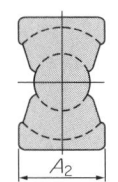

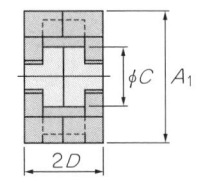

(a) 形状

形状	A_1 [mm]	A_2 [mm]	C [mm]	$2D$ [mm]	A_e [mm^2]	l_e [mm]	重量 [g]
PQ20/16	20.5 ± 0.4	14 ± 0.4	8.8 ± 0.2	16.2 ± 0.2	62	37.4	13
PQ20/20	20.5 ± 0.4	14 ± 0.4	8.8 ± 0.2	20.2 ± 0.2	62	45.4	15
PQ26/20	26.5 ± 0.45	19 ± 0.45	12 ± 0.2	20.15 ± 0.25	119	46.3	31
PQ26/25	26.5 ± 0.45	19 ± 0.45	12 ± 0.2	24.75 ± 0.25	118	55.5	36
PQ32/20	32 ± 0.5	22 ± 0.5	13.45 ± 0.25	20.55 ± 0.25	170	55.5	42
PQ32/30	32 ± 0.5	22 ± 0.5	13.45 ± 0.25	30.35 ± 0.25	161	74.6	55
PQ35/35	35.1 ± 0.6	26 ± 0.5	14.35 ± 0.25	34.75 ± 0.25	196	87.9	73
PQ40/40	40.5 ± 0.9	28 ± 0.6	14.9 ± 0.5	39.75 ± 0.25	201	101.9	95
PQ50/50	50 ± 0.7	32 ± 0.6	20 ± 0.35	49.95 ± 0.25	328	113	195

(b) 外形寸法など

[図 8-5][13] フェライト・コア PQ シリーズの仕様

$$N_2 = \frac{1000 \times V_{N2(\min)} \cdot t_{on(\max)}}{B_m A_e} = \frac{1000 \times 30 \times 5}{200 \times 62} \fallingdotseq 12 回$$

次のように，1 次側と 2 次側の電圧比からも求めることができます．

$$N_2 = \frac{N_2 V_{N2}}{V_{in(\min)}} = \frac{48 \times 30}{120} = 12 回$$

▶ 補助電源用巻き線 N_3

補助電源は，ダイオード 1 個(D_3)で作る簡単なピーク整流回路です．Tr_1 が ON したとき，約 +15 V_{peak} の電圧があれば OK です．したがって，巻き数は N_2 の 1/2 の 6 回とします．

● 各巻き線の特性

製作したスイッチング・トランスの各巻き線の自己インダクタンスとコイルのクオリティ・ファクタ Q を，周波数 10 kHz で測定してみました．

$N_1 = \phi 0.3$，48 回巻き：$L_P = 8.2$ mH，$Q = 63$
$N_2 = \phi 0.6$，12 回巻き：$L_2 = 522 \mu$H，$Q = 62$
$N_3 = \phi 0.3$，6 回巻き：$L_3 = 132 \mu$H，$Q = 46$

この結果からわかるように，巻き線のインダクタンスは巻き数比の2乗に比例します．

● コアが磁気飽和するとトランスのインダクタンスが激減する

スイッチング・トランスを設計するとき，もっとも注意する必要があるのは，コアの磁気飽和です．磁気回路を含むインダクタに電圧を加えると電流 i_{N1} が流れ始め，その電流は次式にしたがって直線的に上昇します．

$$i_{N1} = \frac{V_{in}t_{on}}{L_P} \quad \cdots\cdots\cdots\cdots\cdots\cdots\cdots\cdots\cdots\cdots\cdots\cdots\cdots\cdots\cdots\cdots\cdots (8\text{-}3)$$

ただし，L_P：スイッチング・トランスの1次巻き線のインダクタンス

しかし電流が一定以上大きくなると，コアが磁気飽和を起こしてしまいます．するとコアのインダクタンス L_P が低下して電流が急増します．ここで設計するスイッチング・トランスにおいて考えるなら，最大入力電圧 160 V，最大オン時間 5 µs のときに磁気飽和してはいけません．

前述の巻き数の算出時は，最大磁束密度 B_m = 200 mT として十分な余裕をもたせましたが，念のため確認してみることにしましょう．

図 8-6 の回路で，1次巻き線にパルス・ジェネレータ PG でパルス幅を 1 µs から少しずつ変えながら，励磁電流を流してみます．確認する場所は，カレント・プローブ CP で計測する巻き線に流れる電流…ドレイン電流とドレイン電圧の関係です．

写真 8-2 に図 8-6 の回路における Tr_1 のドレイン電圧 V_{DS} とドレイン電流 I_D の変化のようすを示します．I_D つまりトランスに流れる電流は，パルス幅が 6 µs までは直線的に増加していますが，それ以降は磁気飽和が始まって湾曲しています．この測定からスイッチング周波数 100 kHz でデューティ比 50 % = Tr_1 最大オン時間 5 µs 以下では，トランスの磁気飽和はないことがわかります．

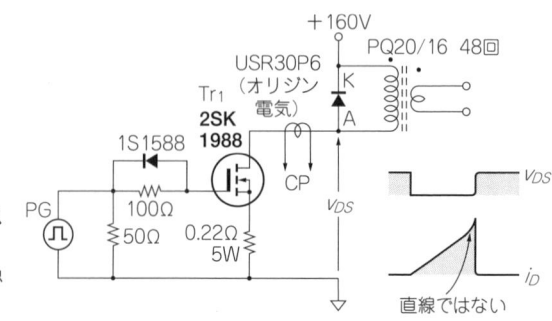

[図 8-6] 1次巻き線の磁気飽和テスト回路
磁気飽和はドレイン電流を観測すると急に増加するので確認できる

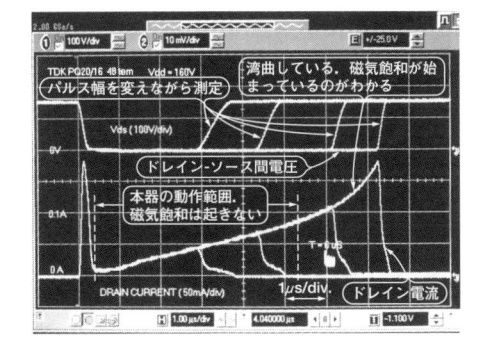

[写真8-2] スイッチング・トランスの磁気飽和の確認(上：100 V/div., 下：50 mA/div., 1 μs/div.)
パルス幅を長くするとドレイン電流が湾曲するので磁気飽和が始まっていることがわかる

● 使用したコア材の特性

　大きなインダクタンスをもつスイッチング・トランスを作るには，巻き数を増やすことと，透磁率の高いコアを使用することです．しかし，図8-7に示すように透磁率は周波数が高くなると低下します．つまり，周波数が高いほどスイッチング・トランスのインダクタンスが小さくなり，いわゆるクオリティ・ファクタ Q が低下します．

　この特性を確認するために，コア材に数ターン巻き線して，Q の周波数特性を測定してみました(図8-8)．

　TDKのPQ20/16，PC44材に $\phi 0.6$ のホルマル線を5回巻いたスイッチング・トランスのインダクタンスと Q の周波数特性結果を見ると，高い周波数になると Q

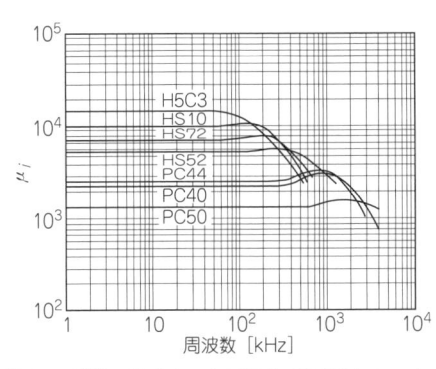

[図8-7][13] 透磁率 μ と周波数の関係(PC44を使用)
周波数が高いほど，スイッチング・トランスのインダクタンスが小さくなりクオリティ・ファクタ Q が低下してしまう

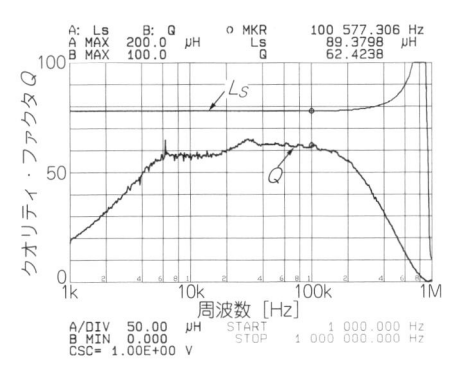

[図8-8] スイッチング・トランスのインダクタンスと Q の周波数特性
インダクタンスと Q の周波数特性結果を見ると，高い周波数になると特性が低下しており，スイッチング周波数を上げられない理由の一つになっている

が低下していることがわかります.スイッチング・トランスを小型化するためには,スイッチング周波数を上げる必要がありますが,コア材の周波数特性を考慮すると限界があることがわかります.パワー MOS のスイッチング損失の増大も,スイッチング周波数を上げられない理由の一つです.

8-4　各部の動作波形観測と評価

● パワー MOS の V_{DS} と I_D 波形を見る

　どんな回路でも,試作品が完成したら各動作が設計どおりかを確認することが重要です.回路図(**図 8-2**)のスイッチング電源を製作したら,すぐに特性を測定するのではなく,まずメイン・スイッチ Tr_1 2SK1988 のドレイン-ソース間電圧 V_{DS} とドレイン電流波形 I_D が,設計どおりになっているかを確認します.

　PWM スイッチングのデューティ比は入力電圧最小(120 V)よりマージンを見て 110 V で,出力電流最大(2.5 A)の条件において,40 〜 45 ％程度になっているかどうかも確認します.

　写真 8-3 は定格動作時の Tr_1 の V_{DS} と I_D を示します.Tr_1 の V_{DS} は,V_{in} のほぼ 2 倍の 240 V に跳ね上がりますが,リセット回路で放電されて,5 μs 以内に入力電圧の 110 V に戻っています.Tr_1 の I_D は,ゲート-ソース間が ON した直後は約 0.6 A 流れ(負荷電流に比例),その後に励磁電流が流れ始めて,約 5 μs 後に 0.7 A に達しています.

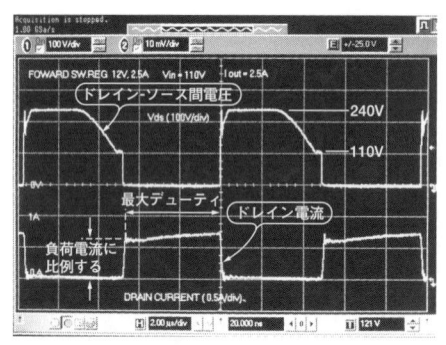

[写真 8-3] 入力電圧最小(120 V)よりマージンを見た 110 V で,出力電流最大(2.5 A)のときの Tr_1 のドレイン-ソース間電圧波形とドレイン電流波形(上：100 V/div., 下：0.5 A/div., 2 μs/div.)

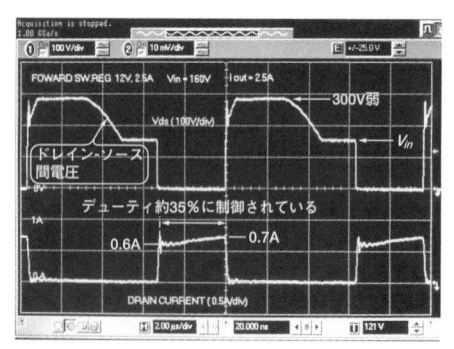

[写真 8-4] 入力電圧最大(160 V),出力電流最大(2.5 A)のときの Tr_1 のドレイン-ソース間電圧波形とドレイン電流波形(上：100 V/div., 下：0.5 A/div., 2 μs/div.)

次に最大入力電圧(160 V)を与えて，デューティ比が小さくなることを確認します．その結果を**写真 8-4**に示します．デューティ比が約 35 ％に制御されていることがわかります．V_{DS} は 300 V 近くまで跳ね上がるので，パワー MOS の耐圧に注意します(ここで使用しているパワー MOS 2SK1988 の V_{DSS} は 450 V)．

● 無負荷時の Tr_1 の V_{DS} と I_D

フォワード型スイッチング電源は負荷電流がすごく小さい，あるいはゼロという状態では，スイッチング電源回路としての制御が不能になり，間欠動作状態に入ることがあります．**写真 8-5** は図 8-2 において無負荷時の Tr_1 の V_{DS} と I_D の波形です．

負荷電流がゼロのとき，Tr_1 が ON している時間は 1 μs 以下で，I_D はほとんど流れていません．動作がやや不安定になっていますが，このような状態を**間欠動作**といいます．

間欠動作をなくすためには，負荷電流がゼロにならないように出力端子に本来必要のない抵抗を接続して，常に電流を流しておく必要があります．この電源では出力状態の表示を兼ねて，LED(D_7)を接続して常時電流が流れるようにしてあります．

● スイッチング・トランス T_1 の 2 次巻き線出力と L_1 に流れる電流

つぎにトランス 2 次巻き線の出力電圧波形と，平滑チョーク・コイルに流れる電

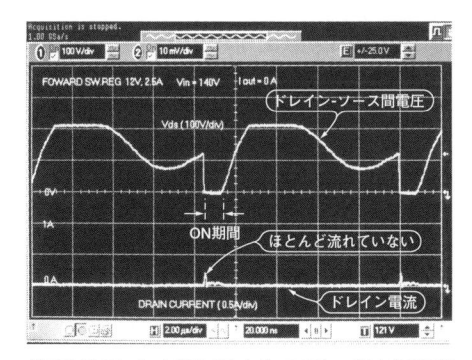

[写真 8-5] 入力電圧最大(140 V)，出力電流ゼロのときの Tr_1 のドレイン-ソース間電圧波形とドレイン電流波形(上：100 V/div.，下：0.5 A/div.，2 μs/div.)
負荷電流が小さかったり，負荷電流がゼロの動作状態では動作不安定になるので，出力状態の表示を兼ねて，LED を接続し電流を流している

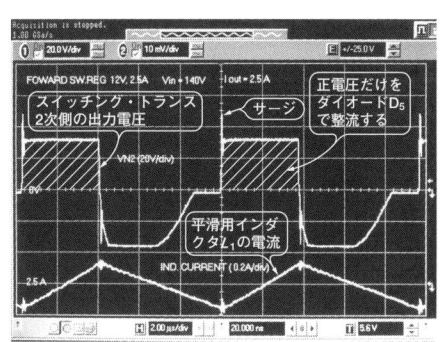

[写真 8-6] 2 次巻き線電圧波形と平滑チョーク・コイル L_1 に流れる電流波形(上：20 V/div.，下：0.2 A/div.，2 μs/div.)
スイッチング・トランスの 2 次巻き線の正出力のみダイオードで整流する

流波形を測定してみます．**写真 8-6** は 2 次巻き線電圧波形 V_{N2} と平滑チョーク・コイル L_1 に流れる電流波形を示します．電流波形は AC 結合して測定したものです．

2 次巻き線出力電圧 V_{N2} の電圧振幅は巻き数比に比例しており，メイン・スイッチ Tr_1 のドレイン電圧波形を位相反転したような波形です．Tr_1 が ON したときに発生しているサージ電圧は，スナバ回路によって消費すれば取り除けますが，安易に行うと損失が増えます．ノイズや変換効率との兼ね合いで決定します．平滑チョーク・コイル L_1 に流れるリプル電流は約 125 mA_{P-P} で，2 次負荷電流の 5 ％に相当します．

● 過負荷時の Tr_1 の V_{DS} と I_D

写真 8-2 からわかるように，定格最大負荷時に流れるメイン・スイッチ Tr_1 の最大ドレイン電流は約 0.7 A です．そこで第 5 章 **5-4 節** で述べたように，過負荷時の保護として，IC_1（制御用 IC μPC1099CX）の過電流検出電流を約 1 A に設定しました．

実際に試作した電源の負荷として電子負荷装置で，4 A の定電流を流して過負荷状態にしたときの，Tr_1 のゲート-ソース間電圧波形 V_{GS} とドレイン電流 I_D の波形を測定してみました．**写真 8-7** に波形を示します．

過電流ラッチ回路は過負荷のスレッショルド電流を 1 A に設定したとおりの動作をしており，IC_1 はオン時間 t_{on} を約 1 μs に制限しています．過電流検出端子（IC_1 の OC）の入力に接続したローパス・フィルタの時定数を短くすれば，t_{on} を短縮することができますが，過負荷時の動作が不安定になります．

● 出力ノイズ波形

試作したスイッチング電源は，とくにはノイズ対策というものを行っていません．

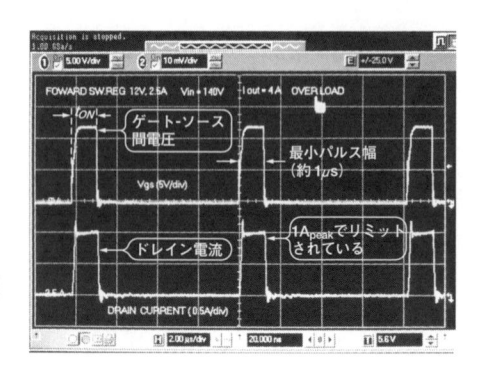

[写真 8-7] 過負荷時の Tr_1 のゲート-ソース間電圧波形とドレイン電流波形（上：5 V/div.，下：0.5 A/div.，2 μs/div.）

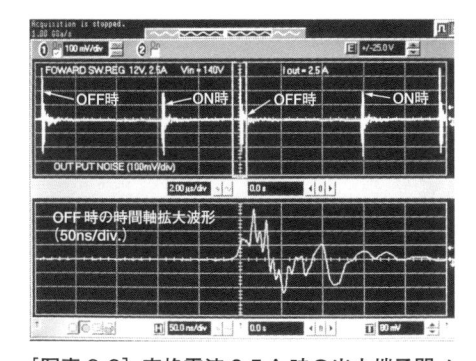

[写真 8-8] 定格電流 2.5 A 時の出力端子間ノイズ波形（上：100mV/div., 2μs/div., 100 mV/div., 50 ns/div.）

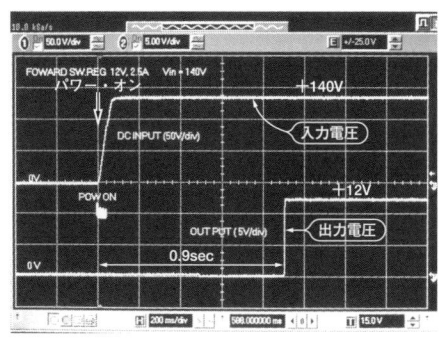

[写真 8-9] 電源投入時の出力応答（上：50 V/div., 下：5 V/div., 200 ms/div.）
直流入力電圧を 0 → 140 V に立ち上げると，約 0.9 秒遅れて出力電圧が立ち上がっている

そういう状態での出力波形を測定してみます．写真 8-8 が定格出力時の出力ノイズ波形です．

定格最大負荷時の波形ですが出力端子間のノイズ電圧波形がわかります．対策をしていないせいもありますが，メイン・スイッチ…パワー MOS の Tr_1 が ON/OFF するときに，リンギング状のノイズを発生しています．画面下側の波形は OFF 時のノイズを拡大掃引したものです．

● 出力応答波形

電源を入れてから出力電圧がどのくらいで応答するか測定してみましょう．写真 8-9 に応答特性を示しますが，直流入力電圧を 0 ～ 140 V に立ち上げたときの入力電圧と，12 V 出力端子電圧の波形です．パワー・オンしてから，約 0.9 秒遅れて出力電圧が立ち上がります．このように応答時間が遅れるのは，起動用抵抗 R_{ST}（100 kΩ）と，回路電源に挿入したコンデンサ（C_1 と C_2）の時定数によるものです．1 次側にコントローラをおいた 1 次側制御…プライマリ・コントロール方式電源の一つの特徴として覚えておくとよいでしょう．

パワー MOS FET 活用の基礎と実際

第9章

力率補正付き0～100V・2A電源の設計

この章では特徴のあるスイッチング電源の設計例として，出力電圧を0～100Vまで可変できるスイッチング電源を設計・試作します．AC100V入力ラインを高調波でひずませないように，力率補正(PFC)回路も組み込みます．

9-1　設計する電圧可変型スイッチング電源のあらまし

● 出力電圧を可変できるようにするには

電子機器に組み込まれているスイッチング電源の多くは，出力電圧固定(若干の調整は可能)の電源です．しかし，ヒータやモータなどのパワー回路において電力を制御するとき，0Vから最大まで出力電圧を連続可変できる高効率なスイッチング電源があると便利です．

一般の電源回路の構成は図9-1に示すように，出力電圧 V_O は，

$$V_O = V_{ref} \frac{(R_1 + R_2)}{R_2} \quad \cdots\cdots\cdots\cdots\cdots\cdots\cdots\cdots\cdots\cdots\cdots\cdots\cdots\cdots (9\text{-}1)$$

で示され，基準電圧 V_{ref} と出力電圧を抵抗分割した電圧で比較しています．

出力電圧の可変は抵抗分割比を可変抵抗器で調節しますが，この方法では基準電圧 V_{ref} 以下に下げることができません(一般の3端子レギュレータも同じ構成)．出力電圧を0Vから可変するためには，誤差増幅器(EA)に与える基準電圧を固定の V_{ref} ではなく，0～任意電圧 V_C として与えます．

PWM方式で出力電圧をゼロとするには，図9-2に示すようにPWMデューティ比を限りなく0%に近づける必要があります．しかし，これはスイッチング周波数が高いほど難しくなります．また，電力を制御するセットの実状として，出力電力0W(出力電圧0V)付近を使用することもあまりありません．

したがって，可変する出力電圧の下限は必ずしもきっちり0Vにする必要はあり

[図 9-1] 電圧固定型のスイッチング電源回路

$V_O = V_{ref}\left(\dfrac{R_1+R_2}{R_2}\right)$

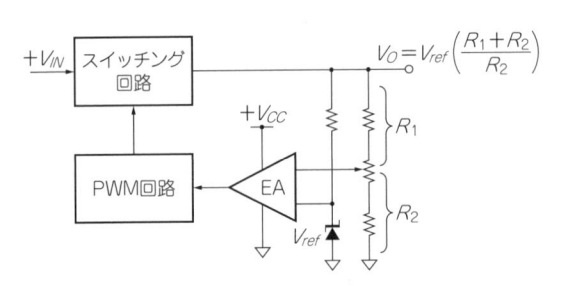

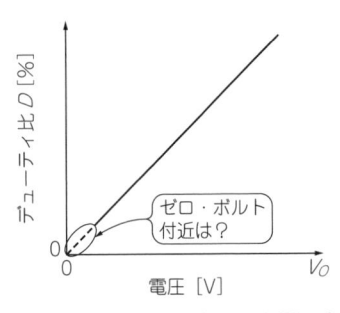

[図 9-2] PWM 方式で出力電圧をゼロにするのは難しい

ゼロ・ボルト付近は？

ません．実用上は 100 V の 5％(5 V)程度から精度よく出力できれば十分です．

● 可変電源構成のあらまし

図 9-3 が設計する可変電源のブロック図です．電源の仕様は，

　　入力電圧　　AC 100 V
　　直流出力電圧　0〜100 V
　　定格出力電流　2 A

というものです．ただし，この電源回路は AC 100 V ライン入力を直接整流・平滑する構成ですから，AC 100 V ライン入力の波形をひずませ，電源としての力率を悪くする可能性があります．

それを防ぐ目的で，設計する電源の AC 入力部には PFC (Power Factor Correction) と呼ぶ**力率補正回路**を組み込むことにしました．したがって，本電源のおおまかな構成は，PFC 付きプリレギュレータ＋絶縁型ハーフ・ブリッジ回路ということになります．

プリレギュレータは，入力の AC 電源 100 V を全波整流した最大値より高い電圧の一定出力電圧 V_{OH} にします．絶縁型ハーフ・ブリッジ回路では V_{OH} を入力として絶縁，降圧します．整流・平滑回路は降圧されたものを整流して DC 電圧を出力します．

プリレギュレータを含む PFC 回路はインダクタ L_1，ダイオード D，コンデンサ C_1 のブースト回路とパワー MOS Tr_1 によって構成し，入力 AC 100 V の全波整流電圧を一定出力 V_{OH} の約 +250 V にします．この電圧 V_{OH} は AC 入力が最大 135 V になることもあるので，AC 入力の最大値 $\sqrt{2}$ 倍に 10 V ほど加えた約 200 V より高い電圧の +250 V に変換します．この高電圧 V_{OH} は R_1 と R_2 で分圧し，PFC 回路へ

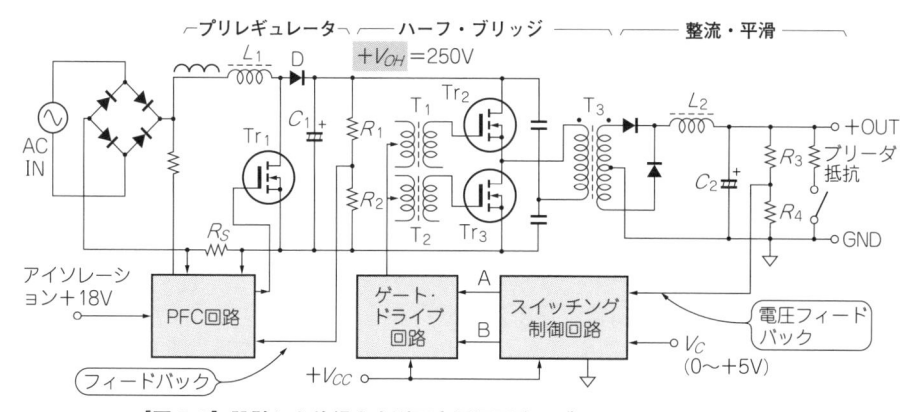

[図 9-3] 設計した絶縁出力型可変電源回路のブロック図
商用電源を整流・平滑して絶縁した直流出力電圧を 0 ～ 100 V まで可変する

フィードバックすることによって +250 V 一定電圧になるように制御します．また，PFC 回路へのアイソレーション電源は回路内の分離した補助電源回路から +18 V を供給します．

プリレギュレータ以降の降圧電源は，標準的なスイッチング電源回路であるフォワードまたはフライバック・コンバータ方式でもかまいません．しかし，このプリレギュレータでは必然的に出力電圧が高くなるので，パワー MOS Tr_2 と Tr_3 を 2 個使用したハーフ・ブリッジ出力回路にしました．これを出力トランス T_3 で絶縁します．

出力段の整流回路は全波のセンタ・タップ方式です．出力端子(+OUT)にはトランス T_3 の 2 次側から二つのダイオード，インダクタ L_2 とコンデンサ C_2 で整流・平滑された直流電圧を出力します．ただし，このような整流・平滑回路を可変電源に採用すると，電圧可変時の応答に問題がでます．

図 9-3 のスイッチング制御回路は，出力を抵抗 R_3，R_4 で分圧した電圧フィードバックと制御電圧 V_C を比較し，出力電圧(+OUT)が設定電圧になるよう制御を行います．制御電圧(=設定電圧)は，内部基準電圧または外部の接地電位を基準とする直流電圧(0 ～ +5 V)で行います．ゲート・ドライブ回路はこのスイッチング制御回路の 2 相出力(A，B)を入力して，ハーフ・ブリッジ出力回路をドライブします．ハーフ・ブリッジ出力回路はトランス T_1 と T_2 で絶縁したパワー MOS Tr_2 と Tr_3 で，出力トランス T_3 を負荷にして動作します．

なお，図 9-3 に示すような電圧可変型スイッチング電源では，出力に大きな平滑用コンデンサが入るため，出力電圧を下げるときにコンデンサを放電させる手段が

負荷とブリーダ抵抗しかありません．その結果，電圧可変における電圧応答が非常に遅くなってしまいます．

ここでは応答問題についても改善案を組み込んでいます．

9-2　PFC およびプリレギュレータの設計と評価

● PFC …パワー・ファクタ・コレクションとは

スイッチング電源は電力変換効率が高いのが最大の特徴です．しかし，商用のAC電圧を全波整流し，利用するタイプのスイッチング電源では大きな問題が一つあります．

AC電圧を全波整流しコンデンサで平滑すると，コンデンサを充電するために流れる電流は正弦波ではありません．図 9-4 に示すような流通角の小さなパルス状の電流が流れます．この電流は急峻なパルス状ですので，ACラインの正弦波を歪ませ高調波ノイズを多く混入させてしまうのです．このような整流回路は一般的に**コンデンサ入力型整流回路**と呼ばれています．

ところで，電力を供給する側…電力会社から見た電子機器の電力利用効率の指標の一つに力率(Power Factor)PF と呼ぶものがあります．力率が悪いと，入力された**皮相電力**と出力される**有効電力**とに大きな違いがあるということです．

さて，このコンデンサ入力型整流回路において力率を測定すると 0.6 程度の小さな値になってしまいます．一般に力率 PF は，正弦波において入力の電圧と電流波形の位相差 $\cos\theta$ で表現しますが，位相差が $0°$($\cos\theta=1$)のとき，力率は 1.0 です．ACラインに流れる電流のピーク位相角は最大で 90°，負荷抵抗に流れる電流が増加すると流通角が広くなりますが，正弦波とは言えなくなります．そこで，コンデンサ入力型整流回路を持つスイッチング電源などでは力率が重要な課題となっています．

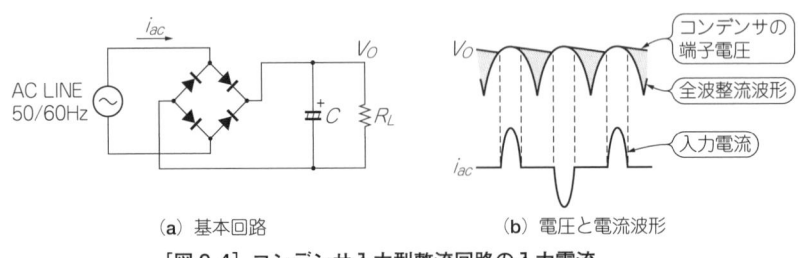

(a) 基本回路　　(b) 電圧と電流波形

[図 9-4] コンデンサ入力型整流回路の入力電流
コンデンサ負荷ではACラインにパルス状の電流が流れる

(a) 基本構成

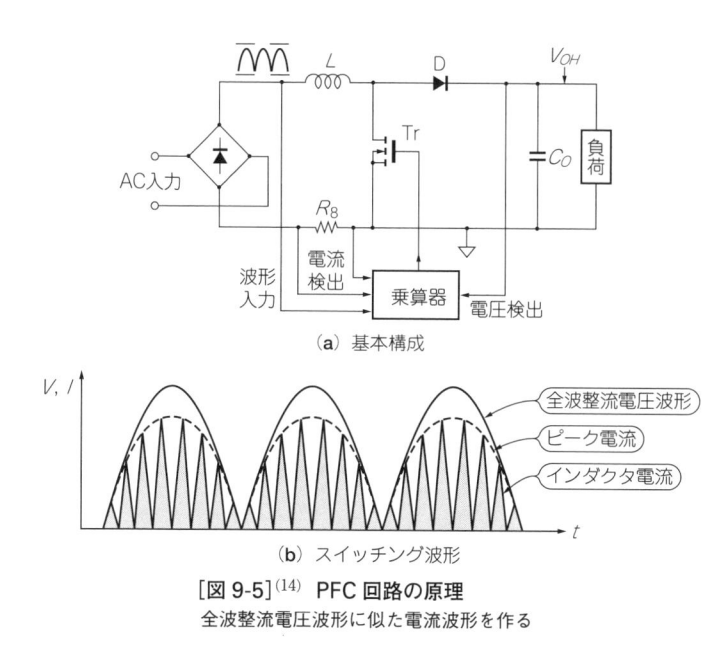

(b) スイッチング波形

[図 9-5][14] **PFC 回路の原理**
全波整流電圧波形に似た電流波形を作る

PFC（Power Factor Correction）とは，力率補正回路の略で，AC ラインに流れる電流を正弦波に近づけて，力率をほぼ"1"にする回路のことです．図 9-5 に PFC 回路の原理を示します．力率を 1 に近づけるには，PFC 回路はインダクタ L に流れる電流を検出して，全波整流した脈流電圧波形に似た電流波形になるように高速スイッチングを行います．

PFC 回路は高調波ノイズを抑えて，今日の高調波ノイズ規制を満足させる目的で多く採用されています．PFC 用 IC は各社から販売され，PFC 制御 IC のことを力率コントローラ… Power Factor Controller と呼んでいます．この IC に周辺素子を追加するだけで，容易に PFC 回路を実現することができます．ここでは PFC 制御 IC に TK83854（図 9-6）を使用しました．これは UC3854 のピン互換のセカンド・ソース IC です．

● **PFC およびプリレギュレータ周辺の設計**

図 9-7 が AC 入力と PFC およびプリレギュレータの構成です．この回路において，PFC 部は TK83854 によって，パワー MOS 2SK1522 のデューティ比を AC ラインの全波整流電圧波形に連動して，PWM 制御し電圧ブーストを実現しています．PFC 部はスイッチング素子，インダクタ L_2，ファースト・リカバリ・ダイオード

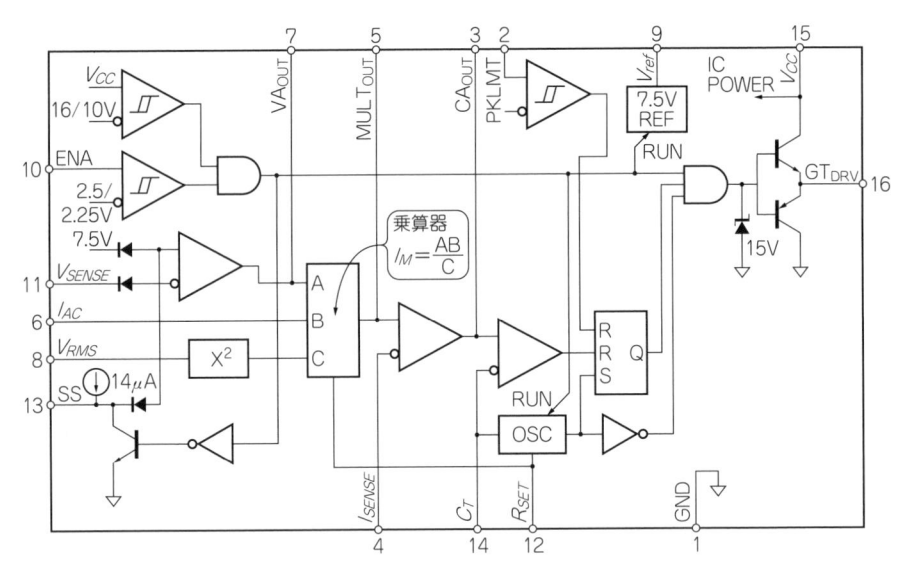

[図 9-6][(14)] PFC 制御 IC TK83854 の構成

FRD と平滑コンデンサによって AC 入力電圧のピークより高い電圧にブーストし，+250 V (V_{OH}) を出力します．

図 9-7 に示した PFC 回路において，吹き出し部分の主な項目について，動作と定数の設定について説明します．

設計する可変電源はワールド・ワイド向けではなく，100 V (110 V) 系に対応した設計を考えます．そこでプリレギュレータの出力電力 P_O = 200 W，入力電圧範囲を AC 85～135 V，出力電圧 V_{OH} は 250 V_{DC} として計算します．スイッチングを行う発振周波数は一般的な 100 kHz にしました．

▶ インダクタ L_2

スイッチング周波数を 100 kHz として，インダクタ L_2 の値を求めると，

$$L_2 = \frac{V_{INmin} D}{f_{SW} \Delta I} \quad \cdots\cdots (9\text{-}2)$$

ただし，V_{INmin}：最小入力電圧 (85 V)，D：最大デューティ比，
ΔI：リプル電流，f_{SW}：スイッチング周波数

ここで最大デューティ比 D はブースト比 (V_{INmin}/V_O) によって決まります．

$$D = 1 - \frac{V_{INmin}}{V_{OH}} = 1 - 0.34 = 0.66 \quad \cdots\cdots (9\text{-}3)$$

ただし，V_{OH}：出力電圧 (250 V)

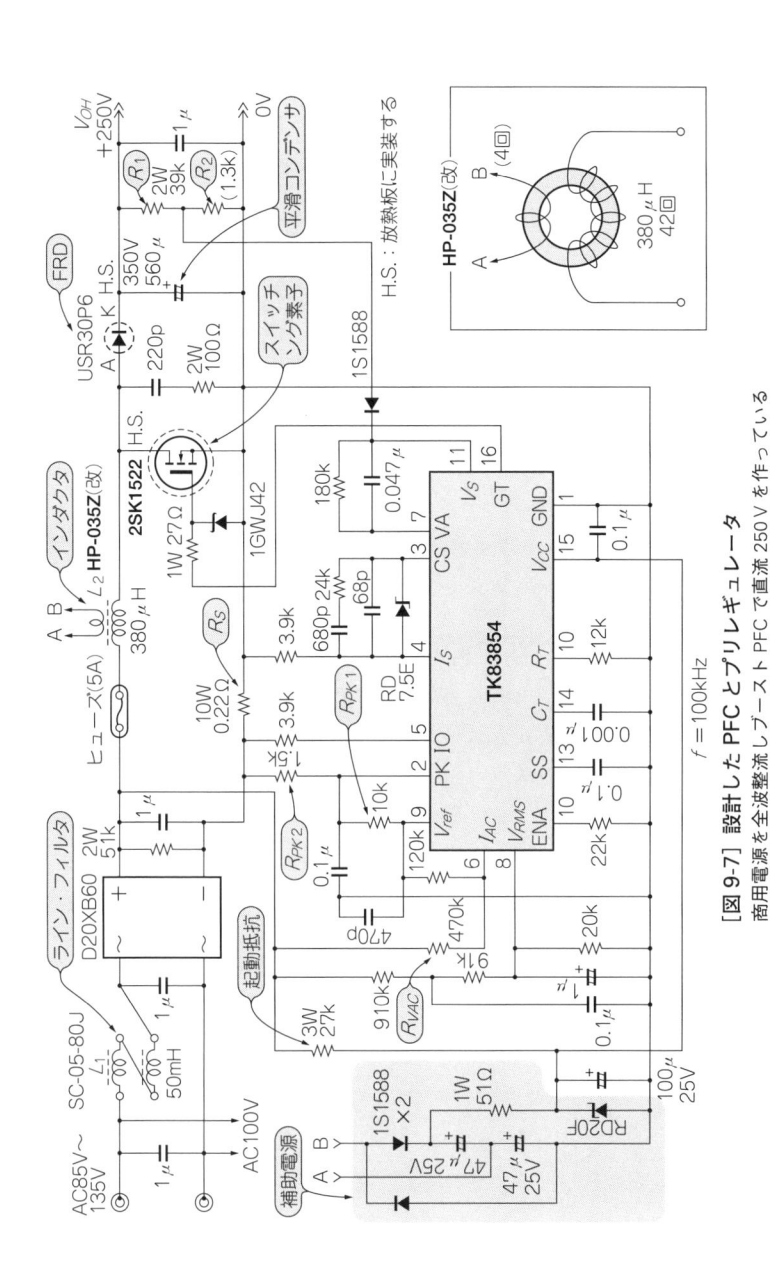

[図 9-7] 設計した PFC とプリレギュレータ
商用電源を全波整流しブースト PFC で直流 250V を作っている

ライン入力電流 $I_{L\text{peak}}$ は,

$$I_{L\text{peak}} = \frac{\sqrt{2} \cdot P_O}{V_{IN\text{min}}} = \frac{282}{85} \fallingdotseq 3.317\,\text{A} \quad \cdots\cdots\cdots\cdots\cdots\cdots\cdots (9\text{-}4)$$

ただし, P_O：出力電力(200 W)

インダクタに流れるリプル電流 ΔI は最大ライン電流の 20％程度が良いとされていますが，より低い AC 入力電圧に対応できるようにインダクタに流す電流を多めに設定します．ここでは $\Delta I = 1.32\,\text{A}_{\text{p-p}}$ とすると，インダクタ L_2 の値は次のようになります．

$$L_2 = \frac{85 \times 0.66}{100 \times 10^3 \times 1.32} = 425\,\mu\text{H} \quad \cdots\cdots\cdots\cdots\cdots\cdots\cdots (9\text{-}5)$$

インダクタ L_2 は NEC トーキン㈱の既製品…スイッチング電源用チョーク・コイル HP-035Z (**写真 9-1**) を使用しました．なお，このインダクタンスには大きなリプル電流 ΔI が流れるので，2 次巻き線を追加すればエネルギを絶縁して取り出すことができます．ここでは 2 次巻き線を 4 T 追加して，補助電源用に使用することにしました．

▶ 平滑コンデンサ

平滑コンデンサの静電容量は出力電力に比例した容量を選択します．1 W 当たり $2\,\mu\text{F}$ 程度が目安です．200 W 出力なので $560\,\mu\text{F}$，350 V を使用します．

▶ パワー MOS とファスト・リカバリ・ダイオード

スイッチング素子として使うパワー MOS の定格は，ドレイン-ソース間の耐電

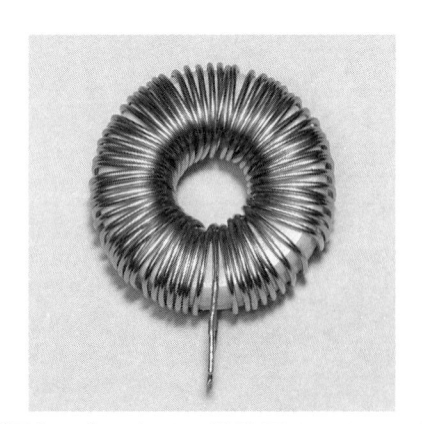

[写真 9-1] スイッチング電源用チョーク・コイル HP-035Z 〔NEC トーキン㈱〕
2 次巻き線を追加して使用

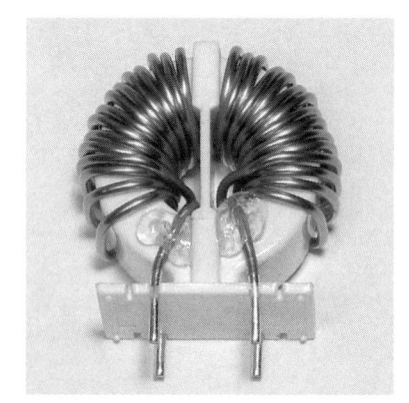

[写真 9-2] コモン・モード・チョーク SC-05-80J 〔NEC トーキン㈱〕
直列接続して使用

圧が出力電圧以上，ドレイン電流 I_D は最大ライン電流以上が必要です．使用した 2SK1522 は（V_{DSS} = 500 V，I_D = 50 A）でマージンを見過ぎた選択です．

ダイオードにはファスト・リカバリ・ダイオード（FRD）の USR30P6 を使用しました．

▶ ピーク電流制限抵抗 R_S，R_{PK1}，R_{PK2}

電流検出抵抗 R_S の両端に発生する電圧を約 +1 V とし，ライン・ピーク電流 I_{Lpeak} は先の計算で 3.317 A，これにインダクタ L_2 の脈流電流（I_{Lpeak} の 20 %）を加えると 3.98 A ですから，センス抵抗 R_S の値は，

$$R_S = 1\,\text{V}/3.98\,\text{A} \fallingdotseq 0.25\,\Omega \quad \cdots\cdots (9\text{-}6)$$

となります．入手しやすい 0.22 Ω（金属板抵抗器）としました．

過電流の制限電流値をとりあえず 4.5 A とすると，センス電圧 V_S は 0.22 Ω × 4.5 A = 0.99 V（負電位）となります．ピーク・リミット入力のスレッショルド電圧は 0 V ですから，抵抗分圧回路で正にバイアスしておきます．

基準電圧（7.5 V）を抵抗 R_{PK1} と R_{PK2} で分圧し，R_{PK1} を 10 kΩ とすれば，R_{PK2} の値は次式で求まります．

$$R_{PK2} = V_S \cdot \frac{R_{PK1}}{V_{ref}} = 1.32\,\text{k}\Omega \quad \cdots\cdots (9\text{-}7)$$

ただし，V_{ref}：基準電圧

R_{PK2} として 1.5 kΩ を使用すると，制限される電流値 I_{limit} は以下のとおりです．

$$I_{limt} = \frac{V_{ref} R_{PK2}}{(R_{PK1} + R_{PK2}) R_S}$$

$$= \frac{7.5 \times 1.5}{11.5 \times 0.22} \fallingdotseq 4.446\,\text{A} \quad \cdots\cdots (9\text{-}8)$$

▶ 乗算器の入力電流抵抗 R_{VAC}

PFC のために TK83854 には乗算回路が入っていますが，正弦波の入力電流（I_{AC} 端子）の推奨値は 400 µA です．設定抵抗 R_{VAC} の値は AC ラインの最大電圧が 135 V なのでピーク値は $\sqrt{2}$ 倍の +190 V，I_{AC} 端子の電圧が +6 V なので，以下のようになります．

$$R_{VAC} = (190\,\text{V} - 6\,\text{V})/400\,\mu\text{A} = 460\,\text{k}\Omega \quad \cdots\cdots (9\text{-}9)$$

また，基準電圧 V_{ref} からバイアスする抵抗値は $R_{VAC}/4$ = 115 kΩ として計算します．実際は 470 kΩ と 120 kΩ を使用しました．

▶ 補助電源回路について

PFC 制御 IC TK83854 には，全波整流回路の出力から起動抵抗で決まるスター

ト電流が流れます．抵抗 27 kΩ とコンデンサ 100 μF で決まる時定数で補助電源端子電圧が約 15 V 以上になる時間を経て発振動作を開始します．このソフト・スタート回路によって，スイッチング動作が始まります．発振が継続すると，その後はブースト・インダクタ L_2 に追加された 2 次巻き線を使った補助電源で IC への DC 電圧を供給し，PFC 制御回路の動作を持続します．2 次巻き線数は 1 次巻き線数の約 1/10 ですから，出力電圧は約 20 V です．

▶ AC ライン・フィルタ

AC をそのまま全波整流した波形をスイッチングするので，AC ラインには大きな高周波パルス電流が流れ，これが AC ラインにノイズとなって逆流してしまいます．この対策として，PFC 回路では一般のノイズ・フィルタのほかにノーマル・モードのフィルタが必要です．ここではノーマル・モード・ノイズへのしゃ断周波数を数 kHz とした LC フィルタ (50 mH×1 μF) を実現するために，トリッキですが，コモン・モード・フィルタ (AC ライン・フィルタ) を利用しています．コモン・モード・フィルタの二つのコイルを直列接続することで，4 倍のインダクタを実現しています．

写真 9-2 にここで使用したコモン・モード・フィルタ SC-05-80J を示します．直列接続するときの方向を間違えないように注意が必要です．

● PFC の出力電圧を制御するには

PFC 部の出力電圧 V_{OH} は，R_1 の 39 kΩ と R_2 の 1.3 kΩ で分圧された電圧と，PFC 制御 IC TK83854 内部の基準電圧 V_{ref} = 7.5 V が比較され，定電圧 (V_{OH} = + 250 V) を得ます．出力電圧 V_{OH} は，

$$V_{OH} = V_{ref} \frac{(R_1 + R_2)}{R_2} \quad \cdots\cdots\cdots\cdots\cdots\cdots\cdots\cdots\cdots\cdots\cdots\cdots\cdots\cdots (9\text{-}10)$$

で計算できます．電圧を正確に合わせたいときは，R_2 側を可変抵抗器とします．

● AC ラインの電圧・電流波形を測定すると

では試作した PFC 回路およびプリレギュレータにおける各部の動作波形を測定してみましょう．

PFC 回路各部の電圧・電流波形を観測するための負荷条件はまだ詳細に説明していませんが，後述する可変電源の制御部に負荷を接続して行います．負荷条件は制御電圧 V_C を 2 V にして，出力電圧を + 50 V，負荷抵抗は 50 Ω を接続します．これにより出力電流は 1 A となります．

写真9-3はPFC回路が機能している特徴を示すACラインの電圧と電流波形です. AC 100 Vライン波形は正弦波の頭がつぶれた形状で高調波を少し含んでいます.

一般的なコンデンサ入力型整流・平滑回路に流れるACライン電流は正弦波ではなくパルス状になっています. しかしPFC回路では電流波形は正弦波に近く, 高調波が少なくなっています. ライン電流波形をよく見ると, インダクタを約100 kHzでスイッチングしたときの平均電流が, ACラインに流れているように見えます. この対策のために, ACラインにはローパス・フィルタを挿入してスイッチング・ノイズを抑えます.

さらにACライン電流波形を注意深く見ると, ゼロ・クロス付近に「ひげ状」のノイズが観測できます. これはPFC制御IC内部のオフセット電圧によるものです.

写真9-4の上側トレースはスイッチング素子2SK1522のドレイン-ソース間電圧

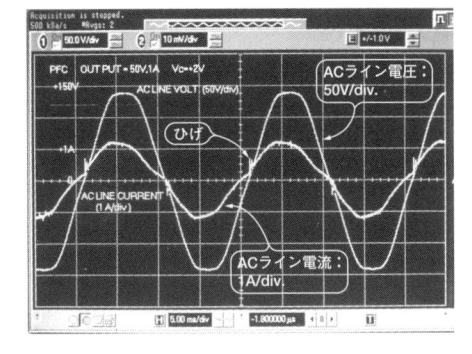

[写真9-3] ACラインの電圧と電流波形（電圧：50 V/div., 電流：1 A/div., 5 ms/div.）
観測したAC 100 Vライン波形は正弦波の頭がつぶれており高調波を少し含んでいた

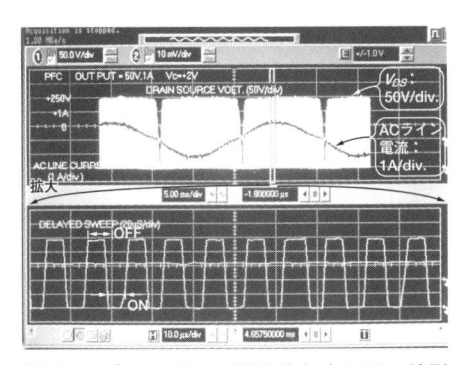

[写真9-4] ACライン電流最大時のV_{DS}波形 (50 V/div., 1 A/div., 上：5 ms/div., 下：10 μs/div.)
（下）ACライン電流の最大付近を拡大掃引

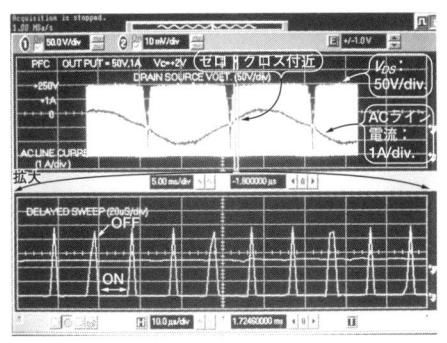

[写真9-5] ACライン電流0 AのときのV_{DS}波形 (50 V/div., 1 A/div., 上：5 ms/div., 下：10 μs/div.)
（下）ACライン電流の最小付近を拡大掃引

V_{DS} と AC ライン電流を測定したものです．下側トレースは V_{DS} 波形を AC ライン電流が最大となるタイミングで遅延掃引して拡大したものです．

ドレイン電圧波形は PFC 出力電圧 V_{OH} が＋250 V なので，ピークもほぼ同じ＋250 V です．ON/OFF するデューティ比が AC ラインの波形に合わせて変化(PWM)しているのがわかります．ゼロ・クロス付近は全波整流した電圧がゼロになるので，スイッチングしても電圧が現れない時間帯があります．

写真 9-5 の下側トレースは AC ライン電流のゼロ・クロス付近の動作波形です．平滑コンデンサに充電する OFF 時間が短くなっているのがわかります．

スイッチング回路に加えられる波形は，AC ライン周波数を全波整流した波形ですが，入力電圧が低いときオン・デューティ比が大きくなり，インダクタ L_2 によるフライバック効果で高電圧を発生しているのがわかります．

● ブースト・インダクタに流れる電流

写真 9-6 に示すのはスイッチング素子 2SK1522 のドレイン-ソース間電圧とブースト・インダクタ L_2 に流れる電流波形です．この写真は AC ライン電流のピーク・タイミングで波形を静止させています．

スイッチング素子が ON したときインダクタ L_2 に順方向の電流が流れ，OFF したときはファースト・リカバリ・ダイオード USR30P6 が導通してインダクタに電流が流れ，三角波電流波形を形成します．

写真 9-7 は AC ライン電流が最小となるタイミングで静止させたときの V_{DS} と

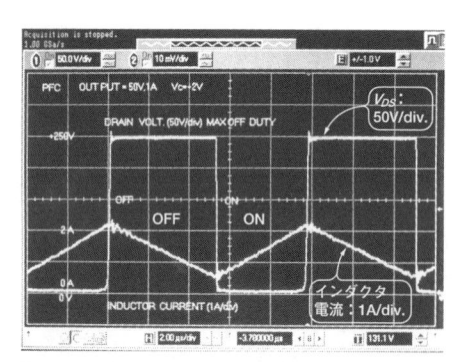

[写真 9-6] AC ライン電流最大時の V_{DS} 波形とインダクタへの電流（上：50 V/div., 下：1 A/div., 2 μs/div.）
インダクタへの電流は三角波を形成し，電圧は＋250 V にブーストされている

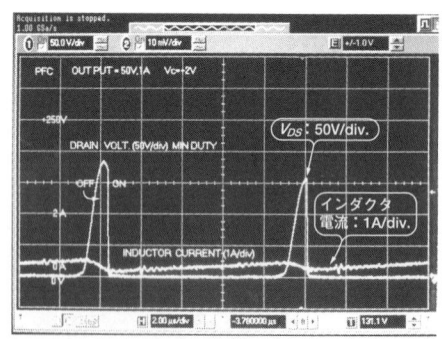

[写真 9-7] AC ライン電流最小時の V_{DS} 波形とインダクタへの電流（上：50 V/div., 下：1 A/div., 2 μs/div.）
インダクタへの電流もあまり流れず，電圧も＋250 V まで上昇していない

インダクタ L_2 に流れる電流波形です．このときはインダクタ L_2 に加わる電圧は低いので，ON 時に流れるインダクタへの電流は小さくなっています．ゼロ・クロス付近において OFF 時に発生するフライバック電圧は，当然ですが + 250 V に達していません．

次に負荷が軽くなったとき，つまり出力電圧が低く，出力電流が小さいときの波形を観測します．

写真 9-8 に示すのは AC ライン電流が最大で，軽負荷(25 V, 0.5 A)駆動時のドレイン-ソース間電圧 V_{DS} とインダクタに流れる電流波形です．インダクタに流れる電流は，軽負荷になったことから流れる電流も減少し，OFF 時に流れるダイオードへの電流が一部非連続になっています．

V_{DS} は OFF してから一定期間 + 250 V を維持しダイオードに電流を流していますが，平滑コンデンサに充電が終わると電圧が低下し始め，その後に大きく波打っているのがわかります．

写真 9-9 は，AC 100 V 電源を ON したときの PFC 出力電圧 V_{OH} の (+ 250 V) の応答波形です．負荷は出力電圧 50 V で 1 A 流れるように設定しています．AC 電源を ON すると平滑コンデンサの電圧は，直ちに 140 V ($\sqrt{2} \times 100$ V) まで充電されているのがわかります．

ところで電源 ON 時における突入電流は，PFC 回路ではコンデンサ入力型整流方式より小さいように思われますが，ここで紹介しているようなブースト型 PFC 回路では，インダクタ L_2，ダイオード USR30P6 を経由して平滑コンデンサを充電するので，やはり突入電流は流れます．

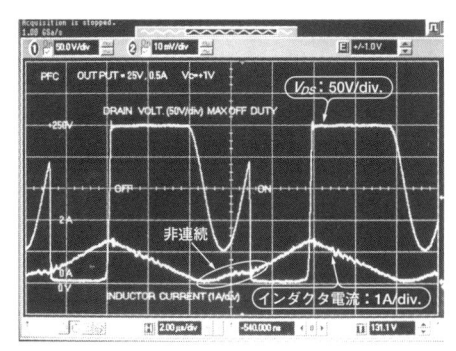

[写真 9-8] 軽負荷時の V_{DS} 波形とインダクタへの電流（上：50 V/div.，下：1 A/div.，2μ s/div.）
負荷が軽くなると電圧が波を打ってしまう

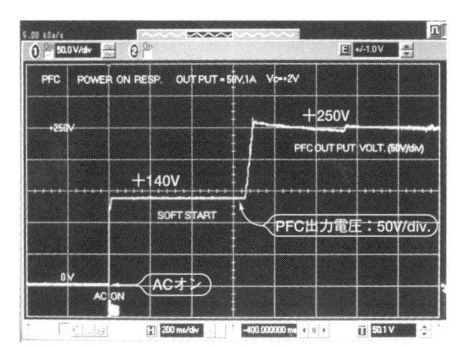

[写真 9-9] 電源 ON 時の PFC 出力電圧 V_{OH} の応答 (50 V/div., 200 ms/div.)
電源を ON するといったん AC 電源の最大値の約 140 V になってから 250 V で安定する

Column 13
高速スイッチング・ダイオードの違い

パワー・スイッチング回路に使用する高速ダイオード(逆回復時間が短い)にはSBDとFRDがあります.

SBD(Shottky Barrier Diode)…いわゆるショットキ・ダイオードは一般のダイオードに比べて小さな順方向電圧V_Fで動作します.図9-Aにショットキ・ダイオード(SBD)とFRDを含む一般ダイオードの電流-順方向電圧V_Fの特性を示します.

順方向電圧V_Fが大きいと,ダイオード自身に流れる電流I_Oとのかけ算による電力ロスが生じます.これはとくに回路電圧が低いときは重要です.また,ショットキ・ダイオードは逆特性が悪く,耐圧は数十ボルト以下です.

FRD(Fast Recovery Diode)は逆回復時間の短い高速ダイオードです.一般のダイオードとの逆回復時間の違いを図9-Bに示します.

このFRDは耐圧が数百ボルトあるので,高電圧の整流電流や電圧クランプなどに使用されます.しかし,チップ温度上昇により,逆回復時間が長くなるので注意が必要です.

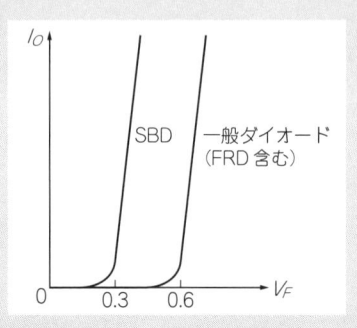

[図9-A] SBDとFRDを含むダイオードの電流-順方向電圧V_Fの特性

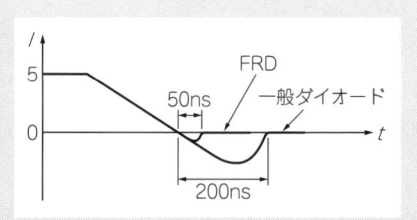

[図9-B] FRDと一般ダイオードの逆回復時間の違い

9-3 可変電源制御部の設計と評価

● ハーフ・ブリッジとPWM制御回路から構成する

PFCおよび250Vのプリレギュレータ出力を受けて,可変電源回路を設計します.設計済みの回路構成を図9-8に示します.

プリレギュレータで安定化した約+250Vの直流電圧を,絶縁型PWMスイッチング電源回路で0〜100V出力の電圧に調整します.この回路は入力に250Vの

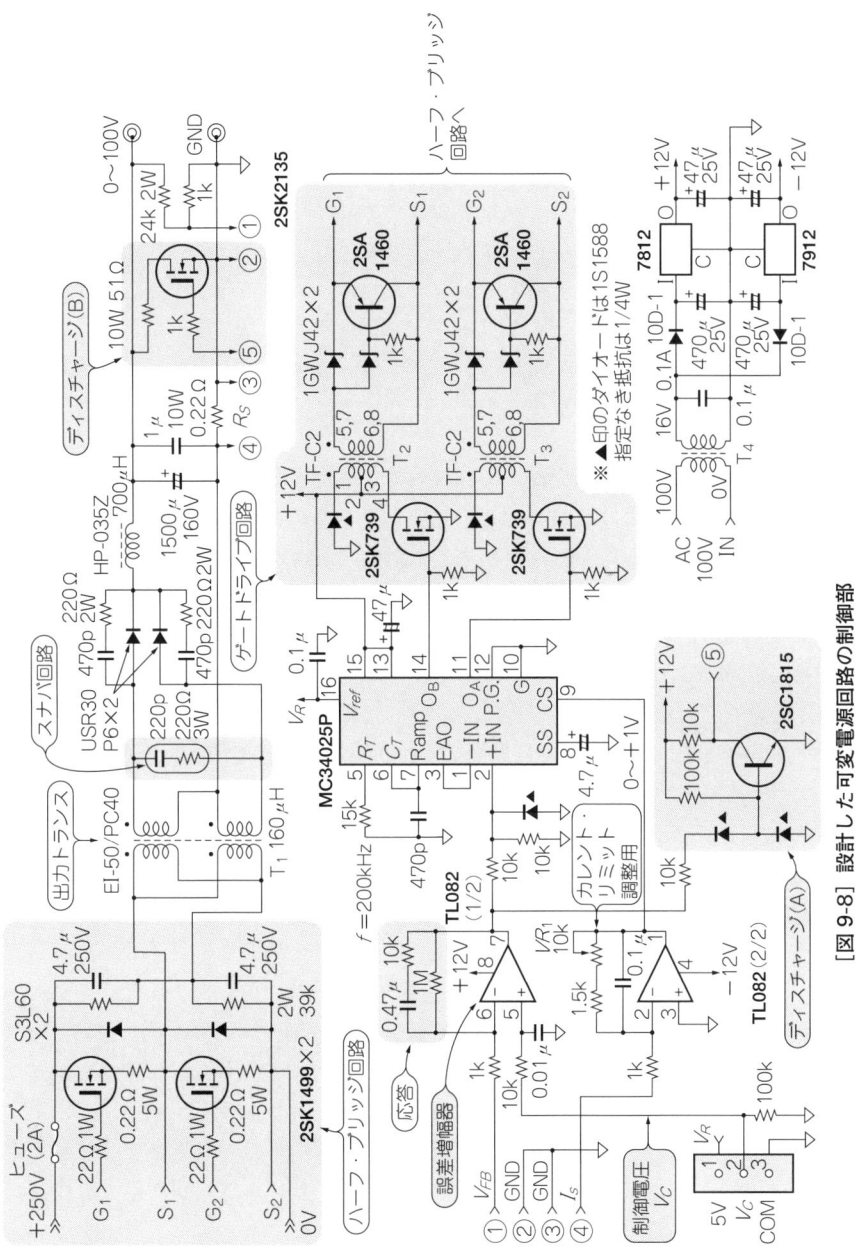

[図 9-8] 設計した可変電源回路の制御部
直流電圧 250V を絶縁型 PWM スイッチング回路で出力 0〜100V に調整する

9-3 可変電源制御部の設計と評価

高電圧を使用しますので，耐圧マージンを少なく見積もることのできるハーフ・ブリッジ回路を使うことにします．高速ゲート・ドライブすることにより，高周波スイッチングも可能となります．

ハーフ・ブリッジ回路の主スイッチング素子には耐圧 450～500 V クラスのパワー MOS を使います．ここでは日本電気の 2SK1499 を選びました．スイッチングは入力周波数 100 kHz に合わせて行い，制御電圧 V_C による電圧可変を高速応答するようにします．

● 出力トランスと周辺回路の設計

ハーフ・ブリッジ回路における出力トランスは，巻き数比が 1：1 の単なる絶縁トランスです．構造が簡単で製作も楽です．製作したトランスはリーケージ・インダクタンスを小さくするために，同じインダクタンス 160 μH を 4 回路巻き，1 次側を並列に，2 次側を直列に接続して 1：1×2 とします．

出力トランスの 1 次側は，直流阻止コンデンサ(4.7 μF)を 2 本直列にして中間電位を作っています．なお，コンデンサと並列に 39 kΩ の抵抗を接続して，電源 OFF 時に直流阻止コンデンサにチャージされた電荷を放電させます．

トランスにはリーケージ・インダクタンスがないことが望まれますが，ゼロにはできません．リーケージ・インダクタンスがあると，パワー MOS のスイッチング時に，2 次側の出力波形にリンギング現象が生じます．これを抑えるため，トランス(2 次側)出力端子に CR スナバ回路(図では 220 pF と 220 Ω 直列)を付加します．

CR スナバ回路定数の設定については，リンギング波形の生じ方とスナバ回路の損失は相反するので，注意が必要です．回路定数はスイッチング周波数にもよりますが，リンギングしている波形とスナバ用抵抗器の温度上昇を観測しながら決定します．およそ，抵抗は 100～220 Ω，コンデンサは 220～1000 pF とします．

出力トランス 2 次側にはセンタ・タップを作り，整流ダイオード 2 個で全波整流します．ダイオードには高速リカバリの USR30P6 を使います．これをインダクタとコンデンサで平滑します．平滑回路に使用した 700 μH のパワー用インダクタ(トーキンの HP-035Z)とアルミ電解コンデンサ 1500 μF は，手持ちの部品から適当なものを使用しただけで，定数についてはあまり根拠がありません．

インダクタンスはある程度大きいほうがリプル電流が小さくなるので，アルミ電解コンデンサにとって有利です．電解コンデンサへのリプル電流が，最大直流電流の 10～30 ％になっているかを確認しておきましょう．

● PWM 制御回路のあらまし

　PWM 制御回路はハーフ・ブリッジ回路を 2 相ドライブできるようにします．このときのドライブ周波数は PWM 制御 IC における発振周波数の半分…約 100 kHz ですが，リプルの周波数は出力を全波整流することになるので約 200 kHz になります．また，出力電圧の制御はフィードバック電圧により行い，さらに過電流検出なども行います．

　ここで使用する PWM 制御 IC にはオン・セミコンダクター(旧モトローラ社)の MC34025P を使いました．MC34025P は UC3825 のセカンド・ソースで，他社にも同等品が多くあります．

　可変される直流出力電圧 0 〜 100 V は，出力から 24 kΩ と 1 kΩ で分圧したフィードバック電圧 V_{FB} と制御電圧 V_C を誤差増幅器で比較し，IC 内部の PWM デューティ比を変化させて調整します．出力電圧を設定する制御電圧 V_C は，PWM 制御 IC の基準電圧 V_{ref}(MC34025P の 16 ピン)と COM 間の電圧を可変抵抗器で設定する方法と，外部から制御電圧 V_C 端子と COM 間に電圧を加える方法があります．制御電圧 V_C と出力電圧の応答については後述します．

　PWM 出力によるゲート・ドライブ回路は 2 相出力です．この 2 相出力をパワー MOS 2SK739 で増幅し，パルス・トランス TF-C2 を使用してそれぞれ絶縁します．パルス・トランス方式はゲート・ドライブに必要な電力の伝送も行えるので，商用 AC ラインを整流，可変する電源回路において有効な方式です．この動作については第 4 章で解説しました．

● PWM 制御 IC MC34025P の周辺設計

　MC34025P は，ハーフ・ブリッジ回路などに代表されるプッシュプル回路の駆動に最適な高速 PWM コントローラ IC です．図 9-9 に MC34025P のピン配置，図 9-10 に内部ブロックを示します．

　ゲート・ドライブに使用する 2 相出力(O_A, O_B)はトーテム・ポールで構成されているので，パワー MOS のゲート-ソース間を直接ドライブすることができます．

▶ 誤差増幅器

　MC34025P にはエラー・アンプが内蔵されています．ところが，この内部のエラー・アンプは増幅器の同相電圧範囲を示す仕様がわからないため使うのをやめました(勿体ないですが…)．制御電圧 V_C で外部から精度良く制御する都合上，外部に OP アンプ TL082 による誤差増幅器を追加しました．図 9-8 では上側の OP アンプで TL082(1/2)と表示されています．下側のもう半分 TL082(2/2)は，後述す

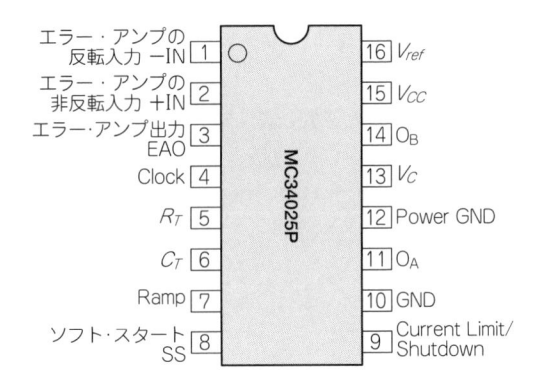

[図 9-9][15] PWM コントローラ IC MC34025P のピン配置

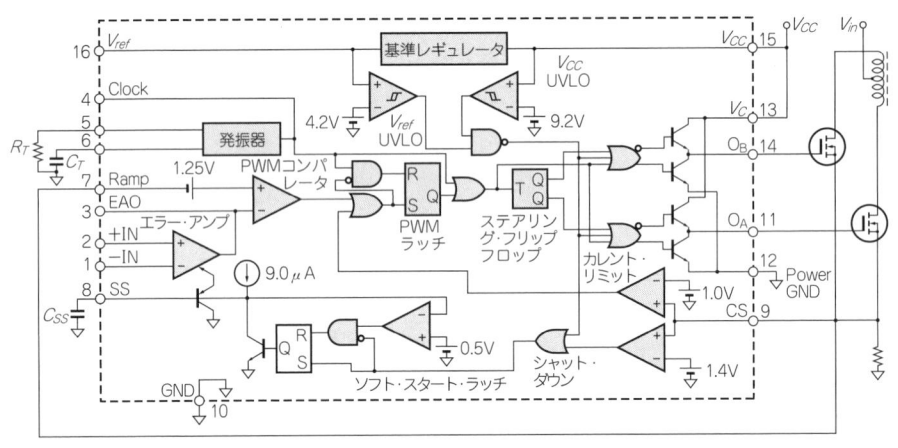

[図 9-10][15] PWM コントローラ IC MC34025P の内部構成

る電流センス用アンプにしています．実際は MC34025P の内部誤差増幅器を使っても問題ないかもしれません．

▶ カレント・リミット CS 端子

MC34025P の IC 内部では，カレント・リミットが 2 回路入っています．+1.0 V を超えるとパルス幅を短くするパルス・バイ・パルス(サイクル・バイ・サイクルとも呼ぶ)の従来方式と，さらに +1.4 V を越えるとシャット・ダウン・モードに移行し，ソフト・スタートの状態に戻る回路を内蔵しています．

図 9-8 に示す本回路の使用においては，この端子にはデュアル OP アンプ TL082 の余り (2/2) を使用して，出力電流センス入力(③と④)の極性反転とセンス電圧の増幅を行います．出力電流を検出するためにはセンス抵抗を入れて，電圧に変換し

ます．しかし，センス抵抗による電力損失を小さくするには，センス抵抗 R_S の値を下げる必要があります．一方で，PWM コントローラ IC などの電流センス電圧が高いと，抵抗値を小さくできません．使用した MC34025P の電圧は +1 V です．一般のプライマリ・コントロール用 IC では，200 mV の製品が多いようです．

この可変電源回路は出力端子を接地して使用したいので，電流センス抵抗 R_S に発生する電圧は負電位になります．$R_S=0.22\,\Omega$ に -2 A の電流が流れると図 9-5 の④端子には -0.66 V のセンス電圧 V_S が発生します．これを反転増幅器で -1.5 倍して，0.99 V の電圧を得ています．

センス抵抗 R_S で消費する電力 P_D は，

$$P_D = I^2 \cdot R_S = 0.88\,\text{W} \quad\quad\quad\quad\quad\quad\quad\quad\quad\quad\quad\quad\quad\quad\quad\quad\quad\quad (9\text{-}11)$$

仮に型どおりに $I=2$ A，センス電圧を $+1$ V，$R_S=0.5\,\Omega$ とすると，P_D が 0.88 W から 2 W に増加してしまいます．カレント・リミット用に OP アンプ回路を用意することは無駄なようですが，例えばセンス電流を小さくするには，反転アンプの増幅度を大きくするだけで対応できることになります．

▶ 発振周波数 R_T，C_T

MC34025P の発振周波数は最大 2 MHz 程度まで実用になります．あまり高い周波数だと PWM 動作においてデューティ比の絞り込みが難しくなるので周辺回路の特性を考慮して，200 kHz としました．スイッチング周波数は PWM 発生回路で 1/2 に分周されるので 100 kHz になります．発振周波数は $R_T=15\,\text{k}\Omega$，$C_T=470$ pF を外付けして設定します．

▶ PWM 制御回路用電源

この PWM 制御回路への電源は AC 100 V から小型商用周波トランス(16 V・0.1 A)を使用し，3 端子レギュレータで ±12 V を作っています．-12 V 側については数 mA の容量があればよいので，ツェナ・ダイオードなどを使用して簡素化することもできます．

● PWM コントローラ MC34025P の動作を観測すると

IC 内部の波形を見ることはできないので，発振波形と PWM 出力波形を見てみましょう．このときの負荷は 50 Ω 抵抗とし，出力 50 V で 1 A の状態です．

写真 9-10 は，上のトレースが A 相出力端子 O_A の PWM 出力波形(ハイ・サイド側)，下のトレースが発振波形を示しています．MC34025P のタイミング・コンデンサ端子 C_T の充放電波形(三角波)は周期が約 5 μs になっているので，約 200 kHz で発振していることがわかります．

充放電波形のピーク電圧は約 2.8 V，谷の電圧は約 1.0 V ですが，この発振波形が内部 PWM コンパレータの基準波形です．O_A 端子の PWM 出力はこの基準波形と誤差増幅出力とが比較されて，パルス幅変調されたものが出力されています．

　一般的なプライマリ・コントロール方式の PWM IC（例えば μPC1094, μPC1099）は，起動時の制約から，PWM コンパレータの入力電圧が低いとき，デューティが最大になるように設計されています．しかし，この MC34025P は逆の動作，つまり入力電圧が 1 V 以下のときは PWM 波形は出力されません．このような動作特性は，製作した可変電源のような応用には最適です．

　写真 9-11 は 2 相の PWM 出力波形で，上のトレースが O_A 出力，下のトレースが O_B 出力です．O_A と O_B 出力は位相が 180°シフトしています．この例は出力電圧が +50 V と最大出力の半分，電流も 1 A と半分で，最大出力電力の 1/4 で動作しています．デューティ比は出力電力に比例して増加することになりますが，この回路では両スイッチング素子のデューティ比が 50 ％を越えることはありません．

● ハーフ・ブリッジ出力と平滑インダクタに流れる電流

　写真 9-12 は図 9-8 の回路において，PFC 出力電圧 V_{OH}（+250 V）をハーフ・ブリッジ・スイッチングしたときの出力電圧波形（出力トランスの 1 次側）と，平滑用インダクタに流れる電流波形を測定したものです．制御電圧 V_C は 2 V，電流は 1 A の負荷で観測しています．

　ハーフ・ブリッジ回路の出力は，PFC 部が出力する供給電源電圧 V_{OH} = +250 V

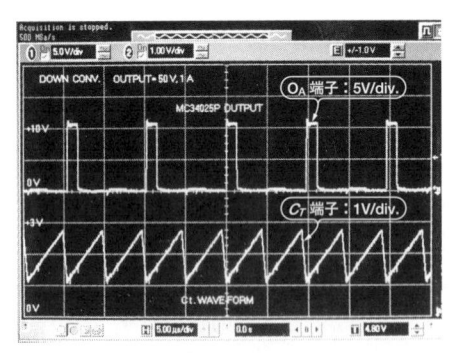

[写真 9-10] 出力 50 V・1 A 負荷時の MC34025P の PWM 出力と発振出力波形（上：5 V/div.，下：1 V/div.，5 μs/div.）
発振している三角波からパルス幅変調（PWM）され出力される

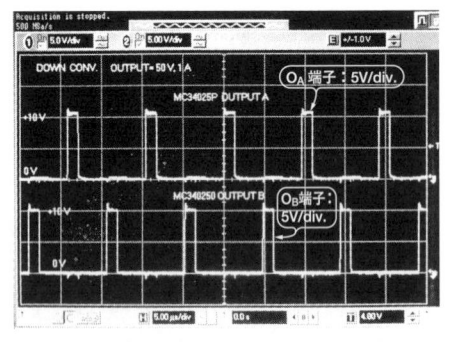

[写真 9-11] 出力 50 V・1 A 負荷時の MC34025P の PWM 出力 A 相，B 相の波形（上下：5 V/div.，5 μs/div.）
2 相の PWM 出力はデューティ比 50 ％を越えない

の1/2を中心に±125 Vの振幅です．平滑出力電圧はパルス幅に比例して増加しています．

平滑回路の定数は出力電圧の応答によって決めます．応答を速くするには，スイッチング周波数を高くし，平滑インダクタおよび平滑コンデンサの値を小さくします．

平滑用インダクタに流れる電流は，出力電流1 Aのときに約0.2 A$_{P-P}$でした．これは負荷の条件によって異なります．

写真9-13に示すのは，出力トランスの2次側電圧とPWM出力 O$_A$の波形です．トランス2次側にCRスナバ回路を付加してあるので，リンギング現象は見られず，きれいな波形です．

● **無負荷時の出力波形は**

先の出力波形は定格負荷電力の1/4で動作しているときのものです．負荷が軽くなるにしたがいデューティ比は小さくなるのですが，無負荷ではどうなるでしょう？

ただし無負荷といっても，平滑出力に電圧帰還用の抵抗分圧回路が並列に接続されているので，負荷電流は完全にゼロではありません．50 V/25 kΩ＝2 mAは流れています．一般的にも軽負荷時の動作を安定化する目的で，出力端子にはブリーダ抵抗を付加していることが多いようです．

写真9-14は，負荷抵抗50 Ωを開放したときのトランスの2次電圧波形と，PWM

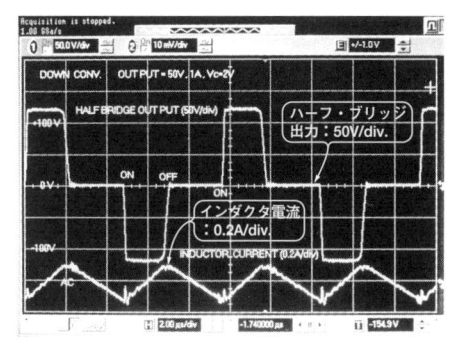

[写真9-12] ハーフ・ブリッジ出力とインダクタへの電流波形（上：50 V/div.，下：0.2 A/div.，2 μs/div.）
平滑用インダクタに流れる電流は約0.2 A$_{p-p}$を示している

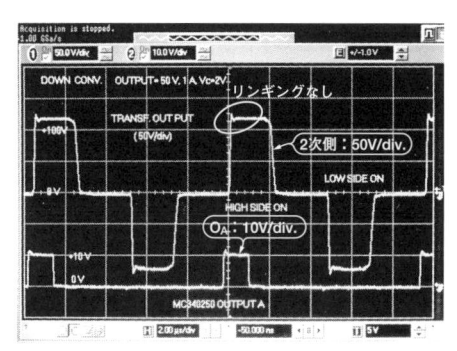

[写真9-13] 出力トランスの2次電圧とPWM出力（上：50 V/div.，下：10 V/div.，2 μs/div.）

9-3　可変電源制御部の設計と評価

出力 O_A の波形です．デューティ比はきわめて小さく，トランスの2次側波形は，O_A（ハイ・サイド）側がONしたときプラス方向に立ち上がり，その後に大きく波打っています．また，ここの波形にはありませんが，O_B（ロー・サイド）側のドライブ波形はマイナス方向に変化し，その後に大きく波打っています．

● 電圧可変型電源の応答を改善する

　一般的なスイッチング電源回路では，軽負荷になったとき応答が遅いといった欠点があります．対策としてはブリーダ抵抗器などを挿入して対処しています．しかし，それでも可変電源では，電圧を上げる場合や下げる場合の応答に差が出てしまいます．理由は，多くのスイッチング電源回路がPWM出力信号をダイオードで整流しており，負荷に対して電流を供給するだけの機能しかなく，負荷から電流を吸い込むことができないからです．

　そこで，図9-8 に示した可変電源の制御部では誤差増幅器の出力を利用して，出力電圧の下降時に**放電用抵抗**（51 Ω・10 W）を ON して出力平滑コンデンサを放電するディスチャージ回路を付加し，応答を速くしています．

　制御電圧が上がる（出力電圧を上げる）ときは問題ありません．しかし，制御電圧が下がる（出力電圧を下げる）ときには問題になります．出力平滑コンデンサに充電された電圧は，必ずしも一定ではない負荷抵抗によって決まる負荷電流で放電します．そのため軽負荷時には放電完了まで時間を要し，なかなか出力電圧が低下しないのです．

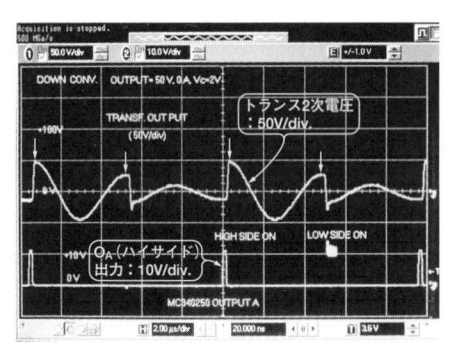

[写真9-14] **無負荷でのトランスの2次電圧波形とPWM出力**（上：50 V/div.，下：10 V/div.，$2\,\mu s$/div.）
無負荷の場合はトランス2次電圧が波を打ってしまう．ブリーダ抵抗が必要となる

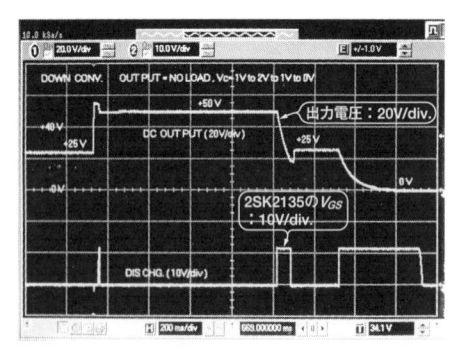

[写真9-15] **無負荷で出力電圧を 25 V → 50 V → 25 V → 0 V に変化させたときの応答**．出力電圧とディスチャージ用パワーMOSの V_{GS} 波形（上：20 V/div.，下：10 V/div.，200 ms/div.）

このとき，誤差増幅器の出力は制御不能な状態で負電位になっています．これを利用して放電用抵抗を ON/OFF します．ディスチャージ(B)回路はこの放電用抵抗とパワー MOS によるスイッチ機能で構成します．放電用抵抗の値は必要とする放電時定数によって決定しますが，ここではとりあえず 51 Ω，10 W のセメント抵抗器を使いました．

　放電用パワー MOS スイッチを ON/OFF するディスチャージ(A)回路はトランジスタ 2SC1815 のベースに接続された 100 kΩ の抵抗で順バイアスされたもので，誤差増幅器の出力と接続し入力としています．通常このトランジスタは ON しているので，ディスチャージ(B)回路の放電用パワー MOS 2SK2135 のゲート-ソース間はカット・オフされています．

　誤差増幅器の出力電位は通常の PWM 動作時には正電位です．しかし制御電圧 V_C を下げると誤差増幅器が制御不能になって正から負に変化し，トランジスタが OFF し，放電用パワー MOS を ON して放電します．

　放電回路がないときの無負荷応答は，きわめて長時間なので波形は撮影していません．放電回路…ディスチャージ(A)，(B)を付加し，制御電圧 V_C を変化させたときの応答波形は**写真 9-15** のようになります．

　上のトレースは電源の出力電圧波形，下が放電用パワー MOS のゲート-ソース間電圧 V_{GS} です．約 +10 V のときパワー MOS が導通して，放電用抵抗が出力平滑コンデンサに接続されます．

　無負荷で出力電圧を 25 V (V_C = 1 V) → 50 V (V_C = 2 V) → 25 V (V_C = 1 V)，最後に 0 V としたときの出力電圧の変化に注目してください．出力電圧波形は変化時に多少のオーバシュートとアンダシュートが見られます．これは外部から V_C をステップ状の設定電圧として入力したためで，緩やかな制御信号なら問題ありません．

　より高速応答させるには，**図 9-8** の回路図中に示す誤差増幅器の「応答」吹き出

[写真 9-16] **AC 電源 ON 時の出力応答**(上：20 V/div.，下：5 A/div.，200 ms/div.)
電源 ON から約 600 ms 経過後に立ち上がり，1 秒以内に +50 V に安定化している

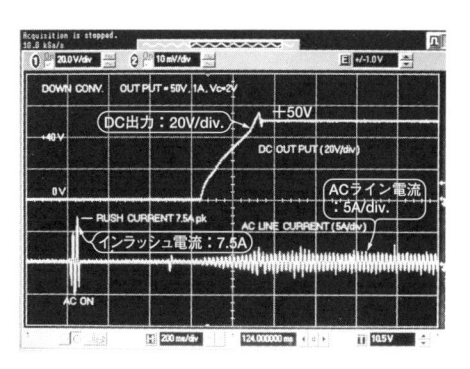

9-3　可変電源制御部の設計と評価

しの中の帰還回路定数の変更が必要です．

● AC 電源 ON 時の出力電圧応答は

　最後に製作した可変電源の AC 電源 ON 時の出力応答 ($V_O = +50V$，$V_C = 2\,V$) と，AC ラインの電流波形を**写真 9-16** に示します．

　製作した回路では，電源 ON 時に AC100V ライン電圧を全波整流回路で整流を開始します．PFC 回路のスイッチング素子であるパワー MOS が OFF していても，ブースト・インダクタ L_2 とダイオード FRD を経由して平滑コンデンサを充電するため，大きな突入電流が流れることがわかります．

　出力電圧は電源 ON から約 600 ms 経過後に立ち上がり，1 秒以内に +50 V に安定化されています．この応答時間はソフト・スタート回路などの時定数を故意に長く設定しているため遅くなっています．

　また，**写真 9-16** をよく見ると設定電圧に達するときには，約 5 V のオーバシュートが見られます．実用に当たってはさらに各部の応答について検討する必要があるようです．

パワー MOS FET 活用の基礎と実際

第10章

PWM方式 D級アンプの設計

本章では,これまでリニア回路で構成するのが一般的だった交流パワー・アンプを
PWM方式のスイッチング回路で試作してみます.
この方式のパワー・アンプはスイッチング・アンプと呼んだり,
あるいはD級アンプとも呼びます.
PWM方式によるパワー回路はスイッチング動作なので
電力損失がきわめて小さく,電子機器の小形化に貢献します.
そのため今日ではスイッチング電源だけでなく,
モータ・コントロール,オーディオ・パワー・アンプなどに広く応用されています.

10-1　D級アンプの原理と基本回路

● 増幅回路としてのA級/B級/C級アンプ

D級アンプの説明に入る前に,増幅回路にはA級,B級,C級と呼ぶものがあることから説明しておきましょう.

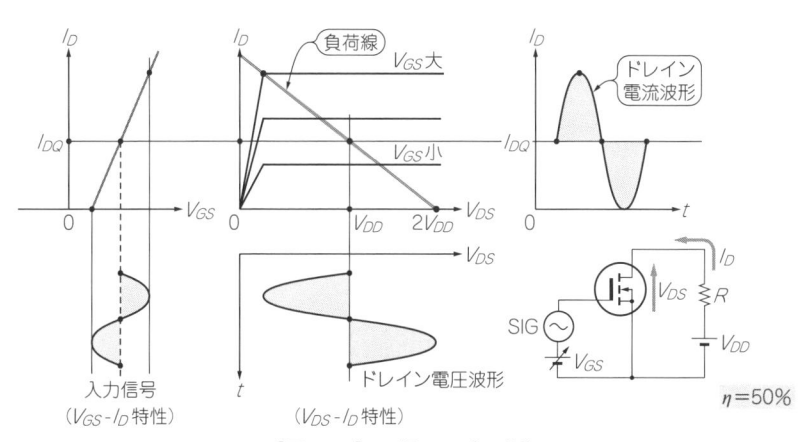

[図10-1] A級アンプの動作

10-1　D級アンプの原理と基本回路　233

図 10-1 に示すのは **A 級アンプ**の動作図で，N チャネル・パワー MOS をソース接地回路として動作させたときの V_{GS}-I_D，V_{DS}-I_D 特性を示しています．A 級動作とは，V_{GS}-I_D 特性の**直線部分の中心**にドレイン電流を I_{DQ} としてバイアスする方式です．きれいに信号増幅できることがわかります．しかし，入力信号のないときでも $I_{DQ} \cdot (V_{DS}/2)$ の電力を消費するため電力効率は悪いという欠点があります．

　図 10-2 は **B 級アンプ**の動作図です．B 級動作はドレイン電流がゼロとなるところにバイアスをする方式です．そのため入力を正弦波とした場合は半サイクル期間だけドレイン電流が流れます．半サイクルだけの動作ですから波形ひずみが大きく，

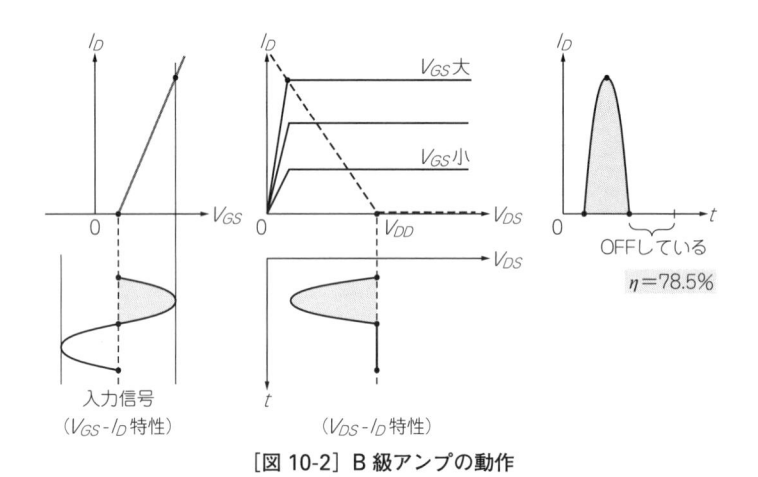

[図 10-2] B 級アンプの動作

[図 10-3] C 級アンプの動作

実際にはプッシュプル回路で正と負のサイクルを合成した回路が採用されています．なお MOS の回路ではバイポーラ・トランジスタと比べて I_D が流れ始める電圧 V_{GS} が高いため，大きなゲート・バイアス電圧を与える必要があります．

図 10-3 は C 級アンプの動作図です．C 級動作はドレイン電流がゼロとなるところよりさらにマイナス側にバイアスをする方式です．この動作は高周波電力増幅回路などで多く使われており，ドレイン電流の流れる期間は $0 \sim 180°$ の間で設定します．導通する期間が短いほど電力効率が改善されますが，波形ひずみが大きく発生します．通常はこれに LC 共振回路を付加することで正弦波を得ています．

そして D 級アンプですが，C 級アンプの次に考えられたということで，D 級アンプと呼ばれているようです．本書では紹介しませんが，より高効率化を目指した E 級，F 級回路と呼ばれる方式も実用化されています．

● ON/OFF スイッチング素子で構成する D 級アンプ

PWM パワー・アンプ… D 級アンプの最大の特徴は出力段が ON/OFF スイッチング素子で構成されるので，きわめて消費電力…発熱を小さくできることです．しかし D 級アンプを完成するには出力にローパス・フィルタが必要となるため，周波数範囲がどの程度必要になるかが大きな問題となります．

PWM パワー・アンプはうまく高速スイッチングさせると，トランスやコイルなどを小形化することができます．しかし安易に高速にするとスイッチングに伴って生じるノイズや，スイッチング素子の応答遅れによるスイッチング損失の増加を招きます．

ここではオーディオ信号を増幅対象とするパワー MOS による 50 W クラスの PWM パワー・アンプを設計・実験します．特性の良い PWM アンプを設計するには，変調のための直線性の良い三角波の発生，高速コンパレータ，高速パワー・スイッチング回路の知識が必要です．ここでは PWM パワー・アンプを体験することを目的として，きわめてオーソドックスな回路を設計することにしました．特性には少し不満がありますが，製作においては構成を簡単にするために PWM コントロール用スイッチング電源制御 IC を利用します．主な仕様を次にまとめます．

- 出力電力：$50 \sim 60$ W（連続動作）
- 負荷抵抗：$12.5\,\Omega$
- 電源電圧：± 48 V   ● 最大出力振幅：± 40 V 以上
- 入力電圧：$0 \sim \pm 5\,V_{peak}$
- 周波数特性：DC ~ 15 kHz

● PWM アンプのあらまし

図 10-4 が実験・試作する PWM パワー・アンプのブロック図です．

PWM 信号発生回路において入力の正弦波(オーディオ信号)と三角波が比較され，パルス幅変調信号(図内の PWM 波)が出力されます．

PWM 波を扱うドライブ回路の構成は，後段のスイッチング回路方式に依存します．実験する PWM パワー・アンプはオーディオ用を想定しているので，バイポーラ出力(両極性…交流)である必要があり，両極性電源($\pm V_{DD}$)の間をスイッチングします．第 6 章で紹介したように，このようなドライブ回路は出力をコンプリメンタリ素子で構成すると簡素化できます．

PWM 出力の電圧振幅は，電源電圧 $\pm V_{DD}$ によって決まります．安定した出力を得るには電源電圧を安定化するか，出力端子から負帰還をかけることになります．

PWM 出力を復調…元のオーディオ信号に戻すには，スイッチングの基本波と派生する多くの高調波を，ローパス・フィルタによってとり除き，変調波(オーディオ入力信号)だけを通過させます．つまり，ローパス・フィルタは電力も伝送することになるので，OP アンプを使ったアクティブ・フィルタなどは使用できません．

PWM パワー・アンプにおいて負荷抵抗 R_L が一定なら，**バターワース型 LC フィルタ**を使用することで平坦な応答を得ることができます．しかし，負荷抵抗 R_L が変化するようだと，しゃ断周波数付近の応答が暴れます．スピーカのような負荷特性が変化するオーディオ用パワー・アンプでは注意が必要です．LC フィルタについては Column 14 を参照してください．

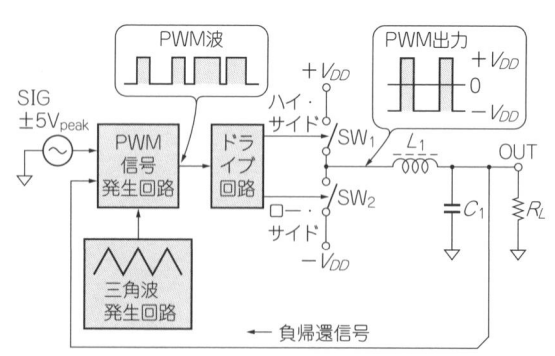

[図 10-4] **PWM 方式 D 級パワー・アンプの基本構成**
入力信号をパルス幅変調し，スイッチング後にローパス・フィルタを通過させ復調する

10-2　PWM 回路の設計と評価

● PWM スイッチング周波数は最高入力周波数の約 10 倍に

　PWM パワー・アンプに限りませんが，多くのスイッチング回路では，スイッチング周波数を高周波化するとさまざまな問題が生じます．高周波スイッチング・ノイズの発生，スイッチング素子の遅れ時間によって生じる損失の増大などです．PWM パワー・アンプでも，ノイズや損失のことを考えると，スイッチング周波数はあまり高くすることは好ましくありません．

　一方，PWM 回路のスイッチング周波数(変調周波数)はおよそ入力周波数の上限の 10 倍程度が適当とされています．スイッチング周波数を低く抑えるには出力ローパス・フィルタの減衰特性を急峻(きゅうしゅん)にしなければなりませんが，フィルタの過渡特性が悪くなります．

● スイッチング電源 IC で PWM 信号を発生させる

　PWM 信号は，三角波発生回路と PWM コンパレータによって実現できます．ここではその両方を内蔵しているスイッチング電源制御 IC (μPC1099CX，日本電気)を使用します．この IC の構成については第 8 章，図 8-3 を参照してください．他には出力のデッド・タイムを簡単に設定できる PWM コンパレータを内蔵した μPC1909CX (日本電気)も使えます．

　図 10-5 は，ここで実験する PWM 信号を発生する PWM 変調回路の構成です．

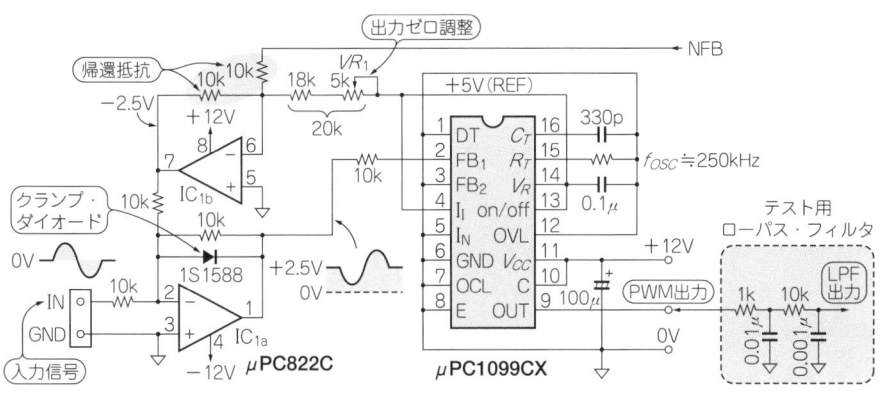

[図 10-5] パルス幅変調回路
パルス幅変調を確認するために出力にはテスト・ローパス・フィルタを付加した

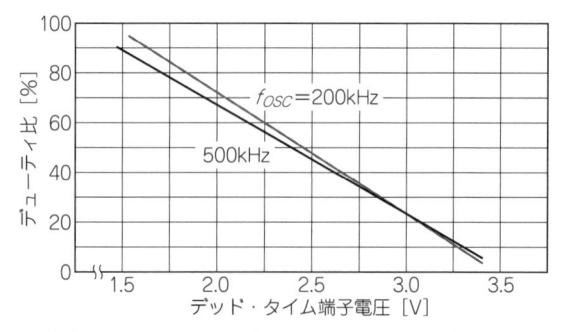

[図 10-6](12) μPC1099CX のデッド・タイム電圧とデューティ比特性
入力電圧 2.425 V を中心に 1.6 ～ 3.25 V の範囲でデューティ比 10 ～ 90 ％の動作が可能であることがわかる

Column 14
LC フィルタの特性

　図 10-A はよく使われる *LC* ローパス・フィルタ回路と特性です．このフィルタは図(b)，(c)に示すように通過域での減衰特性から，**バターワース**(Butter-worth)，**ベッセル**(Bessel)，**チェビシェフ**(chebyshev)に分類できます．この 3 種類のフィルタは *L* と *C* の値を変更することで実現できます．

　バターワース・フィルタは通過帯域の周波数特性がもっとも平坦になるように設計するフィルタです．このフィルタは設計・製作がもっとも容易ですが，帯域外の減衰特性，および位相特性が悪いという欠点があります．

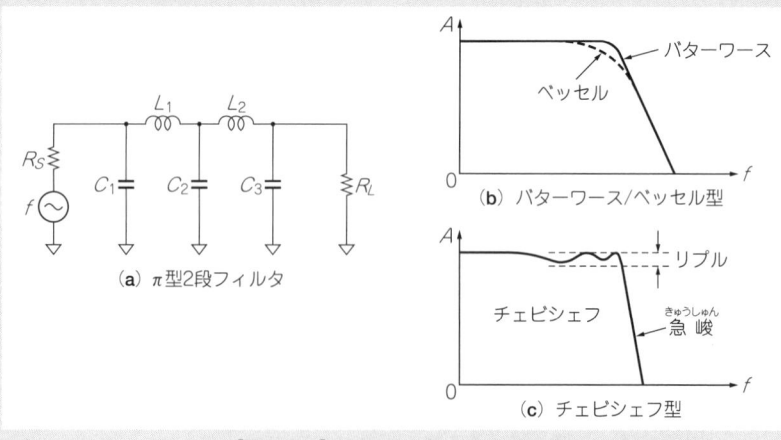

[図 10-A] *LC* ローパス・フィルタ

PWM 出力と接続される点線で囲んだテスト用ローパス・フィルタは，PWM 出力の復調動作を確認するためのもので，本来の動作とは関係ありません．

まず μPC1099CX のデッド・タイム電圧とデューティ比特性がどうなっているか図 10-6 に示します．この図はスイッチング周波数によって特性線の傾きが少し異なることを示しています．この特性からスイッチング周波数 f_{osc} = 200 kHz では，入力電圧と PWM 出力のデューティ比は，図 10-7 のようになると推測できます．つまり，入力電圧を 2.425 V を中心に 1.6 ～ 3.25 V の範囲で与えるとデューティ比 10 ～ 90 ％動作となり，ローパス・フィルタ後の出力は元の信号が復調できることがわかります．

ここで使用している μPC1099CX などに代表されるプライマリ制御方式の IC は，フィードバック入力がないときにデューティ比が最大になるよう設計されていま

ベッセル・フィルタは遮断周波数付近の減衰特性が悪い反面，群遅延特性が平坦になり位相特性が優れています．このために，波形を重視する用途に使用されています．

チェビシェフ・フィルタは通過帯域内に周波数特性が波打つリプルを許容して，減衰域の特性を急峻にします．その分，位相特性や部品のバラツキに対して不利になります．

図 10-B はエリプティック (Elliptic) フィルタと呼ばれる減衰域に極を設けた (ここでは 2 周波数) フィルタです．

減衰極の周波数はスイッチング周波数の高調波に合わせれば，スイッチング・ノイズの除去が可能になります．しかし，スイッチング・クロックを周波数分散するシステムには使えません．

一般に LC フィルタは終端抵抗 (R_S, R_L) でシャントしてはじめて所定の特性を得ることができます．D 級アンプでは信号抵抗 R_S はきわめて小さな値ですから，コンデンサ C_1 を除去したフィルタ回路が適しています．

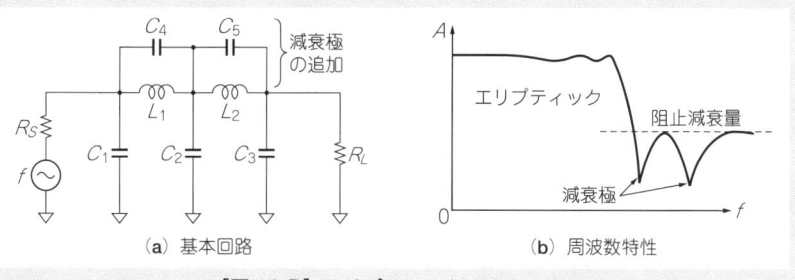

(a) 基本回路　　(b) 周波数特性

[図 10-B] エリプティック・フィルタ

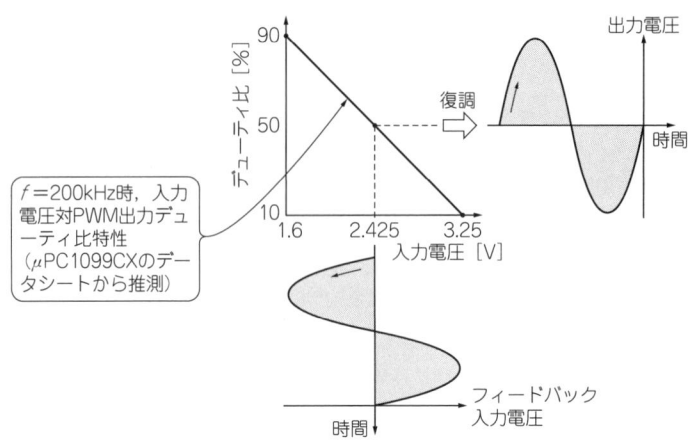

[図 10-7] PWM デューティ比と入出力特性
入力信号電圧に反比例してデューティ比が変化する．復調すると元の信号に戻る

す．したがって，デッド・タイムおよびフィードバック入力端子の電圧が高いときにデューティ比は最小になります．

　実際の回路においては μPC1099CX の FB 端子（2 番ピン）に約 2.5 V のオフセットを加え，これにフィードバック電圧と入力信号を OP アンプ IC_{1b} で反転加算します．+5 V の基準電圧から約 2.5 V のオフセット電圧を得るには，帰還抵抗値が 10 kΩ，入力抵抗が 20 kΩ なので，18 kΩ と 5 kΩ の可変抵抗器を直列接続します．OP アンプ IC_{1a} は単なる利得 1 の反転アンプです．

　入力信号がゼロのとき，OP アンプ IC_{1b} の出力電圧は約 −2.5 V ですから，IC_{1a} の出力電圧は +2.5 V になります．5 kΩ の可変抵抗器は入力信号がゼロのとき，ローパス・フィルタ出力がゼロになるように調節します．IC_{1a} の出力が負にならないように挿入したクランプ・ダイオードは本来の動作とは関係ありません．

● 発振周波数 f_{osc} の設定

　最終的に発振周波数は 250 kHz としました．μPC1099CX の発振周波数は C_T 端子（16 番ピン）のコンデンサ C_T と，R_T 端子（15 番ピン）に抵抗 R_T を接続することにより決まります．図 10-8 が μPC1099CX のタイミング設定用コンデンサ C_T と抵抗 R_T の関係です．抵抗 R_T はできるだけ低くしたほうがノイズの影響を受けにくいので，ここでは 10 kΩ としました．コンデンサ C_T は手持ちの 330 pF を使うことにしました．

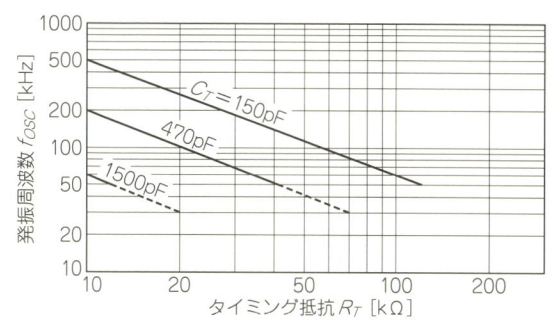

[図 10-8] [12] μPC1099CX の外付け C_T, R_T とスイッチング周波数
この図を参考にして発振周波数から CR 値を決定する

● PWM 信号と復調信号の測定

写真 10-1 に示すのは，図 10-5 の回路において，発振周波数を決めるコンデンサ C_T が接続される μPC1099CX の 16 番端子電圧と 9 番 PWM 出力（OUT）波形です．この写真の上トレースが発振周波数 f_{osc} の 250 kHz で，下のトレースが入力信号がゼロのときの PWM 出力波形です．この PWM 出力は入力電圧をゼロにして可変抵抗器 VR_1 で，デューティ比が 50 ％になるように調整してあります．三角波のボトム電圧は約 1.4 V，ピーク電圧は約 3.4 V で，この三角波と入力信号電圧が μPC

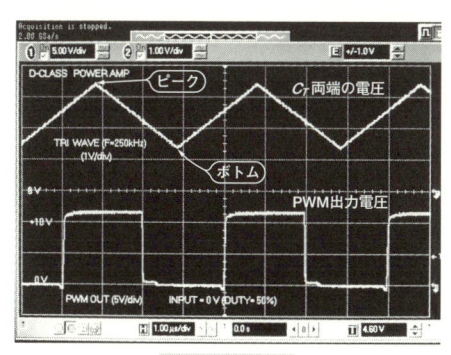

$f_{osc} = 250$ kHz

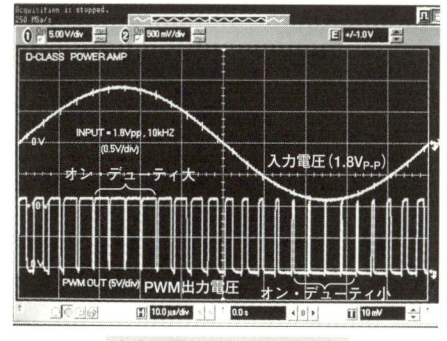

入力信号：1.8 V_{P-P}, 10 kHz

[写真 10-1] μPC1099CX の C_T 端子電圧と PWM 出力電圧（上：1 V/div., 下：5 V/div., 1 μs/div.）
発振周波数 250 kHz で入力信号がないときはデューティ比が 50 ％になるように三角波の中央振幅の位置を調整する

[写真 10-2] 入力信号と PWM 出力電圧（上：0.5 V/div., 下：5 V/div., 10 μs/div.）
入力信号が 1.8 V_{P-P}, 10 kHz のとき，PWM 出力は入力信号振幅に相似してデューティ比が変化する

10-2 PWM 回路の設計と評価 | 241

1099CX 内の PWM コンパレータで比較されます．

デューティ比は入力信号が正電位になるにつれて大きくなり，ちょうど 0 V のときほぼ 50 %，負電位になるにつれてき 0 % に近づきます．この入力信号 IN に 1.8 V_{P-P}，10 kHz 正弦波を加えたときの入力波形と PWM 出力波形を**写真 10-2** に示します．

写真 10-3 に示すのは，μPC1099CX の PWM 出力波形（上トレース）と CR ローパス・フィルタ出力，つまり PWM 波を復調した信号波形です．この写真ではオシロスコープのサンプリング周波数の関係で，PWM 信号のデューティ比は表示できませんが，おおまかな傾向は読み取れます．ローパス・フィルタ後には PWM 変調信号が復調されていることがわかります．正弦波の頭が少しつぶれているのはμPC1099CX のデッド・タイム電圧を最大入力付近に設定しているからです．入力電圧を下げれば，きれいな正弦波が出力されます．

負帰還… NFB はパワー・アンプ出力端からかけると，出力波形にリンギングが生じたり発振するなど，不安定な現象が起きます．負帰還に関しては複雑になるので後述することにします．

ここでテストに使用した CR ローパス・フィルタについて説明しておきます．このフィルタは単純なパッシブの CR フィルタで，各 CR 定数は**図 10-5** のテスト用ローパス・フィルタとして表示しています．このローパス・フィルタの特性は**写真 10-4** に示すとおり，−12 dB/oct.の利得と位相の周波数特性をもったものです．

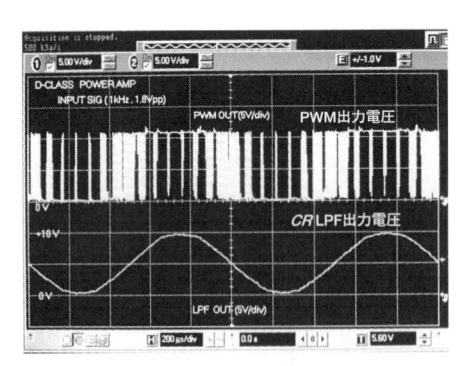

[写真 10-3] PWM 出力と CR ローパス・フィルタ出力（上下：5 V/div., 200 μs/div.）
PWM 出力波形をローパス・フィルタに通過させ，復調すると元の入力信号の正弦波になる

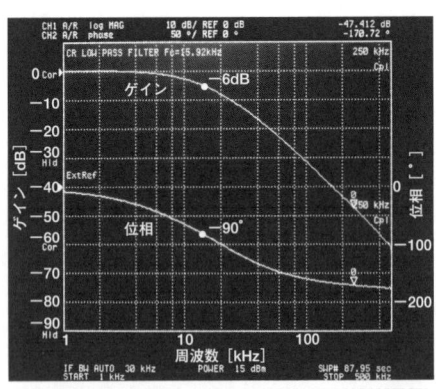

[写真 10-4] テスト用ローパス・フィルタの利得と位相特性
4 次ローパス・フィルタ… $R_1 = 4 kΩ$，$R_2 = 10 kΩ$，$C_1 = 0.01 μF$，$C_2 = 0.001 μF$ での特性

−6 dB 周波数は 15.92 kHz で，移相量は −90°です．スイッチング周波数(発振周波数 f_{osc}) = 250 kHz における減衰量は −47.7 dB，位相シフト量は −170°です．

10-3　ドライブ＆パワー・スイッチング回路の設計と評価

● 単極性の信号を両極性に変換する

　PWM 信号発生用 μPC1099CX の 9 番ピン OUT 出力(PWM 出力)は単極性です．しかし，本回路はオーディオ用としての応用を考えていますので，これを両極性(バイポーラ…交流)の電圧に変換してからスイッチング素子である 2 個のパワー MOS をドライブする必要があります．**図 10-9** にドライブ回路とスイッチング回路を示します．

　この回路には入力側に PWM 信号発生回路(**図 10-5**)の一部と，出力側に後で説明する出力ローパス・フィルタを記載してあります．入力となる PWM 信号発生回路の出力(PWM 出力)にはテスト用ローパス・フィルタを接続せず，直接に本回路の入力とします．

　ドライブ回路は PWM 信号発生回路からの PWM 出力をコンプリメンタリ・プッシュプル回路で両極性用に分けています．ロー・サイド側ドライブ回路においては入力回路の Tr_2(2SA1460)のエミッタを，2 kΩ の抵抗器を通して +12 V 電源に接続します．こうすることで PWM 信号発生回路の PWM 出力が H レベルのとき

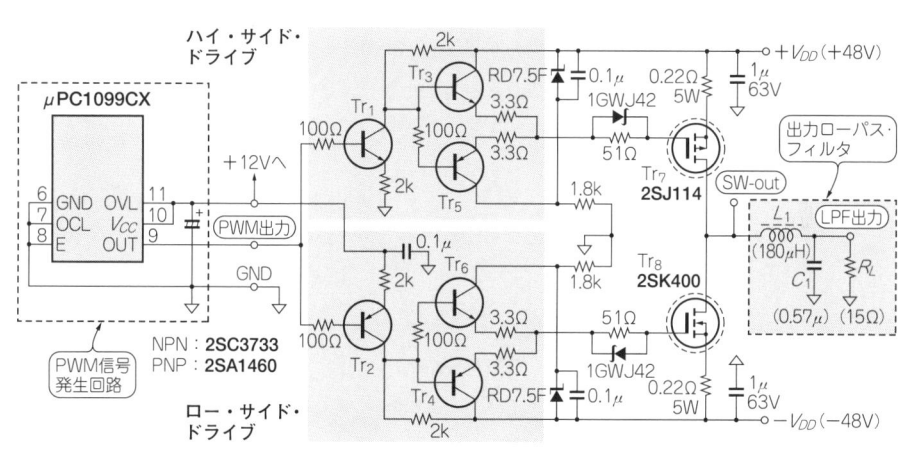

[図 10-9] **ドライブ＆パワー・スイッチング回路**
この回路は単極性入力信号を両極性にしてドライブする．前段に PWM 信号発生回路を接続する

ハイ・サイド側ドライブの Tr_1 は ON しますが，PWM 出力信号の電圧がほぼゼロになる OFF 時は，ベースよりエミッタのほうが電位が高いので，ロー・サイド側ドライブの Tr_2 が ON します．

 μPC1099CX の出力波形の立ち上がり時間はきわめて速く，パワー MOS によるプッシュプル・スイッチング回路の Tr_7 と Tr_8 が同時 ON することがあります．この同時 ON を防ぐため，スイッチング素子のパワー MOS ゲート端子にはショットキ・バリア・ダイオード(1GWJ42)と 51 Ω のゲート抵抗を並列接続して，スイッチ ON のみを遅らせています．

 ハイ・サイドとロー・サイド・スイッチ素子の同時 ON を防止するには，図 10-10 に示すように，デッド・タイム設定機能をもつ PWM IC μPC1909CX などを使えば，シンプルに構成できます(第 7 章，図 7-12 参照)．μPC1909CX の仕様により OUT_1(11 番ピン)と OUT_2(6 番ピン)は 2 相で動作しますので，同時に ON することはありません．OUT_1 が高電位の期間でオン・デューティ比が，OUT_2 が高電位の期間でオフ・デューティ比が決まります．OUT_2 がゼロ電位のときは，Tr_2 のベースはゼロ電位に固定されているので，ベース-エミッタ間を ON することができません．

 スイッチング回路は 2 個のパワー MOS を + 48 V と − 48 V 間の電源電圧で動作させ，その中間の SW-out 端子が出力になります．

● **本回路の最大出力電力**

 この PWM アンプ… D 級アンプの最大出力電力 P_{Omax} [W] は次式のように電源電圧 V_{DD} [V] と負荷抵抗 R_L [Ω] によって決まります．ただし，ここでは出力波形

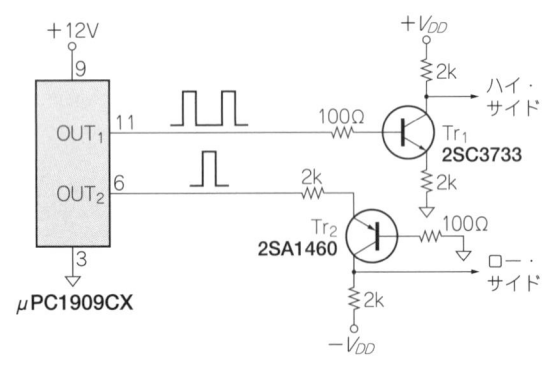

[図 10-10] **2 相出力＋デッド・タイム設定をもつμPC1909CX を使うと**
両極性出力の IC を使用すればこのように簡単な回路となる

は正弦波と考え，損失を無視しています．

$$P_{O\max} = \left(\frac{V_{DD}}{2\sqrt{2}}\right)^2 \bigg/ R_L = \frac{V_{DD}^2}{8R_L} \quad \cdots\cdots\cdots\cdots\cdots\cdots\cdots\cdots\cdots\cdots\cdots\cdots\cdots\cdots\cdots\cdots\cdots\cdots (10\text{-}1)$$

PWM 信号発生回路の μPC1099CX は，最大デューティ比 90 %，最小デューティ比 10 %に設定して動作させるので，最大出力振幅は，電源電圧（$\pm V_{DD} = \pm 48$ V）の 80 %（± 38 V$_{\text{peak}}$）になります．± 38 V$_{\text{peak}}$ の実効値は 27 V$_{\text{RMS}}$ ですから，負荷抵抗 R_L が 12.5 Ω のときの最大出力電力 $P_{O\max}$ は，

$$P_{O\max} = \frac{V_O^2}{R_L} = \frac{27 \times 27}{12.5} = 58.32 \text{ W}$$

です．
さらに高出力化するには負荷抵抗 R_L を下げることが考えられますが，出力ロー

Column 15
BTL（Bridged Transformer-Less）方式とは

BTL アンプの方式は図 10-C に示すように OP アンプ A_1，A_2 によって，A_1 を非反転アンプ，A_2 を反転アンプとして動作させます．通常，負荷抵抗 R_L は一端を接地しますが，このように出力端子（$+V_{OUT}$，$-V_{OUT}$）にそれぞれ接続します．

こうすることにより，低い電圧でも 2 倍の出力電圧を取り出せますので，電力では 4 倍の出力が得られることになります．

しかし，出力端子 $+V_{OUT}$ や $-V_{OUT}$ を誤って接地してしまうと，アンプを破壊することがあります．このため BTL 専用の IC には必ず保護回路が内蔵されています．

BTL … Bridge Tied Load と呼ばれることもあります．

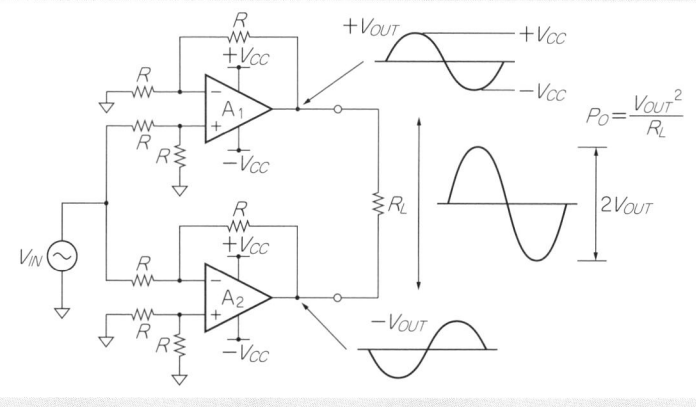

［図 10-C］BTL 回路の構成

パス・フィルタに使用するインダクタに流れる直流電流が増えるので，使用する部品が大きくなってしまいます．一般にオーディオ用 PWM パワー・アンプのスピーカの負荷抵抗値は 4〜8 Ω です．また，低電源電圧で大きな出力電力を得ることができる，BTL (Bridged Transformer-Less) 方式が採用されています．BTL に関しては Column 15 を参照してください．

● 出力ローパス・フィルタの設計と製作
▶ L と C の定数

すでに述べたとおり，PWM 変調波はローパス・フィルタを通すと元の信号が復調されます．このローパス・フィルタは大きな電力を伝送しますので，LC フィルタを採用します．実際のローパス・フィルタ回路部分は先の図 10-9 内に記載してあります．

LC フィルタは設計パラメータのうち，負荷の特性インピーダンス Z_O が重要になります．とくに負荷抵抗 R_L が大幅に変化する場合は注意が必要です．ここでは，負荷抵抗 R_L は 12.5 Ω とします．

図 10-11 にバターワース特性 LC ローパス・フィルタの回路と各定数の算出式を示します．ローパス・フィルタは，当然ですが，2 次より 4 次のほうが減衰特性が良く，スイッチング周波数のリークや高調波ノイズを抑えることができます．しかし，負帰還をかける場合は 2 次のほうが安定に動作します．本回路では 2 次のローパス・フィルタとしました．

使用した 2 次 LC ローパス・フィルタの定数は，しゃ断周波数 $f_C = 15$ kHz，$Z_O = R_L = 12.5$ Ω で求めます．すると，

$$L = \frac{1.4 R_L}{2\pi f_C} = \frac{1.4 \times 12.5}{2\pi \times 15 \times 10^3} \fallingdotseq 185.7 \ \mu\text{H} \quad \cdots\cdots (10\text{-}2)$$

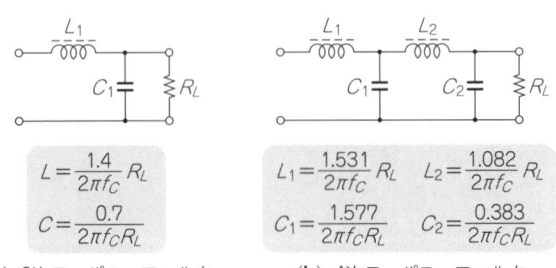

$L = \dfrac{1.4}{2\pi f_C} R_L$
$C = \dfrac{0.7}{2\pi f_C R_L}$

(a) 2 次ローパス・フィルタ

$L_1 = \dfrac{1.531}{2\pi f_C} R_L \quad L_2 = \dfrac{1.082}{2\pi f_C} R_L$
$C_1 = \dfrac{1.577}{2\pi f_C R_L} \quad C_2 = \dfrac{0.383}{2\pi f_C R_L}$

(b) 4 次ローパス・フィルタ

[図 10-11] 復調用ローパス・フィルタの設計

$$C = \frac{0.7}{2\pi f_C R_L} = \frac{0.7}{2\pi \times 15 \times 10^3 \times 12.5} \fallingdotseq 0.594\,\mu\text{F} \quad \cdots\cdots\cdots\cdots\cdots\cdots\cdots\cdots\cdots\cdots\cdots (10\text{-}3)$$

4次ローパス・フィルタも定数の算出結果だけを次に示します．

$L_1 = 203\,\mu\text{H}$, $L_2 = 143.5\,\mu\text{H}$, $C_1 = 1.338\,\mu\text{F}$, $C_2 = 0.325\,\mu\text{F}$

これらを元に図 10-9 で使用するローパス・フィルタの定数 L_1 は $180\,\mu\text{H}$，C は $0.47\,\mu\text{F}$ と $0.1\,\mu\text{F}$ の並列合成 $0.57\,\mu\text{F}$ を使うことにします．

▶ インダクタの種類と許容電流

前述の計算からわかるように，ローパス・フィルタのインダクタンスは 2 次，4 次ともに負荷抵抗 R_L が高いほど大きくなります．そのためオーディオ用途では R_L が 4〜8 Ω と低いので，インダクタは数 $10\,\mu\text{H}$ 程度のものですみます．なお，インダクタに流れる最大電流は，負荷に流れる最大電流にリプル電流を加算する必要があるので注意してください．

▶ コンデンサの等価直列抵抗

ここで使用する 2 次ローパス・フィルタには，図 10-12（a）に示すようにコンデンサ C_1 にはスイッチング周波数の電流 I_{SW} が流れます．しかもコンデンサには容量分の他に抵抗分 R_{ESR} が存在するため，その抵抗 R_{ESR} とコンデンサを流れる電流 I_{SW} でリプル電圧が生じます．このコンデンサの抵抗分を等価直列抵抗（ESR：Equivalent Series Resistance）といいます．リプル電圧は出力信号に重畳され，S/N 比（信号ノイズ比）を悪化させます．

そこで対策として，ここでは使用しませんが，S/N を改善するためのトラップを接続する例を図 10-12（b）に示します．これはスイッチング周波数（250 kHz）リプルを共振周波数とする LC トラップ（LC 並列共振回路）を接続して，スイッチング・ノイズを減衰させるものです．共振コイルに使用するインダクタ L_2 の値には自由度がありますが，流れる許容電流値に同様の注意が必要です．

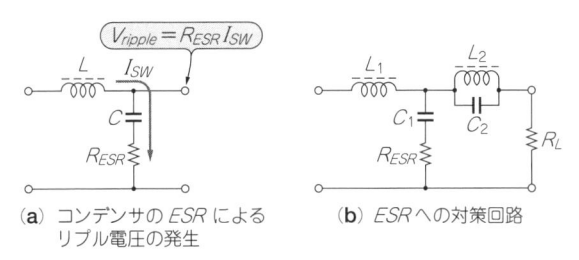

（a）コンデンサの ESR によるリプル電圧の発生

（b）ESR への対策回路

[図 10-12] スイッチング・ノイズを除去する LC トラップ

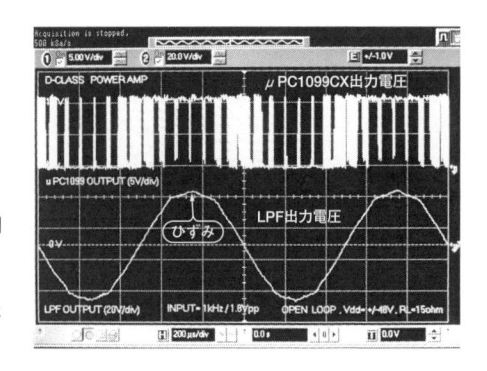

[写真 10-5] オープン・ループにおける PWM 出力とローパス・フィルタ出力（上：5 V/div., 下：20 V/div., 200 μs/div.）
負帰還をかけないオープン・ループでの確認波形はひずみが発生している．$V_{DD}=\pm 48$ V, $R_L=15$ Ω

● オープン・ループにおける動作波形

　ここまでは負帰還をかけないオープン・ループの回路で話してきました．負帰還設計を始める前にオープン・ループ回路での動作を波形で確認しておきます．観測は図 10-5 の回路の IN 端子に 1 kHz 正弦波，1.8 V_{P-P}（出力波形がひずむ電圧）の信号を入力して，図 10-9 の PWM 信号発生回路 μPC1099CX の OUT 端子 9 ピンの PWM 出力とローパス・フィルタの出力波形を観測しました．このときの負荷抵抗 R_L は手もちの擬似負荷抵抗 15 Ω，電源電圧は ±48 V の非安定電源としています．

　写真 10-5 にオープン・ループにおける動作波形を示します．この波形から最大デューティ比と最小デューティ比付近で波形がひずんでいることがわかります．

　増幅器一般に言えることですが，このような回路の設計・製作においてはクローズド・ループ特性を見る前に負帰還をかけていないオープン・ループで動作させて，波形などの電気的特性を観測することが重要です．

10-4　　ポイントは負帰還回路の設計

● μPC1099CX の出力を帰還する

　ローパス・フィルタに信号を通すと位相が遅れます．このため，ローパス・フィルタの出力端子から負帰還をかけると動作が不安定になる可能性があります．とくに負荷抵抗 R_L が変化したときに不安定になります．フィルタにつながる負荷抵抗が変化すると，フィルタの周波数特性とパルス応答は必ず変化します．

　ここでは，PWM 出力をスイッチングした出力 SW-out を CR フィルタで平均化して帰還してみます．図 10-13 は図 10-9 の出力部分を見やすくするために抜き出したものです．2 種類の負帰還部分をわかりやすく表示しました．

　写真 10-6(a) に示すのは，出力ローパス・フィルタを通さず，SW-out 端子から

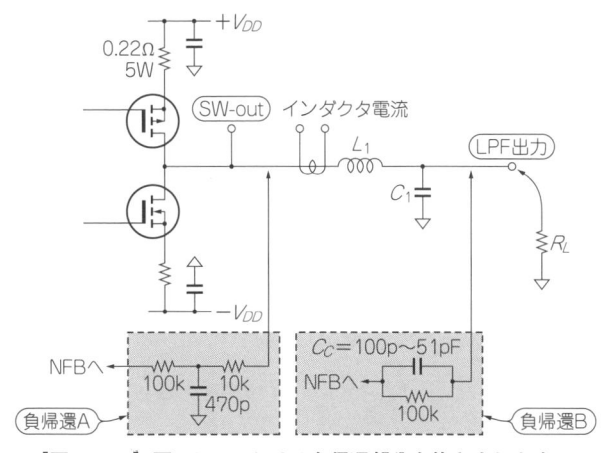

[図 10-13] 図 10-9 における負帰還部分を抜き出したもの

(a) $R_L=15\,\Omega$

(b) $R_L=50\,\Omega$

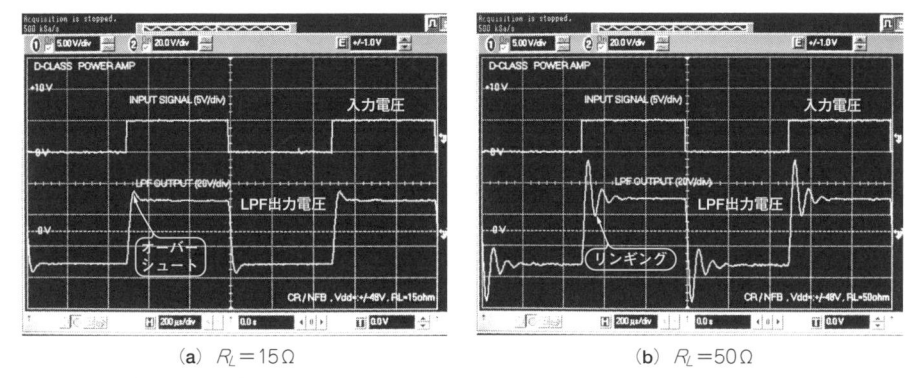

[写真 10-6] SW-out から別ローパス・フィルタを通して帰還したとき（負帰還 A）の R_L の違いによるパルス応答の違い（上：5 V/div.，下：20 V/div.，200 μs/div.）

図 10-5 の NFB へ帰還したときのパルス応答です．図では負帰還 A と表示されている追加回路で，この CR フィルタの抵抗は 10 kΩ，コンデンサは 470 pF です．負荷抵抗 R_L が 15 Ω と高いためか，ローパス・フィルタ出力の波形では少しオーバシュートが観測されています．負荷抵抗 R_L の値をフィルタの計算値より高くすると，オーバシュートが増加します．

R_L をさらに高抵抗にしたり，開放状態にするとリンギングはさらに増大します．写真 10-6(b) に示すのは，$R_L=50\,\Omega$ のときのパルス応答です．大きなリンギングは帰還ループと復調用ローパス・フィルタの特性が合致していないためです．

10-4 ポイントは負帰還回路の設計 | 249

(a) $R_L = 50\,\Omega$　　　　　　　　(b) R_L：オープン

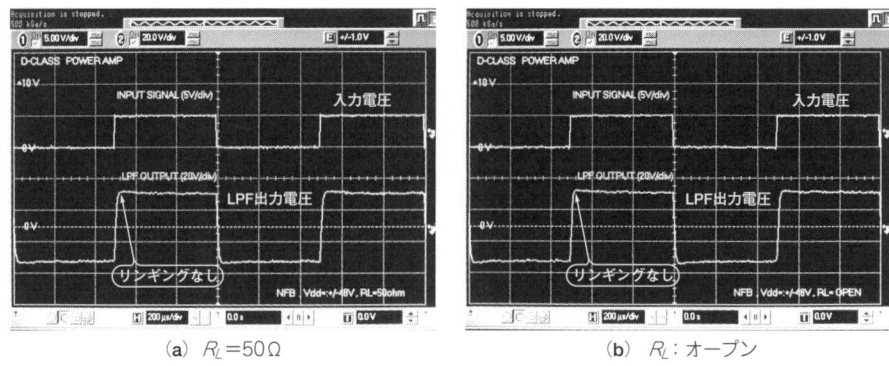

[写真 10-7] 出力ローパス・フィルタの後ろから帰還したとき(負帰還 B) の R_L の違いによるパルス応答の違い($C_C = 100\,\mathrm{pF}$，上：5 V/div.，下：20 V/div.，200 µs/div.)

● ローパス・フィルタの出力側から帰還すると

　先の図 10-13 で示す負帰還 A のように出力ローパス・フィルタの前から帰還する方式では，LC フィルタのインピーダンスが帰還ループの外になるため，出力端子から見たインピーダンスが下がらない欠点があります．

　そこで負帰還 B は出力ローパス・フィルタの後ろから帰還する方式です．出力ローパス・フィルタの後ろから帰還をかけるために，発生する遅延や位相シフト量を進ませる CR 回路を追加して補償しています．

　進み補償量は，オープン・ループ（帰還をかけない）での利得と位相の周波数特性を計測し，負帰還ループが安定動作するような位相マージンを確保します．ここでは帰還抵抗 100 kΩ と並列に補償コンデンサ C_C を接続し，高負荷抵抗でのパルス応答が最適になるよう容量を決定しました．

　では，帰還抵抗 100 kΩ と並列にする補償コンデンサ C_C が決まったところで，ローパス・フィルタ出力を負帰還する負帰還 B の状態でパルス応答を観測してみましょう．写真 10-7 が補償コンデンサ C_C が 100 pF の場合の，入力信号とローパス・フィルタ出力のパルス応答波形です．パルス応答波形は負荷抵抗を 12.5 Ω から 50 Ω に変更したり負荷を開放してもきれいです．「負荷開放で使用することはないのでは？」といった疑問がありますが，PWM パワー・アンプはオーディオ・アンプ以外に超音波用振動子やピエゾ素子などの駆動も可能です．そのため，負荷抵抗値は高く，容量性素子を駆動するということもありますので考慮しておきます．

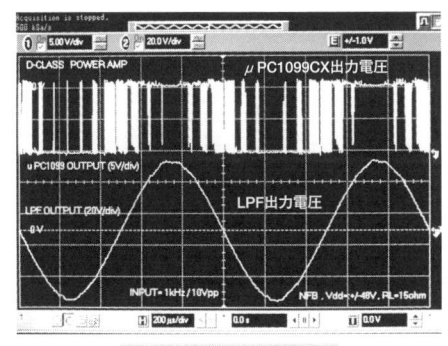

$V_{DD}=\pm48\text{V}$, $R_L=15\Omega$

[写真 10-8] ローパス・フィルタ出力帰還（負帰還B）のクローズド・ループでのPWM出力とローパス・フィルタ出力波形（上：5 V/div.，下：20 V/div.，200 μs/div.）
入力信号は10 Vだったが，復調されたローパス・フィルタ出力波形の振幅は 85 V_{P-P}になっている

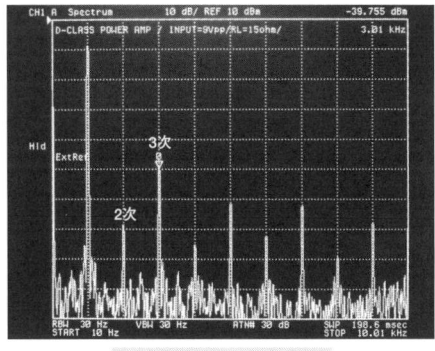

$V_{DD}=\pm48\text{V}$, $R_L=15\Omega$

[写真 10-9] 入力信号を1 kHzの正弦波，9 V_{P-P}にしたときの出力スペクトラム（10 Hz 〜 100 kHz，10 dB/div.）
PWM回路の非線形性に起因すると考えられる高調波スペクトラムの状況

● クローズド・ループでの動作波形

ところで図 10-5 ＋ 図 10-9 の合成によるPWMアンプとしてのオープン・ループ利得は，供給電源電圧 $\pm V_{DD}$ に依存しています．試しに写真 10-5 の結果から計算すると 31.7 dB となります．この 31.7 dB という値は，出力電圧 70 V_{P-P} を入力電圧 1.8 V_{P-P} で割ると 38.8 倍となりますので，20 log 38.8 から 31.7 dB と算出できます．

ここで出力端子から帰還する方法（負帰還B）…いわゆるクローズド・ループでの動作波形を観測してみます．写真 10-8 は入力を正弦波とした場合の波形を観測した結果です．トレースの上が μPC1099CX の PWM 出力，下がローパス・フィルタ出力です．正弦波のクリッピング時の入力電圧は 10 V_{P-P} で，出力電力は写真 10-8 の出力振幅 85 V_{P-P} からの実効値 30 V と負荷抵抗 15 Ω から計算すると約 60W です．負帰還後の利得は 18.58 dB（85 V/10 V = 8.5 倍）ですから，負帰還量は 13.1 dB になります．

写真 10-9 に示すのは，入力信号を 1 kHz 正弦波として，最大出力より少し小さいレベル（9 V_{P-P}）を入力したときの高調波スペクトラムを観測した結果です．偶数次のひずみは小さく，3次高調波は約 −40 dB となりました．この波形ひずみは PWM IC 内部の三角波回路の非線形性に起因するものと思われます．

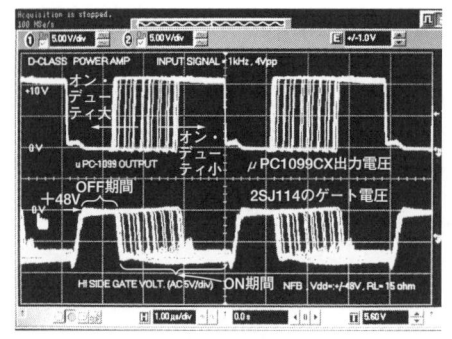

[写真 10-10] 1 kHz, 4 V$_{P-P}$ 信号を入力したときの PWM 出力波形とハイ・サイド 2SJ114 のゲート電圧（上下：5 V/div., 1 μs/div.）
PWM 出力はデューティ比は入力信号に合わせて 50％を中心に変化しているのがわかる

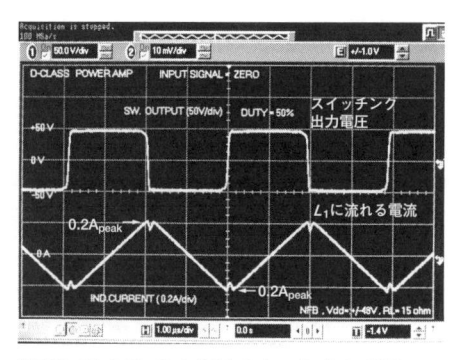

[写真 10-11] 入力信号のないときの SW-out 電圧と出力インダクタに流れるリプル電流（上：50 V/div., 下：0.2 A/div., 1 μs/div.）
スイッチング出力電圧約 100 V$_{P-P}$ で, 無信号時のインダクタへの電流は 0.4 A$_{P-P}$ 流れている

● PWM 出力波形とゲート・ドライブ波形の観測

では，負帰還 B による観測を続けましょう．

まず 1 kHz の入力電圧 4 V$_{P-P}$ と，変調度を小さくしたときの波形を見てみましょう．PWM 変調回路の PWM 出力波形と出力段ハイ・サイド側のパワー MOS 2SJ114 のゲート電圧を観測してみます．結果は**写真 10-10** に示します．デューティ比を変えながら波形を重ね書きしました．PWM 変調回路の PWM 出力のデューティ比は 50％を中心に変化しています．2SJ114 のゲート電圧（下トレース）は，V_{DD} の＋48 V を基準に観測していますので負側に振幅しています．

● 出力インダクタに流れる電流波形

スイッチング周波数が 250 kHz と高いので，復調用の出力ローパス・フィルタのインダクタ L_1 には許容電流の小さい小形のものが使えそうです．ただし，負荷抵抗値と出力電圧振幅によって決まる出力信号電流には注意が必要です．

また入力信号がないときの PWM 出力のデューティ比は 50％です．インダクタに流れる電流波形は対称三角波で，インダクタンスを大きくするほど電流値は小さくなります．この様子を**写真 10-11** に示します．スイッチング周波数を 250 kHz，スイッチング出力電圧約 100 V$_{P-P}$ としたときの，無信号時にインダクタ L_1 に流れる電流波形です．観測ポイントは**図 10-13** で，SW-out とインダクタ電流測定ポイントです．無信号のインダクタ電流は 0.4 A$_{P-P}$ しか流れていません．

次に入力信号を増大していき，最大出力時のローパス・フィルタ出力電圧と出力

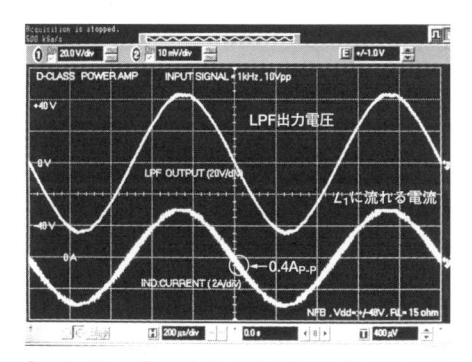

[写真 10-12] 最大出力時のローパス・フィルタ出力電圧と出力インダクタ L_1 に流れる電流
(上:20 V/div., 下:2 A/div., 200 μs/div.)
最大出力時は電流がインダクタンスに約 5.7 A_{P-P} も流れる

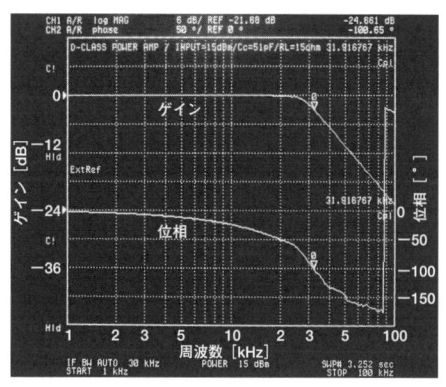

[写真 10-13] C_C を 100 pF から 51 pF に変更したときの周波数特性
このように C_C は観測しながら決めることになる

インダクタ L_1 に流れる電流 I_{L1} を写真 10-12 に示します．このときの出力電圧は写真画面から約 85 V_{P-P} で，また負荷抵抗 R_L = 15 Ωですから，インダクタ L_1 には，

$$I_{L1} = \frac{85 \text{ V}}{15 \text{ Ω}} \fallingdotseq 5.67 \text{ A}_{P-P}$$

の電流が流れます．最初の実験では，インダクタは小形トロイダル・コイルを使用しましたが，最大出力で放置したらコイルが発熱したので，新たにフェライト・コアにギャップ(2 mm)を入れたインダクタを製作しました．

● 周波数特性の確認

PWM パワー・アンプに使用した復調用の出力ローパス・フィルタの遮断周波数 f_C は 15 kHz に設定しています．したがってアンプとしての周波数特性は約 15 kHz から減衰しそうです．しかし，この回路では出力ローパス・フィルタが帰還ループ内に入っているので，そのような特性にはなりません．

負帰還 B の補償用コンデンサ C_C を 100 pF から 51 pF に変更することにより，周波数特性を平坦化することができます．そのときの改善した周波数特性は**写真 10-13** のとおりです．この変更により周波数帯域は約 30 kHz/－3 dB に拡大されています．振幅がもっとも平坦なバターワース・フィルタに方形波を入力すると，わずかですがオーバシュートが出ます．

パワー MOS FET 活用の基礎と実際

第11章
38kHz-100W 超音波発振器の設計

パワー・スイッチング回路の応用例として，超音波発振器を試作し実験します．
超音波発振器は PLL 発振回路による他励発振方式を使用し，
発振周波数を変動する BLT の共振周波数に自動追尾させ，
定電流方式で駆動する本格的なものを設計します．
完成品は約 38kHz の発振周波数，100W 出力の安定した動作が可能です．

11-1　超音波発振器の原理と構成のあらまし

● 超音波発振器は何をするもの

　超音波とは人間の耳には聞こえないほどの高い周波数の音波と定義されていますが，一般には 20kHz 以上の音波のことです．

　超音波は気体中では減衰しやすく，液体や固体中では良く伝搬し，小さな振動変位で高い音圧と強いパワー密度をもつことから，超音波洗浄器などが身近なものとして知られていますが，半導体の元となるシリコン・ウエハの洗浄などでも重要な位置付けにあります．

　また，超音波発振器に加工器具を付ければ超音波加工(切断，溶着)などが行えます．ほかには液体の霧化する超音波加湿器，エコーを利用した超音波計測には魚群探知機や空中超音波計測，超音波医療診断装置などで広く応用されています．

● メインの部品…超音波振動子

　超音波の発生には圧電素子が利用されています．水晶の圧電効果を発見したのはキューリー兄弟ですが，圧電効果によって超音波を発生させたのがランジュバンという人で，超音波振動子のことを**ランジュバン型振動子**とも呼んでいます．最近の超音波振動子の多くは水晶振動子よりもっと圧電効果の高い PZT セラミックスが利用されています．

　さて，超音波はボルト締めランジュバン型振動子(BLT：Bolted Langevin type

[写真 11-1] ボルト締めランジュバン型振動子の製品例 [日本特殊陶業㈱]

Transducers)に交流電圧を加えて，機械的に振動させて発生させることになります．しかし，BLT は加える負荷状態によってインピーダンスが大きく変動するという扱いにくい特徴があります．BLT に加える交流電圧は，この変動する BLT のインピーダンスに対応するための整合回路を付加したハーフ・ブリッジ回路で高電圧出力で駆動します．

　写真 11-1 に BLT の外観例を示します．この振動子の頭部にホーンを取り付けて使います．ホーンとは，BLT で発生した超音波振動を負荷に伝送し，振幅を拡大する目的で使われる機械的共振器です．ホーンで発生した超音波振動を水中に伝えると，超音波洗浄器になります．また，ホーン先端に加工器具を付ければ超音波加工などが行えます．

● 超音波発振器の全体構成

　ロー・コストな超音波発振器は，超音波振動子を帰還ループ内に入れた自励発振方式が採用されています．しかし，これは振動系と負荷特性を理解していないと設計できません．

　ここで製作するのは，PLL 発振回路で他励発振方式を使用し，発振周波数を変動する BLT の共振周波数に自動追尾させ，さらに振動子を定電流方式で駆動するものです．こうすることにより製作する超音波発振器は約 38 kHz の発振周波数，100 W 出力の安定した動作が期待できるようになります．

　図 11-1 が試作する超音波発振器の構成です．主に六つのブロックで構成されています．

  ・PLL による発振回路 (VCO, PSD)

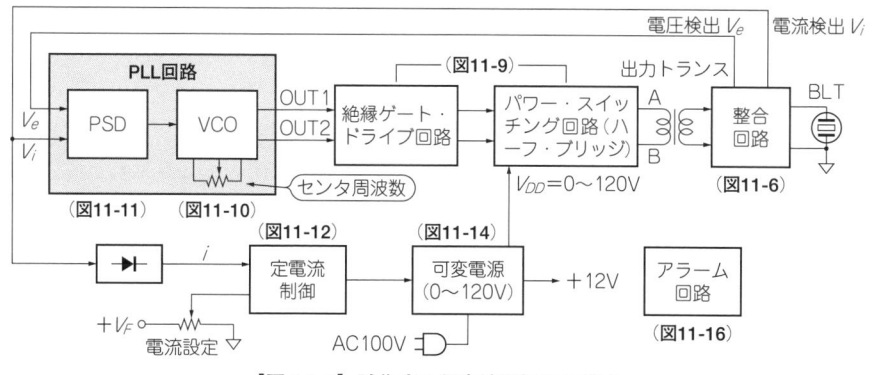

[図 11-1] 試作する超音波発振器の構成

- 絶縁ゲート・ドライブ回路
- パワー・スイッチング回路
- 整合回路
- 可変電源回路（AC 入力フィルタ・整流・平滑回路含む）
- 定電流制御回路

このほかに，回路電源，アラーム回路などが必要です．

● PLL による発振回路の構成

　超音波振動子 BLT に，振動子のもっている共振周波数の信号を加えると，大きな共振出力を得ることができます．ただし，その共振周波数は負荷状態や周囲温度，駆動電圧レベルなどによって変動します．

　発振周波数の自動制御は，BLT が機械的に共振したときに電圧と電流の位相差がほぼゼロになることを利用して行います．いわゆる PLL（フェーズ・ロックド・ループ）回路です．

　PLL 回路の詳細は専門書に詳しく解説されていますので詳細はそちらを参照ください．設計にあたっては，PLL 回路を構成する電圧制御発振回路（VCO）と位相検出器（PSD），ループ・フィルタについての若干の知識が必要です．

　VCO は変動する BLT の共振周波数に対応するため，発振周波数の可変範囲は±5 %以上必要です．初期発振周波数の安定度は 1 %以下でないと，周波数の自動追尾ができません．

　VCO の実現手段としては CR マルチバイブレータが考えられますが，発振周波数の温度特性が悪く，電源電圧変動を受けやすいので実用に耐えられません．発振

周波数の安定度を重視する場合は，セラミック振動子による発振回路で VCO を作るとよくなります．しかし，この発振回路では発振周波数の可変範囲を数％以上得るのが難しくなります．

ここで使用する VCO 回路は BLT に加える発振周波数が数十 kHz，発振波形は方形波で良いので，PLL 回路用ではなく，スイッチング電源制御 IC MC34025 を応用することにしました．

また，VCO の周波数を制御するための位相比較器 PSD 回路は，ディスクリート部品で構成します．

PLL 回路からの発振出力はパルス・トランスを使用して，パワー MOS のゲート・ドライブに必要な波形と電力を供給します．パワー MOS のゲート・ドライブ回路については，第 4 章に詳しく解説しています．

● BLT との整合とパワー・スイッチング回路

低い周波数で発振する超音波発振器のドライブはバイポーラ・トランジスタや IGBT，数十 k～数 MHz 帯の高い周波数では，パワー MOS が使われています．

BLT をドライブする出力回路にはさまざまな方式が考えられますが，筆者はパワー MOS のハーフ・ブリッジやフル・ブリッジ回路が良いと思っています．

出力電力は，出力スイッチング素子を並列に接続したり，出力トランスの巻き数比を変更することなどで増強できます．BLT が非同調，短絡，断線したときのことを考慮すると，出力デバイス（パワー MOS）の電圧・電流マージンを多く見込んでおくことが重要です．

パワー・スイッチング回路の負荷が抵抗ならば話しは簡単です．しかし，超音波振動子…BLT となると話しは複雑で，リアクタンス負荷になります．リアクタンス負荷の駆動にはインピーダンス整合の知識が必要です．BLT を整合するためのポイントは次の二つです．

▶ BLT の固有デバイス容量 C_d をキャンセルする

BLT は固有デバイス容量 C_d をもつ容量性負荷となるので，大きな微分電流が流れて出力素子を破壊することがあります．このため固有デバイス容量 C_d をキャンセルする必要があります．

▶ 共振インピーダンスの変化に対応する

ホーン取り付けなどの負荷変動および C_d のキャンセルによって，共振インピーダンスが大きく変化します．これに対応できる整合回路が必要です．

なお，ここでは大きな負荷変動に対応できるように，スイッチング方式の可変電

源回路を使用し，出力からの帰還ループによる定電流制御を行います．一般に負荷状態が比較的安定したアプリケーションではこれらの機能は必要ないかもしれません．

その他，AC 入力回路や機器破壊を防ぐ保護回路なども必要です．

11-2　超音波振動子 BLT の特性を測定する

● BLT の等価回路は…

整合回路を設計するのには BLT（ボルト締めランジュバン型振動子＝超音波振動子）の特性を知っておくことが非常に重要です．BLT の固有デバイス容量 C_d をキャンセルするためのインダクタの値は，等価直列抵抗に依存します．超音波発振器の設計にはこの等価直列抵抗の値が実際の負荷でどのくらいになるか，またその変化範囲はどうなのかといった，BLT の特性を事前に理解し，測定評価する必要があります．製作する超音波発振器の整合回路はそれらの特性に合うように設計することになります．

BLT は，電気的にはセラミック共振子や水晶振動子のような特性を示します．等価回路を図 11-2(a)に示します．典型的な機械的振動子の回路です．これを駆動すると機械振動系が共振しますから，図 11-2(b) の CR 並列回路と等価な回路になってしまいますが，設計しやすくするために直列変換すると，図 11-2(c)に示す CR 直列回路と等価になります．

しかし，パッケージ内に保護されて一定の周波数を発振する水晶振動子などと違い，負荷条件により共振時の等価直列抵抗 R_m が大きく変化します．また，固有デバイス容量 C_d は，数千 pF から数万 pF と大きいので，パワー・スイッチング回路の出力（方形波）でそのまま直接駆動すると，電力効率が低下します．

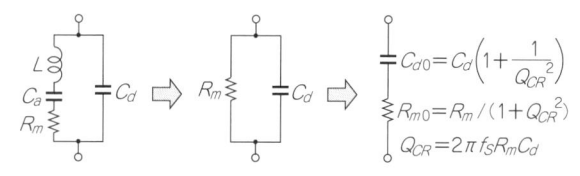

$$C_{d0} = C_d\left(1 + \frac{1}{Q_{CR}^2}\right)$$
$$R_{m0} = R_m / (1 + Q_{CR}^2)$$
$$Q_{CR} = 2\pi f_S R_m C_d$$

(a) BLT の等価回路　(b) 機械的共振時の等価回路　(c) 等価直列変換した等価回路

[図 11-2] BLT の等価回路と直列変換
BLT の等価回路は並列構成だが直列に変換すると整合回路の設計が楽になる

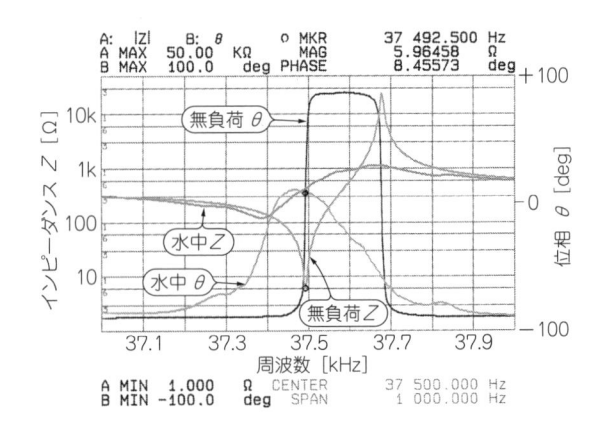

[図 11-3] BLT の水中負荷におけるインピーダンスと位相の周波数特性

● 水中でのインピーダンスと位相の周波数特性

実際に BLT の特性を測定してみます．図 11-3 に共振周波数 38kHz の BLT に機械的ホーンを取り付けたときのインピーダンスと位相の周波数特性を示します．これは BLT の両端で測定しています．

負荷時と無負荷時では，その周波数特性が大きく異なります．ここで言う負荷時とは，擬似的に安定負荷状態を得るため，ホーンの先端を水中に挿入して，振動エネルギを水中で消費させている状態のことです．無負荷とは水中から出した状態であり，ホーンを取り外した状態ではありません．

等価回路網の定数は周波数特性の測定結果からインピーダンス・アナライザ(HP-4194A)を使って求められます．無負荷時の等価回路定数は，$R = 5.92\,\Omega$，$L = 169\,mH$，$C_a = 106\,pF$，$C_d = 10.66\,nF$ です．負荷時には $R = 146\,\Omega$，$L = 214mH$，$C_a = 84.6\,pF$，$C_d = 9.425\,nF$ と変化しました．

水中での測定では，水位や容器によっても電気的特性が大きく変化します．

● ゴム・シート上でのインピーダンスと位相の周波数特性

図 11-4 は BLT の先端をゴム・シートの上に立てたときのインピーダンスと位相の周波数特性です．ゴム・シートの上に水を数滴たらし，ホーンを垂直に立てて測定しました．これも BLT の両端で測定しています．

ゴム・シート上での特性カーブは，水中で測定したときは不安定だった特性カーブと比較すると安定しています．

インピーダンス・アナライザで測定する信号レベルは $1\,V_{RMS}$ 程度で，実際の駆動状態の測定値とは異なります．回路定数は負荷状態によって大幅に変動するので

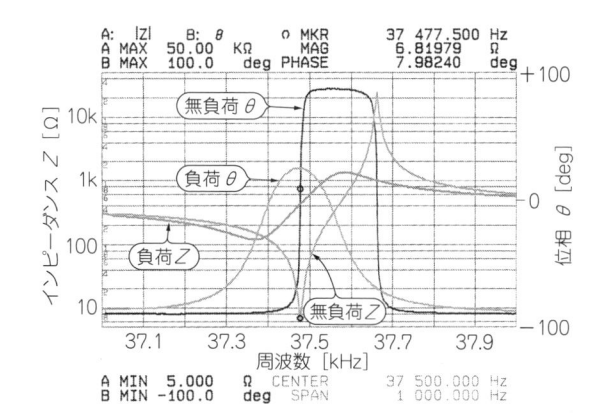

[図 11-4] BLTのゴム・シート負荷におけるインピーダンスと位相の周波数特性

すが，とりあえずこの特性データを使って設計します．

● アドミタンスで評価する

　一般的に高周波回路における整合回路では，インピーダンス $Z = R \pm jX$ で設計を行います．しかし超音波振動子の整合は，インピーダンスと位相特性のほかに，**アドミタンス**($Y = G \pm jB$)特性も評価しています．

　アドミタンス表記だと実数部(G，横軸)と虚数部(B，縦軸)が並列回路の場合，単純な加算で表せます．アドミタンス Y は，インピーダンス Z の逆数($Y = 1/Z$)で，単位は[S](シーメンス)です．また実数部 G はコンダクタンス，虚数部 B をサセプタンスと言います．

　図 11-5 に BLT の無負荷時と負荷時(ゴム・シートに立てた場合)のアドミタンス

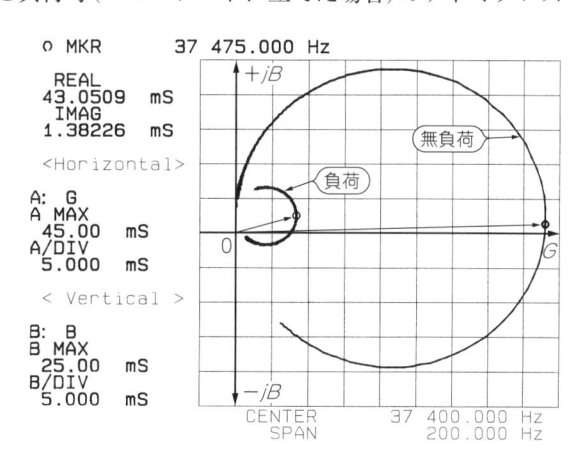

[図 11-5] BLTのアドミタンス特性(左中央がゼロ，G：5 mS/div.，B：5 mS/div.)

特性を示します．外側の大きなループが無負荷のときの特性で，小さなループが負荷時の特性です．負荷時のコンダクタンス G は，43 mS から 8.33 mS と大幅に小さくなりました．

虚数軸（縦軸）のサセプタンス $\pm jB$ は，リアクタンス成分です．小さいほうが良いのですが，実軸（横軸）との比率…位相角が重要です．

このアドミタンス特性で横軸（コンダクタンス）の最大点が共振周波数です．座標の原点から線を引く．横軸と交わった角度が位相角です．

整合回路の設計ポイントは，負荷時アドミタンス・ループのコンダクタンスの最大点座標を，電気的回路網を付加することで横軸上（$B=0$）に移動することと言えます．

11-3　インピーダンス整合回路の設計

● 整合回路のあらまし

先に述べたとおり，BLT の固有デバイス容量 C_d は数千～数万 pF と非常に大きいので，キャンセルしておかないとドライブ回路に大きな微分電流が流れて，出力素子…パワー MOS を破壊することがあります．製作に使用した超音波発振器の BLT は，超音波洗浄機などに応用するときは機械的な共振用ホーンを付けて使用します．

BLT にホーンを取り付けて使用する場合は，取り付け前と比較すると共振インピーダンスが大きく変化します．これは，BLT とそのホーンに外乱負荷が加わることを意味します．外乱は，共振時の等価直列抵抗に影響を与えます．

BLT の固有デバイス容量 C_d をキャンセルするためにはインダクタを使用しますが，インダクタの値は BLT の等価直列抵抗に依存します．したがって整合回路では，その値が実際の負荷でどのくらいになるか，変化範囲はどうなのかといった特性を，事前に評価したデータを元に回路定数を設計します．

図 11-6 に実際の整合部の回路を示します．この整合部は前段のパワー MOS によるハーフ・ブリッジ出力回路からトランスを介しています．出力トランスの巻き数比は BLT のインピーダンスに関係しますが，外乱状態が不明で等価直列抵抗 R_m が予測できないことも多くあるので，あらかじめトランスの 2 次側にタップを設けて柔軟に対応できるようにしておきます．

タップは基準の巻き線 1 に対して，1.4 倍（電力で 2 倍）と 0.7 倍（電力で 1/2 倍）を用意して，電力で約 4 倍の範囲をカバーします．さらに出力トランスの 1 次巻き

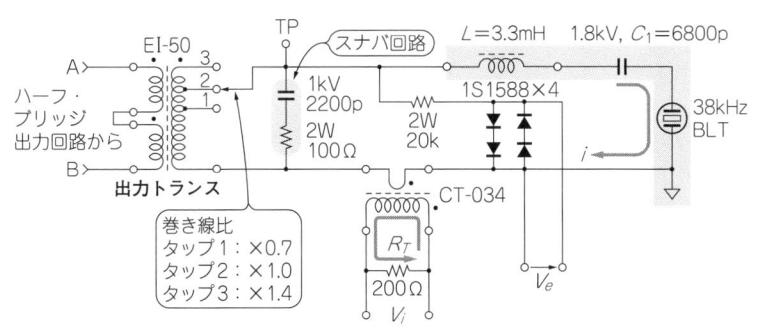

[図11-6] BLTの整合回路
単なるBLTをドライブするのではない．共振すると電圧と電流の位相差がゼロになるので，フィードバック用の取り出し回路を付加する

線を2個直列に巻いてあるので，これを並列接続に変更すれば，2倍の電圧（電力に換算すると4倍）に昇圧できます．ただし，この場合は前段のハーフ・ブリッジ出力電流が増加するので，パワーMOSを並列に接続するなどの配慮が必要です．トランスの2次側にはCRスナバ回路も付加します．

フィードバックするための電圧と電流は，出力トランスの2次側からダイオードでクランプして電圧出力V_eを，カレント・トランスCT-034と抵抗により電圧に変換した電流出力V_iとして取り出します．取り出した電圧出力V_eと電流出力V_iは共振周波数が合っているか，電圧と電流の位相差が0°となるよう，PLL回路で発振周波数を制御するように使用されます．

負荷となる等価直列抵抗R_mの変動は，BLTに流れる電流をカレント・トランスで検出して定電流制御することにより振動振幅を安定化します．

こうして整合回路ではフィードバックする電圧と電流を取り出しています．BLTにはインダクタとコンデンサを直列接続して整合を行います．

● LCR直列回路で整合する

機械的共振時のBLTは等価的にCR並列回路とみなせるので，インダクタLとコンデンサC_1をBLTと直列接続してLCR直列回路にします．共振時のBLTの定数を図11-7に示すようにLCR回路として等価直列変換して，C_{d0}およびR_{m0}を求めます．こうすることにより，LCR直列共振回路として簡単に扱えます．

各回路定数の設計にあたっては，最初に整合回路のクオリティ・ファクタQ_Lを決めておく必要があります．ここではPLL回路での制御性を考慮して，やや低めの$Q_L=5$と仮定します．この値に根拠はありませんが，常識的な値です．

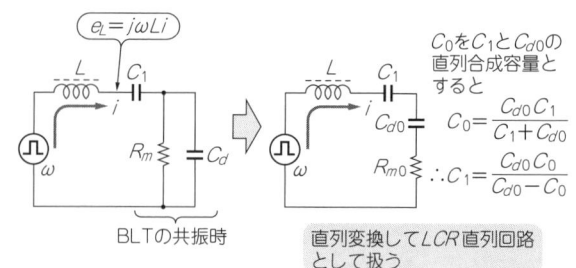

[図 11-7] *LCR* 直列回路による整合方法
BLT に C と L を接続して，*LCR* 直列共振回路として簡単に扱うようにする

共振周波数を f_S として，次の手順で計算します．まず，図 11-2(c) の等価直列変換により，

$$R_{m0} = \frac{R_m}{1+Q_{CR}^2} = \frac{R_m}{1+(2\pi f_S C_d R_m)^2} \quad \cdots\cdots (11\text{-}1)$$

ここで Q_{CR} は R_m と C_d のリアクタンスの比率で，回路の Q を表します．

$Q_{CR} = 2\pi f_S \cdot C_d \cdot R_m$

$$C_{d0} = C_d \left(1 + \frac{1}{(2\pi f_S C_d R_m)^2}\right) \quad \cdots\cdots (11\text{-}2)$$

C_{d0} と C_1 の直列合成容量を C_0 とすると，$C_0 = 1/(2\pi f_S R_{m0} Q_L)$ から，

$$C_1 = \frac{C_{d0} C_0}{C_{d0} - C_0} \quad \cdots\cdots (11\text{-}3)$$

$$L = \frac{R_{m0} Q_L}{2\pi f_S} \quad \cdots\cdots (11\text{-}4)$$

として各値が計算できます．

では，先のデータをもとに計算してみます．

CR 並列回路を直列変換して R_{m0} と C_{d0} の各定数を求めます．まず *CR* 並列回路のクオリティ・ファクタ Q_{CR} を計算しておきます．

$f_S = 37.5\,\text{kHz}$，$C_d = 10.66\,\text{nF}$，R_m は大きいほうにマージンを見て，$R_m = 150\,\Omega$ と仮定します．

$Q_{CR} = 2\pi f_S C_d R_m$
$\quad = 6.28 \times 37.5 \times 10^3 \times 10.66 \times 10^{-9} \times 150$
$\quad \fallingdotseq 0.376 \quad \cdots\cdots (11\text{-}5)$

したがって，

$$R_{m0} = \frac{R_m}{1+Q_{CR}^2} = \frac{150}{1.141} \fallingdotseq 131.4\,\Omega \quad \cdots\cdots (11\text{-}6)$$

$$C_{d0} = C_d \left(1 + \frac{1}{Q_{CR}^2}\right)$$
$$= 10.66 \times 10^{-9} \times 8.073 \fallingdotseq 86.058 \, \text{nF} \quad \cdots \cdots (11\text{-}7)$$

共振に必要な合成容量 C_0 は，

$$C_0 = \frac{1}{2\pi f_S R_{m0} Q_L} \fallingdotseq 6459 \, \text{pF} \quad \cdots \cdots (11\text{-}8)$$

以上から，C_1 と L の値は，

$$C_1 = C_0 C_{d0} / (C_{d0} - C_0) = 6983 \, \text{pF} \quad \cdots \cdots (11\text{-}9)$$
$$L = R_{m0} Q_L / (2\pi f_S) = 2.788 \, \text{mH} \quad \cdots \cdots (11\text{-}10)$$

となります．しかし，インダクタンスは値を自由に選択しにくいので，L の値をこの近辺の値に設定して，共振に必要なコンデンサの値を逆算で決定します．

$L = 3 \, \text{mH}$ と仮定すると，共振用コンデンサ $C_0 = 6000 \, \text{pF}$，したがって $C_1 = 6449 \, \text{pF}$ となります．

● 位相推移特性を考慮する

さて，この整合回路では共振周波数 f_S を 37.5 kHz として計算しましたが，実際に高電圧で BLT を駆動すると，f_S は少し低下する傾向があります．これに対応するため，位相推移特性を観測して BLT と直列に接続したインダクタ L とコンデンサ C_1 の定数を修正します．

図 11-8 は，BLT と直列に $L = 3.3 \, \text{mH}$，$C_1 = 6800 \, \text{pF}$ を挿入したときのインピーダンスと位相の周波数特性です．これも BLT の両端で測定しています．

並列共振周波数 f_P は変化しませんが，直列共振周波数 f_S は無負荷時の 37.357 kHz

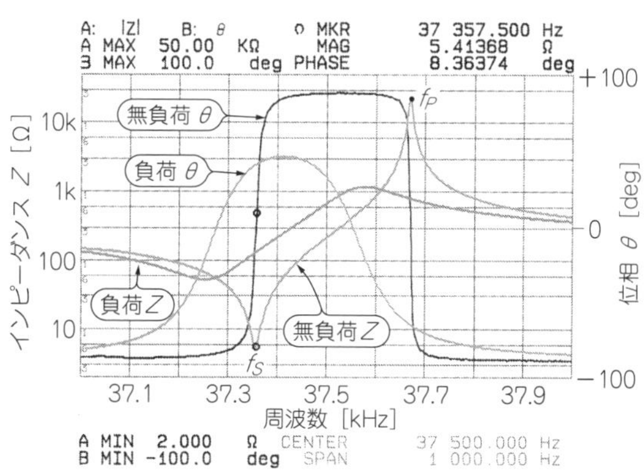

[図 11-8] $L = 3.3 \, \text{mH}$，$C_1 = 6800 \, \text{pF}$ でのインピーダンスと位相の周波数特性
BLT と直列に C と L を接続して周波数特性を測定した．負荷があると共振周波数 f_S は下がっている

から負荷時に 37.26 kHz に低下し，共振インピーダンスは 5.41 Ω から 51.38 Ω に上昇しています．つまり，BLT の無負荷と負荷時のインピーダンス変化は，10 倍程度に見込んでおく必要がありそうです．

もし，定電圧駆動で負荷抵抗 R_L が 10 倍変化するケースでは，出力電力 P_O は電圧 V の 2 乗を負荷抵抗 R_L で割った値になるので出力も 1/10 に低下してしまい，対象物にパワーを送れないことになります．

そこで定電流駆動方式が必要になります．BLT に流れる電流をカレント・トランスで検出し，比較・制御を行い，負荷抵抗 R_{mo} が増加する負荷時に大きな電力を供給するようにします．

11-4 ドライブ回路とスイッチング回路を設計して整合回路に接続する

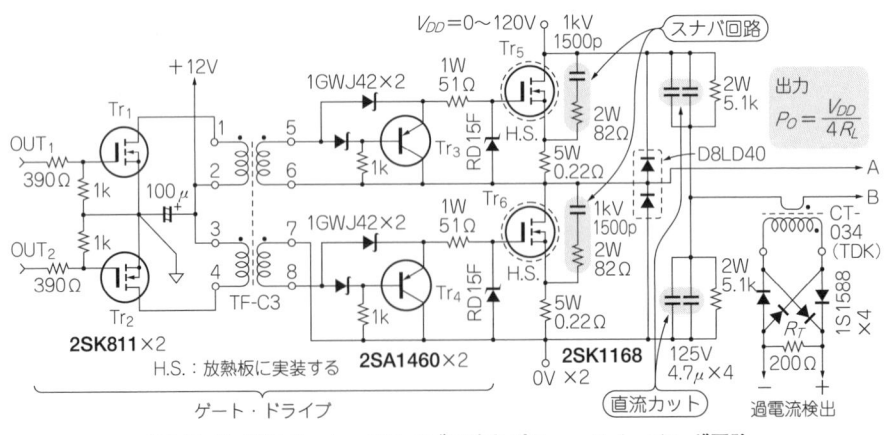

● 絶縁ゲート・ドライブ回路とパワー・スイッチング回路

図 11-9 に絶縁ゲート・ドライブ回路と 100 W 出力のハーフ・ブリッジ型パワー・スイッチング回路を示します．この前段には PLL (VCO) 回路からのプッシュプル出力を入力とします．後段となる出力 A，B は先の BLT 整合回路の入力となります．また，出力トランスの接地側のカレント・トランスで過電流検出を行います．

▶ ゲート・ドライブ回路

ゲート・ドライブ回路は前段のスイッチング・レギュレータ制御 IC MC34025P のプッシュプル出力 (OUT_1/OUT_2) を 2 個の 2SK811 でそれぞれスイッチングしま

[図 11-9] 絶縁ゲート・ドライブ回路とパワー・スイッチング回路

す．そのドレインに接続した絶縁トランスで，パワー・スイッチ回路のゲート・ドライブに必要な電力を絶縁して供給します．

▶ ハーフ・ブリッジ型パワー・スイッチング回路

2SK1168（500 V・15 A）を二つ直列接続して，可変する 0 〜 +120 V の電源電圧を約 38 kHz の周波数でスイッチングします．BLT 負荷は直列共振することになるので，整合回路へのトランス 1 次側 A-B 間の出力電流は正弦波になります．

2SK1168 のドレイン-ソース間には CR スナバ回路を接続して，リーケージ・インダクタンスによるリンギングを抑制します．

ハーフ・ブリッジ型パワー・スイッチング回路は，一般に単電源で駆動されるので，中間電位が必要です．ここでは 2 個のコンデンサを直列に接続して中間電位を作り出します．このハーフ・ブリッジ出力電圧は対称方形波です．このときの対称方形波出力は，デューティ比が 1：1 でないと直流成分が発生します．このため，2 個のコンデンサは出力トランスが直流磁化しないように直流阻止コンデンサも兼ねています．電源のバイパス・コンデンサの機能もあります．

ここでコンデンサの必要とする静電容量は，最低スイッチング周波数におけるリアクタンス X_C が約 1Ω 程度になるのが目安です．最低スイッチング周波数 $f_{\min}$ = 18 kHz と仮定すると，

$$C = 1/(2\pi f_{\min} X_C) = 8.8 \,\mu\mathrm{F}$$

です．それぞれ 4.7 μF を 2 個並列に接続して，2 倍の 9.4 μF で使用します．

過電流検出は出力トランスの接地側にカレント・トランス（CT-034）を挿入し，電流を全波整流して直流電圧レベルに変換し，過電流の警報信号として使用します．

● 整合回路の出力電圧と出力電流の波形

写真 11-2 は，BLT をゴム・シート上に立てて負荷を与え，PLL が周波数ロックしているときの整合回路（図 11-6）における出力トランスの 2 次側電圧波形（方形波）と，BLT に流れる電流波形です．図 11-6 の TP 端子-グラウンド間で測定しました．

電流波形は正弦波で，あらかじめ BLT に流す電流を 1 A_{RMS}（2.82 A_{P-P}）に設定しています．BLT に流れる電流は定電流制御で，負荷状態に関係なく一定しています．

写真 11-3 は無負荷時の電圧波形と電流波形です．写真 11-2 と比べると，出力トランスの 2 次側電圧が小さくなっています．理由は無負荷になって等価直列抵抗 R_m が小さくなっているので，電流が多く流れないように，定電流制御で電圧を下げているからです．

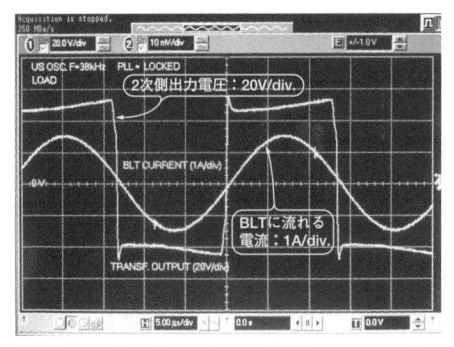

[写真11-2] ゴム・シート負荷で，PLLがロック状態の整合回路における出力トランスの2次側電圧とBLTに流れる電流（上：20 V/div., 下：1 A/div., 5 μs/div.）

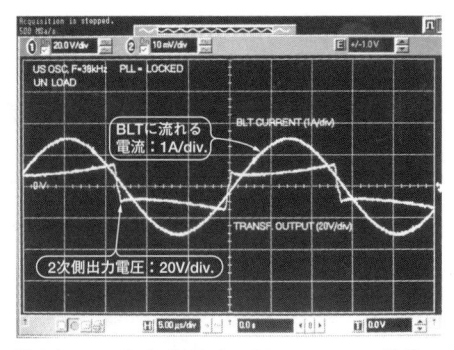

[写真11-3] 無負荷時，PLLがロック状態の整合回路における出力トランスの2次側電圧とBLTに流れる電流（上：20 V/div., 下：1 A/div., 5 μs/div.）

● 発振周波数と出力電流の位相

次にゴム・シート上の負荷のままPLL回路の動作を停止して，VCOの発振周波数 f_{osc} だけを変化させてみます．**写真11-4**が発振周波数を少し下げた場合，**写真11-5**が発振周波数を少し上げた場合の波形です．

発振周波数を下げると，整合回路の入力は容量性に見えるので電圧波形を基準とすれば，電流波形の位相は進みます．逆に周波数が高くなると誘導性になり，電流波形の位相は遅れます．

PLL回路では，この電圧と電流の位相差をPSD…位相比較器で検出して，位相差がゼロになるようにVCOの発振周波数を制御しています．PLL回路の詳細は

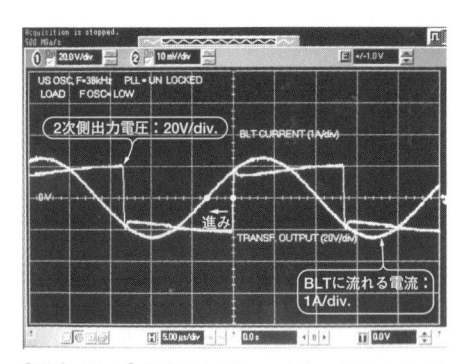

[写真11-4] VCOの $f_{osc} < f_S$. PLLアンロック時の整合回路における出力トランスの2次側電圧とBLTを流れる電流（上：20 V/div., 下：1 A/div., 5 μs/div.）

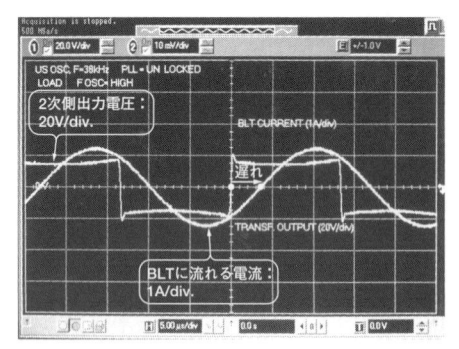

[写真11-5] VCOの $f_{osc} > f_S$. PLLアンロック時の整合回路における出力トランスの2次側電圧とBLTを流れる電流（上：20 V/div., 下：1 A/div., 5 μs/div.）

11-5 節で紹介します．

● 整合回路における昇圧動作

図 11-6 に示した整合回路には，電圧を昇圧する役割もあります．一般に半導体を使用して高電圧を得るのは難しいのですが，トランスやインダクタを使用し，共振させて電圧をブーストすれば割合簡単に得ることができます．

写真 11-6 は，トランスの 2 次側の電圧波形と整合用インダクタの両端電圧波形です．2 kV_{P-P} を越える電圧に昇圧されていることがわかります．

試しに計算すると，整合用インダクタ L に発生する電圧は，

$V_{LRMS} = X_L I$

ただし，X_L：リアクタンス，I：電流

で，位相は 90°遅れます．L = 3.3 mH，f = 37.5 kHz，I = 1 A_{RMS} では，

$V_{LRMS} = \omega L I = 777$ $V_{RMS} = 2.19$ kV_{P-P} ··(11-11)

といった高電圧が発生します．

ただし使用するインダクタの Q が小さいと，コアや巻き線が発熱するので注意が必要です．使用したインダクタは，絹巻き線(**リッツ・ワイヤ**)で巻き，コアにはギャップを入れて Q = 400 を実現しています．

コイルのクオリティ・ファクタは $Q = \omega L / r$ で定義されるので，等価直列抵抗 r は，r = 777 Ω/400 = 2 Ω です．したがって，インダクタに定電流制御で 1 A_{RMS} の電流が流れたときの損失電力 P_d は，

$P_d = I^2 r = 2$ W ···(11-12)

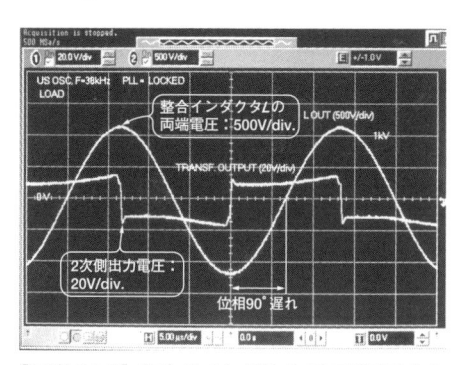

[写真 11-6] 整合用インダクタの両端電圧とトランスの 2 次側電圧 (上：200 V/div.，下：20 V/div.，5 μs/div.)
ゴム・シート負荷で PLL ロック状態での観測

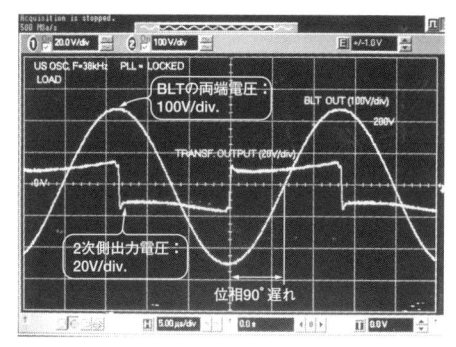

[写真 11-7] BLT 両端電圧とトランスの 2 次側電圧 (上：100 V/div.，下：20 V/div.，5 μs/div.)
ゴム・シート負荷で PLL ロック状態での観測

になります．この電力がインダクタ・コアと巻き線で熱となって消費されます．

写真 11-7 は BLT の両端電圧波形です．整合用コンデンサ C_1 とデバイス容量 C_d，等価直列抵抗 R_m で分圧されて，約 500 V_{P-P} になっています．このときの出力トランスの 2 次側電圧（TP 端子）は約 20 V_{P-P} ですから，BLT の両端電圧は整合回路で 25 倍に昇圧されていることになります．

したがって**写真 11-7** の電圧波形からもわかるように，整合用コンデンサ C_1 には高電圧が加わります．コンデンサ C_1 には耐電圧が高く，低損失なフィルム・コンデンサを使用します．

● 絶縁ゲート・ドライブ回路の波形を観測する

次に**図 11-9** に示した絶縁ゲート・ドライブ回路とスイッチング回路の波形を観測しながら基本動作を確認します．

写真 11-8 はゲート・ドライブ回路の入力電圧波形 OUT_1 と OUT_2 です．ハーフ・ブリッジ回路のハイ・サイド側とロー・サイド側が同時 ON しないよう，OUT_1 の OFF と OUT_2 の ON の間には約 2 μs のデッド・タイムを設定しています．

前段の MC34025 はプッシュプル出力なので，観測している OUT_1 と OUT_2 は逆位相（反転）出力です．

写真 11-9 は，スイッチング用パワー MOS 2SK1168 のゲート-ソース間電圧波形です．オシロスコープのグラウンドが共通なので，電源電圧は加えていません．立ち上がり波形は少しなまっていますが，ハイ・サイドとロー・サイドが同時に ON することはありません．

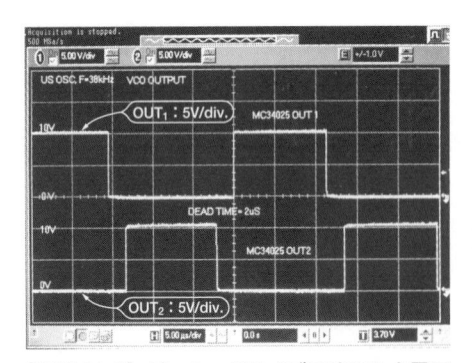

[写真 11-8] ゲート・ドライブ回路の入力電圧波形 OUT_1 と OUT_2（上下：5 V/div., 5 μs/div.）
前段 MC34025 からはプッシュプル出力で逆位相波形となる

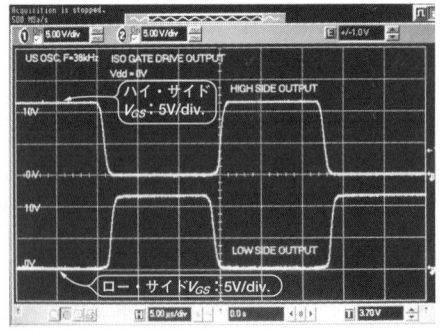

[写真 11-9] 2SK1168 のゲート-ソース間電圧（上下：5 V/div., 5 μs/div.）
約 2 μs のデッド・タイムを設定してあるので同時に ON することはない

11-5　PLL回路（VCOとPSD）の設計と動作の確認

　製作した超音波発振器のPLL回路は，電圧制御発振回路（VCO）と位相比較器（PSD），ループ・フィルタで構成されます．ここではVCOとPSDの設計・製作し，実際の波形を観測してそれぞれの動作を確認します．

● MC34025PによるVCO回路の設計

　PLL発振回路のVCOにはスイッチング電源コントローラICの発振回路を利用します．図11-10に設計したVCO回路を示します．この回路は18k～約60kHzの広範囲にわたって発振周波数を可変できます．

　VCOは先に述べたとおり周波数可変範囲が±5％以上で，初期発振周波数の安定度は1％以下となっていることが必要です．これを満足するために，VCOはスイッチング電源コントローラ内の発振回路を利用して実現します．スイッチング電源用であるためにパワーMOSによるハーフ・ブリッジ回路をドライブするのに都合良く，周波数安定度の良いプッシュプル出力形式のICをいくつか検討しました．その結果，決定したのは周波数安定度の良いMC34025Pです．

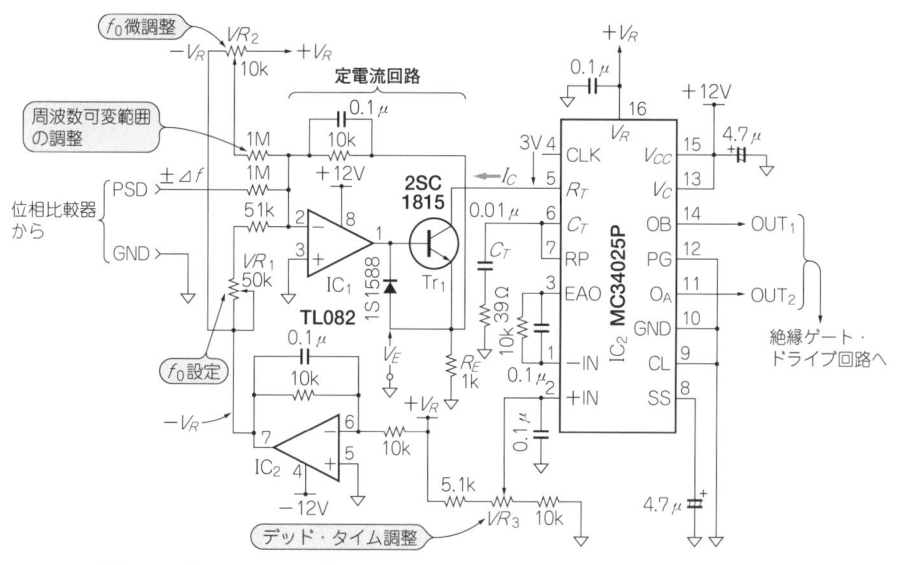

［図11-10］スイッチング電源コントローラICと定電流回路で構成したVCO

MC34025Pの出力はOUT₁とOUT₂の逆位相(反転)で出力絶縁ゲート・ドライブ回路に送られます．2番ピンのVR_3は後段のハーフ・ブリッジ回路のハイ・サイド側とロー・サイド側が同時ONしないよう，約$2\,\mu s$のデッド・タイムに設定します．
　MC34025Pについては第9章，図9-9をご覧ください．

● 定電流回路を外付けして内蔵の発振回路を制御する

　MC34025P内の発振回路の周波数は，内部の充放電電流を決めるタイミング・コンデンサC_Tと周波数設定抵抗R_Tで設定できます．通常は，R_T端子に抵抗器を接続しますが，ここではOPアンプとトランジスタ2SC1815で定電流回路を作って，R_T端子に流れる電流I_Cをコントロールします．

　トランジスタTr_1のエミッタ抵抗$R_E(1\,k\Omega)$とグラウンド間の電圧V_Eは，OPアンプIC_1の反転入力電圧で決まり，$I_C = V_E/R_E$の一定の電流が5番端子から流れ出ます．なお，MC34025Pの5番ピンR_T端子には+3Vの電圧が発生しています．発振周波数は位相比較回路PSDからの位相差電圧によってV_Eを制御すると，I_Cが変化して共振周波数に追従します．

　VCOの発振周波数f_0は最初に可変抵抗器VR_1で，センタ周波数f_0を約38 kHzに合わせます．この周波数は使用するBLTの公称共振周波数です．発振周波数の微調整はVR_2で行います．VR_2の両端に+5 V，-5 Vの電圧を加えているので，発振周波数はf_0を中心に±数%可変できます．周波数の可変範囲はIC_1の入力抵抗(図11-10の上側の$1\,M\Omega$)で決まります．

● 位相比較回路PSDの設計

　PLL発振回路の位相比較回路を図11-11に示します．位相比較回路はBLTの共振周波数とPLL回路での発振周波数の差分を検出します．

　位相比較回路PSDは整合回路からのフィードバック電圧出力V_eとカレント・トランスより電圧に変換した電流出力V_iの共振周波数が合っているか，つまり電圧と電流の位相差が0°になっているかを検出します．

　位相比較回路はリミッタ・アンプ，レベル変換器，積分器による誤差増幅器兼ループ・フィルタで構成されています．4069のレベル変換器と4013Bの位相比較器はCMOS4000シリーズのロジックICで，電源電圧は±5Vで動作させます．使用した部品は標準的なものばかりです．

　前段のリミッタ・アンプは，非反転増幅器とダイオードの組み合わせで構成しており，入力信号を±0.6 Vにクランプし，11倍に増幅します．

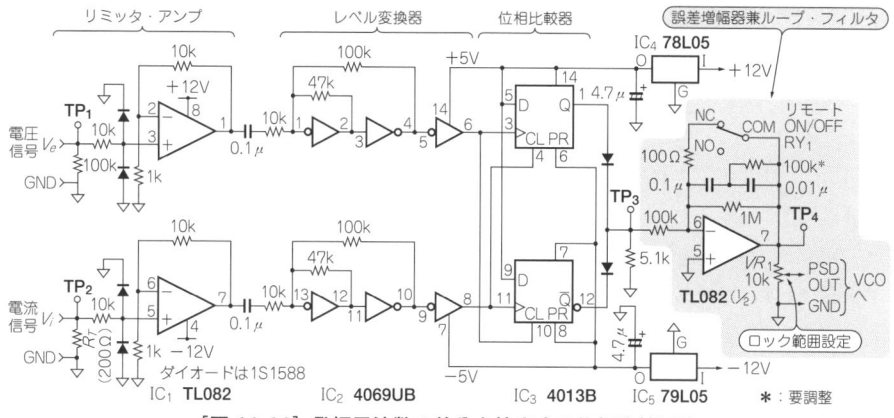

[図 11-11] 発振周波数の差分を検出する位相比較回路

　レベル変換器は，入力信号を±5 V の CMOS レベルに変換し，シュミット・トリガ回路として動作させています．

● 周波数ロック時の位相比較器の入出力波形

　写真 11-10 に示すのは，PLL 回路が正しくロックしているときの位相比較器の入力波形です．電圧と電流の位相差関係をわかりやすくするため，各信号の 0 V ラインを共通にしています．

　写真に示す方形波は，**図 11-11** の電圧 V_e の TP$_1$ を観測した波形で，整合用出

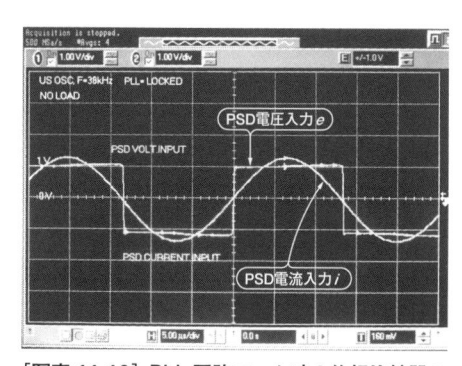

[写真 11-10] PLL 回路ロック時の位相比較器の入力電圧・電流波形（上下：1 V/div., 5 μs/div.）
整合回路での電圧波形と電流波形（1 V＝1 A）の位相差がないので，発振周波数は BLT 共振周波数に自動追尾していることがわかる

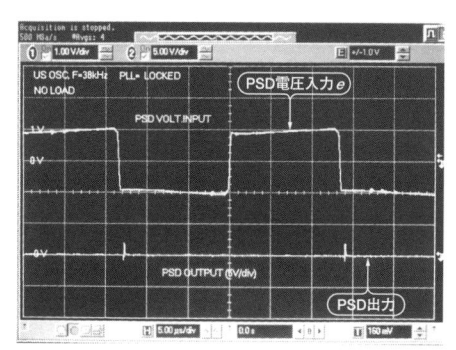

[写真 11-11] PLL 回路ロック時の位相比較器の入力電圧と出力電圧（上：1 V/div., 下：5 V/div., 5 μs/div.）
PLL 回路がロックしていると PSD 出力は周波数可変が必要ないためゼロになる

11-5　PLL 回路（VCO と PSD）の設計と動作の確認　273

力トランスの2次側出力波形です．図11-6に示したように，2 W - 20 kΩの抵抗を経由し，ダイオードで約2 V_{P-P} にクランプされています．

　正弦波は電流入力 V_i の TP_2 を観測した波形で，BLTに流れている電流です．これは，図11-6に示したように，200 Ωの抵抗で終端したカレント・トランスCT-034（TDK，200：1）の出力信号です．CT-034で1 Aを1 Vに変換しますから，電流値は±1.2 A_{peak} と読み取れます．電圧と電流の両波形を見ると位相差がないので，発振周波数は正しくBLT共振周波数に自動追尾していることがわかります．

　写真11-11は同じ電圧 V_e の TP_1 と位相比較器出力 TP_3 を観測した波形です．位相比較器の出力電圧はPLL回路がロックしているので，位相差がないためほぼ0 Vで安定しています．

● 発振周波数の自動制御のようす

　次に誤差増幅器兼ループ・フィルタにあるPLLのロック範囲を設定する可変抵抗器 VR_1 をゼロに絞り，故意にアン・ロック状態とし，位相比較器の動作をより詳しく観察しましょう．

▶ VCOがBLTの共振周波数以下で発振しているときのPSD出力

　写真11-12は，VCO回路（図11-10）の発振周波数を f_0 微調整用の VR_2 によってBLTの共振周波数より少し低くしたときのPSD出力 TP_3 波形です．

　負荷であるBLTと整合回路のインピーダンスは，図11-8に示した位相の周波数特性からわかるように，共振周波数より低い周波数では容量性を示します．その

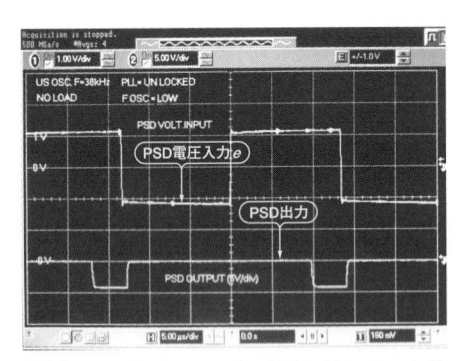

[写真11-12] $f_{osc} > f_S$ でPLLアンロック時の位相比較器の入力電圧と出力電圧（上：1 V/div.，下：5 V/div.，5 μs/div.）
発振周波数 f_{osc} を上げようとするとPSD電圧は負パルスになる

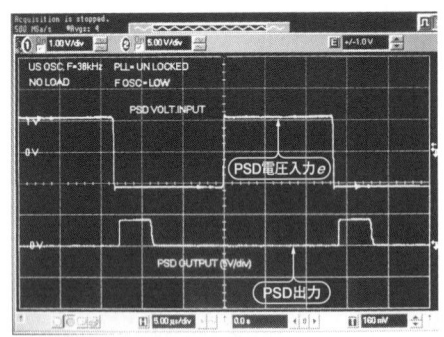

[写真11-13] $f_{osc} < f_S$ でPLLアンロック時の位相比較器の入力電圧と出力電圧（上：1 V/div.，下：5 V/div.，5 μs/div.）
発振周波数 f_{osc} を下げようとするとPSD電圧は正パルスになる

ため電流信号の位相は進み，位相比較出力から正電位のパルス信号が出力されます．結果，次段の誤差増幅器の出力は負電位になり，VCO の発振周波数は上昇し自動制御されます．

▶ VCO が BLT の共振周波数以上で発振しているときの PSD 出力

写真 11-13 は，逆に VCO の発振周波数を BLT の共振周波数より少し高くしたときの PSD 出力 TP_3 波形です．

負荷である BLT と整合回路のインピーダンスは，**図 11-8** に示した位相の周波数特性から誘導性ですから，電流波形の位相は遅れ，PSD 出力は負電位に変化します．次段の誤差増幅器で積分すると出力は正電位になり，VCO 回路では発振周波数を下降させる方向に自動制御されます．

11-6　定電流制御回路の設計と動作の確認

図 11-12 に示すのは，BLT に一定の電流を供給する制御回路です．定電流制御は**図 11-6** に示した整合回路に挿入したカレント・トランスの電流出力（電圧に変換）V_i を入力し，後段の可変電源回路で変動する BLT 負荷のインピーダンスに合わせ

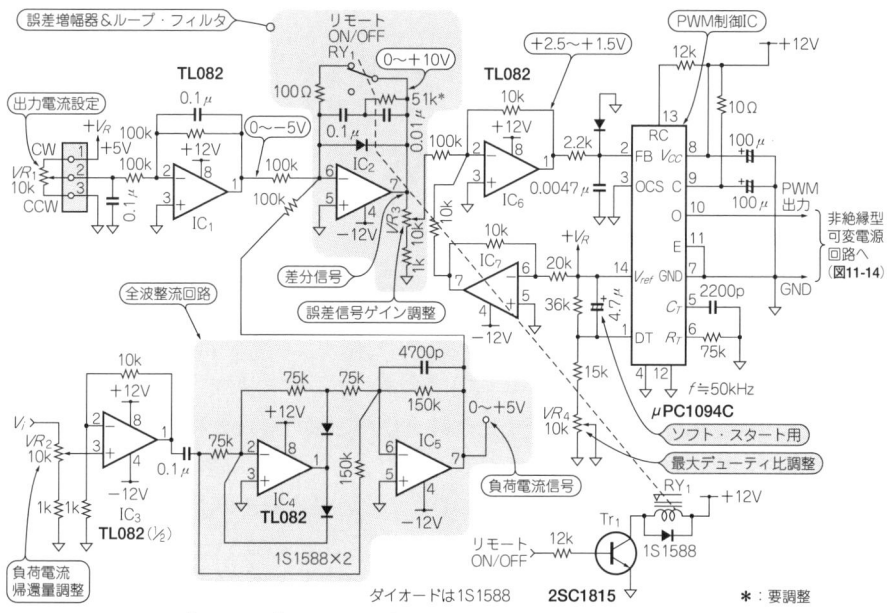

[図 11-12] BLT に一定の電流を供給する定電流制御回路

て，PWM 出力のデューティ比を変化させ(次段のドライブ電圧を可変させ)電力制御します．

● BLT に流れる負荷電流と設定電流の比較回路

BLT に流れる負荷電流の定電流設定は VR_1 で調整・設定します．比較回路はこの出力電流設定値($0 \sim +5$ V)と整合回路に挿入したカレント・トランスの負荷電流出力値 V_i とを比較します．

OP アンプ IC_3 は，BLT に流れる負荷電流出力(電圧値)V_i を 10 倍に増幅します．続く OP アンプ IC_4 と IC_5 は全波整流回路で，負荷電流出力 V_i を $0 \sim +5$ V の直流電圧に変換します．負荷電流信号の出力電圧 $0 \sim +5$ V は，負荷電流値 $0 \sim 1$ A_{RMS} に対応して変換するために，BLT に流れる電流をカレント・プローブなどで測定しながら設定します．つまり，定電流制御を行うために，負荷電流 1 A_{RMS} のときにこの電圧が $+5$ V となるよう負荷電流帰還調整 VR_2 を調整します．なお，負荷電流がゼロ・アンペア付近での制御はできません．

一方，出力電流設定は OP アンプ IC_1 によって，$0 \sim +5$ V の設定電圧をいったん $0 \sim -5$ V に反転します．続く IC_2 で，出力電流設定信号と全波整流回路の出力信号を加算し，差分を増幅して出力します．この差分が可変電源を制御する PWM 出力のデューティ比を変化させます．

誤差増幅器の帰還ループは，ラグ・リード型ループ・フィルタで構成されています．また外部制御で PLL を起動するとき，出力がゼロから立ち上がるように，IC_2 の入出力間にはリレーを挿入しました．リレーの動作はノーマリ ON です．

● PWM 制御信号を生成する回路

誤差増幅器の差分によって制御される PWM 制御信号を生成する回路には，PWM 制御 IC μPC1094C を使用します．前段にある OP アンプ IC_6 と IC_7 は，PWM 制御 IC μPC1094C の入力電圧とデューティ比の関係が反転するために付加した補助回路です．μPC1094C はプライマリ制御用スイッチング電源 IC なので，帰還がないとき PWM 出力信号のデューティ比が最大になるよう設計されているからです．図 11-13 に μPC1094C の内部ブロック図を示します．

μPC1094C 前段の OP アンプ下段側 IC_7 は，μPC1094C の 14 番ピン基準電圧 V_{ref} を反転し，さらに電圧を 1/2 に変換して，IC_6 の出力電圧を $+2.5$ V にバイアスします．この基準電圧は出力電流の設定用電圧の基準にも使用しています．

PWM 制御信号の生成は次のように行います．BLT を流れる負荷電流が VR_1 で設

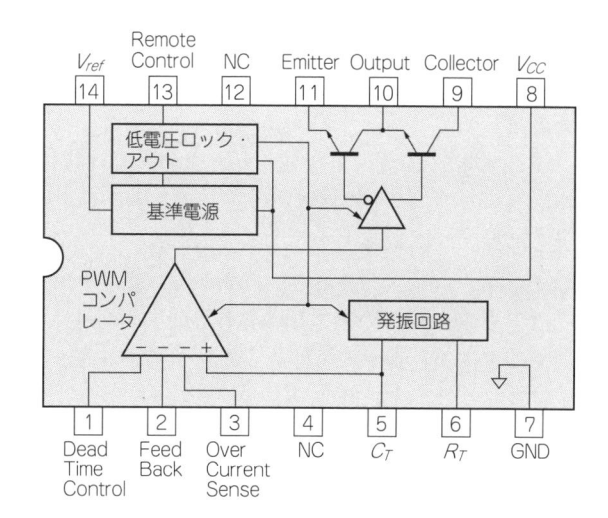

[図 11-13][16] PWM 制御 IC
μPC1094C の内部ブロック図

定した値より小さい場合は，IC_2 誤差増幅器の出力(差分信号)が正に上昇します．そうすると，この差分信号により OP アンプ IC_6 の出力は＋2.5 V から＋1.5 V に向かって変化し，μPC1094C の 2 番ピン FB 端子を下降させます．

このような構成により，μPC1094C の 10 ピンから出力される PWM 出力のデューティ比は，0 ％から 100 ％へと大きくなります．結果，後述する可変電源回路(図 11-14)の出力電圧は上昇し，BLT をドライブするパワー・スイッチング回路(図 11-9)の供給電源(V_{DD})を上昇させ，負荷電流を増加させる方向に制御することになります．負荷電流が設定値より大きい場合は，可変電源回路の出力電圧を逆に下降させ，負荷電流を減少させる動作を行います．

このように PWM 制御信号の生成は，BLT に流れる電流を一定にする定電流制御を行います．

μPC1094C のフィードバック端子(FB)には，＋2.5 〜＋1.5 V の範囲で電圧を入力し，PWM 出力のデューティ比を変化させます．1 番ピンのデッド・タイム端子(DT)に接続する可変抵抗器(VR_4)は，電源 ON 時に最大デューティ比が約 95 ％になるように設定します．

μPC1094C の基準電圧端子(V_{ref})と DT 端子間にコンデンサを接続すると，可変電源がゆっくり立ち上がるソフト・スタート機能を実現することもできます．

μPC1094C の PWM 発振周波数は，C_T 端子と R_T 端子に接続する抵抗とコンデンサで決まります．抵抗値は 10 kΩ 以上とします．ここでの周波数は約 50 kHz に設定するためにデータシートから C_T = 2200 pF，R_T = 75 kΩ としました．

11-6 定電流制御回路の設計と動作の確認　277

● **定電流制御回路の動作波形を観測する**

　定電流制御回路の動作を理解したところで，実際の回路の波形を観測して，動作を確認しましょう．

　BLT の先端に負荷を接続したときの，**図 11-12** に示す定電流制御回路の誤差増幅器 IC$_2$ の出力と PWM 制御 IC μPC1094C の PWM 出力波形を観測しました．結果を**写真 11-14** に示します．オシロスコープの時間軸は，200 ms/div.と長めに設定しました．負荷があるとき，PWM 出力波形の白っぽい部分はデューティ比が大きいことを表し，このとき出力電圧を上昇させています．BLT に流れる電流を一定にする定電流制御を行っていることがわかります．

▶ **負荷時の定電流制御動作**

　BLT に負荷がかかると，アドミタンスが低下するため，BLT に流れる電流が減少しはじめます．しかし，PWM 出力のデューティ比が大きくなるように誤差増幅器 IC$_2$ の出力電圧が上がるため，次に示す可変電源の出力電圧が上昇します．動作は「負荷が増える→電流が減る→電圧を上げる→電流が増える」となり，負荷の変動でも一定の電流が流れるようになります．

　写真 11-15 は，誤差増幅器出力と負荷時の PWM 信号波形を時間軸を拡大して観測したものです．誤差増幅器出力は 4 V 以上で，デューティ比は大きくなっています．このように出力電圧はデューティ比を直ちに変化，追従させることにより変化します．さらに負荷が重くなっても，本器の可変電源出力電圧には余裕があるので，定電流制御が可能です．

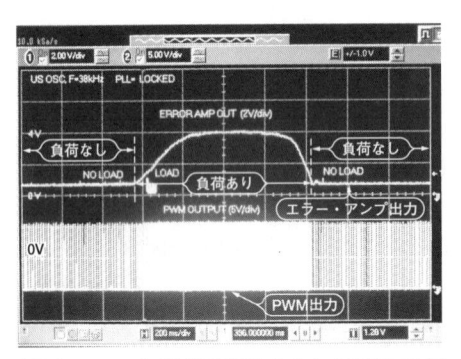

[写真 11-14] 誤差増幅器出力と PWM 制御 IC μPC1094C の PWM 出力波形（上：2 V/div.，下：5 V/div.，200 ms/div.）
変動する差分信号により PWM デューティ比が変化していることがわかる

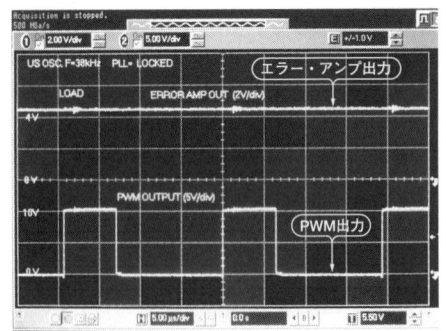

[写真 11-15] 負荷時の誤差増幅器出力と PWM 制御 IC μPC1094C の PWM 出力波形（上：2 V/div.，下：5 V/div.，5 μs/div.）
負荷時は電力を最大限供給しようとして差分信号の電圧が上昇する

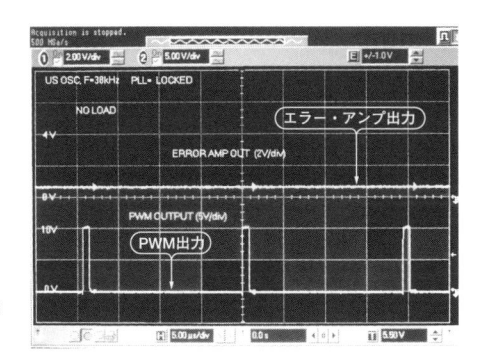

[写真 11-16] 無負荷時の誤差増幅器出力と
PWM 制御 IC μPC1094C の PWM 出力波形
(上：2 V/div., 下：5 V/div., 5 μs/div.)

▶ 無負荷時の定電流制御動作

　無負荷時は BLT のアドミタンスが大きいので，デューティ比は小さく制御されています．可変電源の出力電圧も低いままになっています．

　写真 11-16 は，無負荷状態の誤差増幅器出力と PWM 信号波形を時間軸を拡大して観測したものです．IC_2 の誤差増幅器出力は 1 V 以下で，PWM 出力のデューティ比は小さくなっています．

11-7　可変電源とアラーム/保護回路の構成

● 可変電源はハーフ・ブリッジ型

　図 11-14 にパワー・スイッチング回路に供給する 0 〜 120 V の可変電源回路を示します．この可変電源回路は AC 100 V と定電流制御回路(**図 11-12**)の PWM 出力を入力する非絶縁回路です．出力電圧は，AC 100 V を整流・平滑した 140 V をハーフ・ブリッジ回路に与え，PWM 入力波形のデューティ比で可変(0 〜 + 120 V)し，後段の BLT をドライブするパワー・スイッチング回路(先に示した**図 11-9**)に電源として供給(V_{DD})しています．

　このとき，AC ライン入力には第 9 章でも説明したように大きな突入電流が流れるため，3.9 Ω の抵抗とサイリスタ SF10JZ47 による突入電流制限回路を追加してあります．電源を投入してサイリスタが ON するまでの時間は，抵抗($R_1//R_2$)とコンデンサ(C_1)の時定数で設定します．

　±12 V，0.2 A の電源ブロックは，普通の回路なので図示しませんが，小型トランス，整流平滑回路，3 端子レギュレータで構成し，制御回路の各部の電源として供給しています．

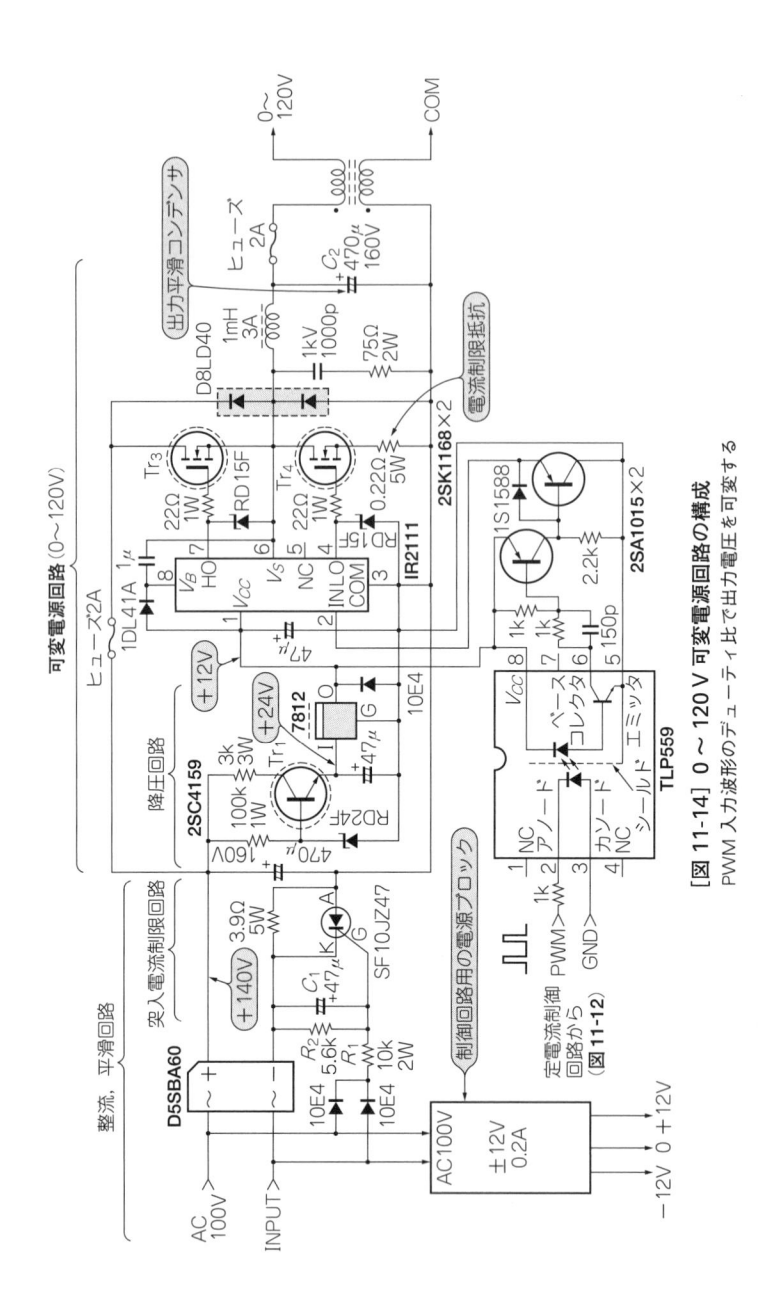

[図 11-14] 0〜120 V 可変電源回路の構成
PWM 入力波形のデューティ比で出力電圧を可変する

● 可変電源回路の動作

可変電源回路に使用している IR2111（インターナショナル レクティファイアー社）は，ゲート駆動回路を内蔵したパワー MOS のドライバ IC です．図 11-15 にゲート・ドライバ IR2111 の内部ブロック図を示します．IR2111 とパワー MOS はハーフ・ブリッジ回路を構成し，100 V を整流・平滑した +140 V の直流電圧をスイッチングします．

図 11-12 で説明した定電流制御回路からの PWM 信号は，フォト・カプラによって絶縁され IR2111 に入力します．この IR2111 の入力がロー・レベルのとき，ハイ・サイド側の出力（HO）（7－6 ピン間）は 0 V に，ロー・サイド側の出力（LO）（4－3 ピン間）は +12 V になります．つまり，ロー・サイドのパワー MOS Tr_4 が ON し続けます．このとき，Tr_4 が出力平滑コンデンサ（C_2）の電荷を瞬時に放電し，破壊することがあります．そこで，パワー MOS Tr_4 のソース端子には電流制限抵抗 0.22 Ω を挿入しました．

トランジスタ Tr_1 とその周辺回路は，AC を整流・平滑した +140 V の直流電圧を +24 V に降圧する回路です．次段の 3 端子レギュレータ 7812 で，フォト・カプラ TLP559 やゲート・ドライブ回路トランジスタ 2SA1015 に供給する +12 V 電源を作ります．フォト・カプラは前段の図 11-12 で示した定電流制御の PWM 発生回路とこのゲート・ドライブ間を絶縁します．

ハーフ・ブリッジ回路で +140V の直流電圧をスイッチングした結果は，平滑して PWM 出力のデューティ比に制御された 0～120V の可変電圧を出力します．0～120V 出力端子にはコモン・モード・チョークを挿入し，後段のパワー・スイッ

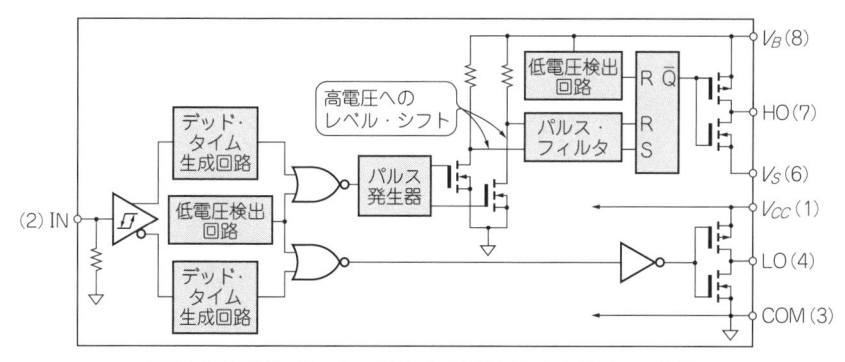

[図 11-15][17] ゲート・ドライバ IR2111 の内部ブロック図

チング回路から発生するスイッチング・ノイズで誤動作するのを防止します．コモン・モード・チョークのインダクタンスの値は，スイッチング周波数や出力電流に応じて決定します．

ヒューズ（2 A）は本来不要な部品ですが，パワー・スイッチング回路が破損しないように念のための保護用です．

● アラーム回路と保護回路の構成

ハーフ・ブリッジ回路に代表されるパワー・スイッチング回路の出力抵抗はきわめて低いので，負荷が短絡されると過大電流が流れて，パワー・デバイスが破壊することがあります．また，一つのパワー・デバイスが破壊すると，ほかの回路のデバイスも破壊する可能性があります．そのためパワー・スイッチング回路ではブロックごとに，電流制限回路やガラス管ヒューズを挿入します．

図 11-16 に示すのは，ハーフ・ブリッジ回路に過電流が流れたとき，警報を鳴らすアラーム回路の例です．2 回路の電圧コンパレータ LM393N を使って，各入力と +1～+10 V の基準電圧とで比較します．過電流検出は図 11-9 に示したように，ハーフ・ブリッジ回路の出力電流をカレント・トランスで検出し，全波整流して入力します．もう一方の入力は，図 11-12 における定電流回路の差分信号や全

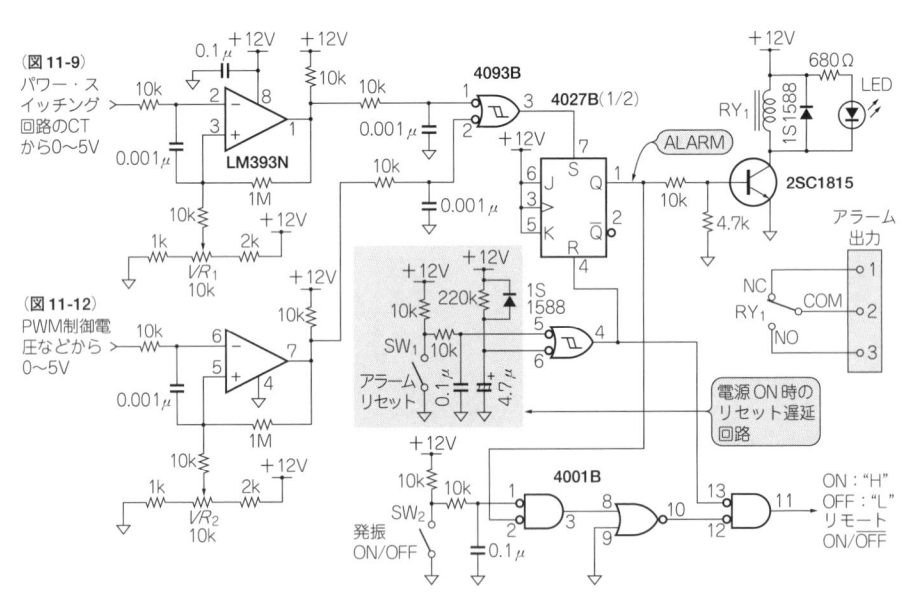

[図 11-16] 負荷短絡を検出するアラーム回路例

波整流の負荷電流信号などを入力します．

アラーム出力はRSフリップ・フロップ 4027B でラッチして，リモートON/OFF 出力のアラーム・リセットを"L"にすると停止します．

電源 ON 時のリセット遅延は，抵抗 220 kΩ とコンデンサ 4.7 μF で実現しており，約1秒の遅延時間を得ています．

アラーム回路と保護回路を設計するときのアイデアを次に示します．

- 出力ラインにカレント・トランスを挿入して出力電流を検出し，電圧コンパレータで過電流と通常の動作電流を判別する．過電流が流れたら回路を停止する
- 可変電源回路の直流出力電流を検出し，回路動作を停止する
- 放熱器に温度センサやサーモ・スイッチを実装して，スイッチング回路の温度上昇を検出する
- 負荷のオープン/ショート状態を検出する．定電流制御なので短絡は OK だが，開放では最大出力電圧となるので過電圧検出回路を付加して動作を停止する
- AC 電源 ON 時に装置全体の電源がソフト・スタートするように設計する

11-8　製作した超音波発振器の特性確認

● 二つの制御ループから構成されている

製作した超音波発振器は，PLL 回路と定電流制御回路の二つの制御ループをもっています．こうして本器は，周波数の自動追尾だけでなく，BLT に加わる振動振幅を一定にする自動制御を同時に行っています．

また，この二つの制御ループは互いに影響し合っています．例えば BLT の共振周波数が変化すると，BLT に流れる電流値が低下して，定電流制御回路がこれを補正し，PLL 回路は周波数を上げようとします．

設計方針としては，ループの応答時間はできるだけ短くなるようにします．本器の PLL 回路(図 11-11)のループ・フィルタは，応答の速いラグ・リード型です．オープン・ループ利得をあまり必要としないので，直流利得は 10 倍(＝1 MΩ/100 k)です．

また定電流制御回路(図 11-12)の精度を決定する誤差増幅器の直流利得は，きわめて大きく設定しています．直流域では開ループ・ゲインで動作します．ループ・フィルタは PLL 回路のときは同じくラグ・リード型で，応答を速めています．帰還回路のダイオードは，負電圧をクランプする働きがあります．

超音波振動の出力を ON/OFF する方法としては，次の三つが考えられます．

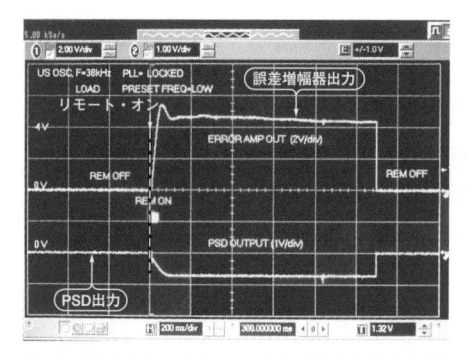

[写真 11-17] リモート制御で発振 ON/OFF したときの定電流制御回路の誤差増幅器出力と，位相比較器出力 TP_4 の波形（上：2 V/div.，下：1 V/div.，200 ms/div.）

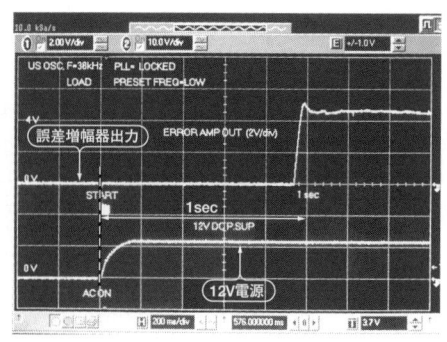

[写真 11-18] AC ラインを ON/OFF したときの定電流制御回路の誤差増幅器出力と，＋12 V 電源電圧波形（上：2 V/div.，下：1 V/div.，200 ms/div.）

- AC 電源を ON/OFF する
- 発振回路の出力を ON/OFF する
- 可変電源回路の PWM 出力を制御する（本器で採用）

● 起動特性で動作の安定性を見る

　ここで起動特性による動作安定度を実験で確認しましょう．この超音波発振器の安定度は二つの制御ループが互いに影響し合っているので複雑ですが，起動時の応答波形からおよそ評価することができます．

▶ リモート制御時

　写真 11-17 は，定電流制御回路（図 11-12）の誤差増幅器出力（差分信号）と，位相比較器（図 11-11）の誤差増幅器出力 TP_4 のリモート ON/OFF 時の波形です．リモート制御で発振を ON/OFF しており，応答時間は数十 ms です．周波数自動追尾の応答動作を確認するため，VCO の初期発振周波数は故意に低く設定しています．定電流制御出力が少しオーバシュートしていますが，動作上の問題はありません．

▶ AC ラインを ON/OFF したとき

　商用 AC ラインの電圧信号は瞬断したり，ディップ（瞬間電圧低下）が発生することがあります．そこで，図 11-16 に示したようにアラーム回路のパワー ON リセット回路に約 1 秒の遅延時間を設けました．写真 11-18 は AC ラインを ON/OFF したときの定電流制御回路の誤差増幅器出力の応答を示します．下のトレースは，AC 電源が ON されたことを知るために＋12 V の回路電源電圧で，オシロスコープにトリガをかけています．

パワー MOS FET 活用の基礎と実際

第12章
高周波誘導加熱装置の設計

パワー・スイッチング回路の応用例として，高周波誘導加熱(IH)装置を設計・試作します．加熱用コイルも作成し，出力電力 200～300 W，スイッチング周波数 200 k～300 kHz の発振回路によるスチール缶コーヒーと，小形のやかんやフライパンを加熱に使えるものとします．

12-1　高周波誘導加熱装置のしくみと構成

● 高周波誘導加熱装置とは

　高周波誘導加熱装置は，金属を高周波電流の流れるコイルに近づけると発熱することを利用したものです．**誘導加熱**は IH(Induction Heating)とも呼ばれます．

　高周波誘導加熱は，コイルの形状や周波数を変えることにより瞬間加熱，均一加熱，局部加熱，表面加熱が可能になります．このため工業用途として，鉄パイプの溶接，高周波焼入れなどの分野で応用されており，扱う電力は数 k～数十 kW です．

　ご存知のように一般家庭用の誘導加熱も普及しており，電磁調理器や IH 炊飯ジャーなどに応用されています．これらは，数百 W～1 kW 程度の電力を消費します．例えばクッキング・ヒータではコイルに乗せる鍋自体を発熱するために，火力が強く高い熱効率があります．通常ガス・コンロの熱効率は 55％程度ですが，IH クッキング・ヒータは 90％と言われています．金属以外のものを近づけても発熱しないので安全性も売り物です．

● 高周波誘導加熱の原理

　図 12-1 に示すようにコイルに金属棒などを挿入し，高周波電流 i を流すと**渦電流**(誘導電流)が反発して流れます．この渦電流は周波数 f が高いほど材料表面(金属の表面)に集中するという，いわゆる**表皮効果**があります．高周波誘導加熱はこの渦電流を利用して加熱します．

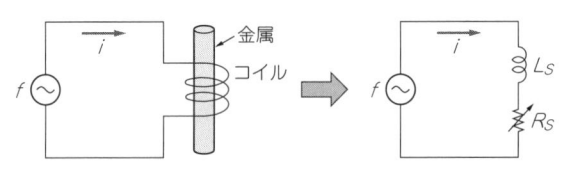

[図 12-1] 高周波誘導加熱の原理と L_S-R_S の等価回路

　誘導加熱による加熱コイルの等価回路は，図 12-1 の右側の図のようにコイルのインダクタンス L_S と等価直列抵抗 R_S で表すことができます．この回路に高周波電流 i を流すと等価直列抵抗 R_S には電力計算と同様に，$i^2 R_S$ の**ジュール熱**が発生します．

　金属がコイルに近づいていないときの等価直列抵抗 R_S は小さく，金属がコイルに近づくと，渦電流損失やヒステリシス損失により，等価直列抵抗 R_S が増加します．発熱はこの増加した等価直列抵抗 R_S に起こり，近づけた金属を加熱することになります．等価直列抵抗 R_S の増加は金属の種類によって異なり，発熱の度合いも異なることになります．例えばアルミより鉄のほうが等価直列抵抗 R_S が大きくなるので，鉄鍋のほうが早く加熱できることになります．

　加熱用コイルは，金属を近づけない場合に大きな Q の値を示すほど効率が良くなります．このコイルの Q は $Q = \omega L_S / R_S$ で計算され，自己の等価直列抵抗 R_S が小さいほうが良いことになります．

　加熱回路には一般にコンデンサ C を直列接続した LC 共振回路が用いられます．周波数共振させるということはインダクタ分の XL をコンデンサ分 XC で打ち消し，加熱コイルに大きな電流を流すことができるようになります．このときの共振周波数は金属が近づくことで，コイルのインダクタンス L_S が減少し，共振周波数は若干高くなるので，追尾して発振周波数も高くします．

● 高周波誘導加熱装置を作る

　出力電力 200 ～ 300 W，スイッチング周波数 200 k ～ 300 kHz の発振回路と加熱用のコイルを作って，小型の IH システムを製作します．ここでは高周波誘導加熱を体験するため，スチール缶コーヒー用のタイプと小形のやかんやフライパンを加熱するタイプを設計・製作します．

　本章の内容はあくまでもパワー・スイッチングの学習のためで，高周波誘導加熱装置の製作を目的にしていません．すべての加熱対象に合わせたコイルの形状，材質，巻き数や出力電力，周波数などはさらに検討する必要があります．

12-2　加熱用コイルの設計・製作

● 加熱用コイルの仕様

　IHシステムを製作するにあたり，加熱用コイルの特性はコイルをドライブする回路の重要なファクタになります．ドライブする回路はコイルの周波数特性に合わせ，発振周波数を共振周波数になるよう自動追尾させる必要があります．そのために，まず最初にコイルを製作し，コイル・インピーダンスの周波数特性を測定しておきます．

　使用したコイルの種類は，加熱用コイルの銅線に損失の小さい，細い銅線を多数縒り合わせたリッツ線（$\phi 0.08$ mm×252本）を使います．

　加熱用コイルは，加熱対象物に合わせた形状のコイルを製作します．ここでは平面に加熱対象を乗せる平板コイルと，円筒状の加熱対象物用ソレノイド・コイルの二つを製作しました．リッツ線は高周波損失（表皮効果）が小さいので，大きな Q をもつコイルを製作することができます．

▶ 平板コイル

　平板コイルは図12-2(a)に示すように，平面状コイルで金属を加熱するようにします．この平板コイルの外観を写真12-1(a)に示します．平板コイルはリッツ線を直径約120 mmで円状に27回巻きました，巻き数はたまたま加熱対象物がうまく乗る大きさにしただけで，とくに根拠はありません．できあがったコイルの自己インダクタンスは，周波数100 kHzで約39 μH でした．

▶ ソレノイド・コイル

　ソレノイド・コイルは図12-2(b)に示すように，円筒状の金属，例えば金属棒

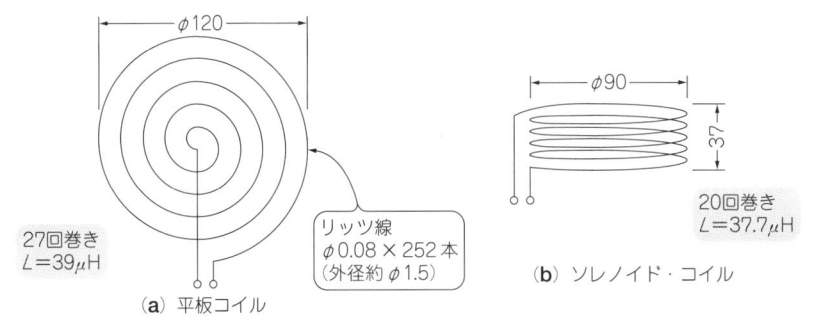

[図12-2] 製作する加熱用コイルの形状（単位：mm）

(a) 平板コイル　27回巻き　$L = 39\,\mu\text{H}$　リッツ線 $\phi 0.08 \times 252$ 本（外径約 $\phi 1.5$）

(b) ソレノイド・コイル　20回巻き　$L = 37.7\,\mu\text{H}$

(a) 平板コイル　　　　　　　　　　　(b) ソレノイド・コイル

[写真 12-1] 製作する加熱用コイル

や缶などの加熱を行う目的で円筒状に製作します．このソレノイド・コイルの外観を**写真12-1**(b)に示します．ソレノイド・コイルは直径を加熱対象物より大きなサイズφ90 mm（約2倍）にし，筒状に20回巻きました．コイルの直径や巻き数はたまたま加熱対象物がうまく入る大きさにしただけで，とくに根拠はありません．できあがったコイルの自己インダクタンスは37.7 μH でした．

● Q の高いコイルを直列共振させる

図12-3 にコイルの一般的な等価回路を示します．コイルの特性の良さを表す指数クオリティ・ファクタ Q は，

$$Q = \frac{X_L}{R_S} = \frac{\omega L_S}{R_S} \quad \cdots\cdots\cdots\cdots\cdots\cdots\cdots\cdots\cdots\cdots\cdots\cdots\cdots\cdots\cdots\cdots\cdots\cdots (12\text{-}1)$$

ただし，L_S：加熱用コイルの自己インダクタンス [H]，R_S：加熱用コイルの等価直列抵抗 [Ω]

で定義されます．

このコイルに鉄などの金属が近づくと，コイルの等価直列抵抗 R_S が上がり Q が低下して，金属は発熱しやすくなります．コイルの Q はできるだけ高いほうが，無負荷時，つまりフライパンや缶コーヒーがない場合の損失が小さくなり，結果，効率が上がります．

実際には**図12-4**に示すように，加熱用コイル単体ではなく，コンデンサ C_S を直列に接続して，LCR の直列共振回路を構成し，高い Q の負荷を実現します．また，高周波電力を供給する側はハーフ・ブリッジ出力回路のようにインピーダンスの低い出力回路で，方形波による電圧駆動をしても，共振回路に流れる電流は正弦

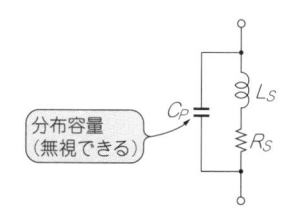

[図 12-3] コイルの一般的な等価回路 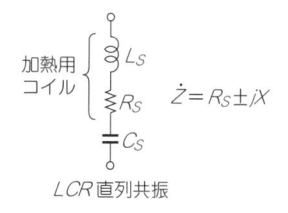　　[図 12-4] コンデンサとインダクタを組み合わせた直列共振回路

波になるので，電流と電圧の位相差が小さくなるため，電力の伝達効率が良くなります．

なお，LC共振にはコンデンサ C_S を並列に接続する並列共振もありますが，ここではドライブしやすい直列共振回路を採用しました．

● 平板コイルの交流特性

後述する高周波駆動回路は，コイルの共振周波数に発振周波数を自動的に追尾させる発振回路が必要です．そのため，実際に製作した平板コイルのインピーダンスの周波数特性をあらかじめ調べておく必要があります．

▶ 等価直列抵抗 R_S の周波数特性

図 12-5(a)に示すのは，製作した平板コイルの等価直列抵抗 R_S の周波数特性です．測定周波数範囲は 10 k 〜 1 MHz です．

● 無負荷時

一番下の「コイル単体」の特性線は，コイルに金属を近づけない無負荷のときです．等価直列抵抗 R_S は周波数 10 kHz で約 100 mΩ，100 kHz で 137 mΩ，1 MHz では約 1 Ω です．

● アルミ鍋を近づけたとき

中央の「アルミ」の特性線は，負荷としてアルミ鍋を接近させたとき得られた特性です．等価直列抵抗 R_S は少し増加して，周波数 100 kHz で 238 mΩ です．このときの平板コイルと金属材料間のギャップは約 8 mm です．

● 鉄鍋を近づけたとき

一番上の「鉄」の特性線は，負荷として鉄のフライパンを接近させたときの特性です．このときの平板コイルと金属材料間のギャップは約 8 mm です．

等価直列抵抗 R_S は大幅に増加して周波数 10 kHz で 0.5 Ω，100 kHz で約 2 Ω，1 MHz では約 8 Ω です．これなら効率良く加熱できそうです．

(a) 等価直列抵抗 R_S の周波数特性

(b) Q の周波数特性

(c) C_S = 13600 pF 時の共振インピーダンスの周波数特性

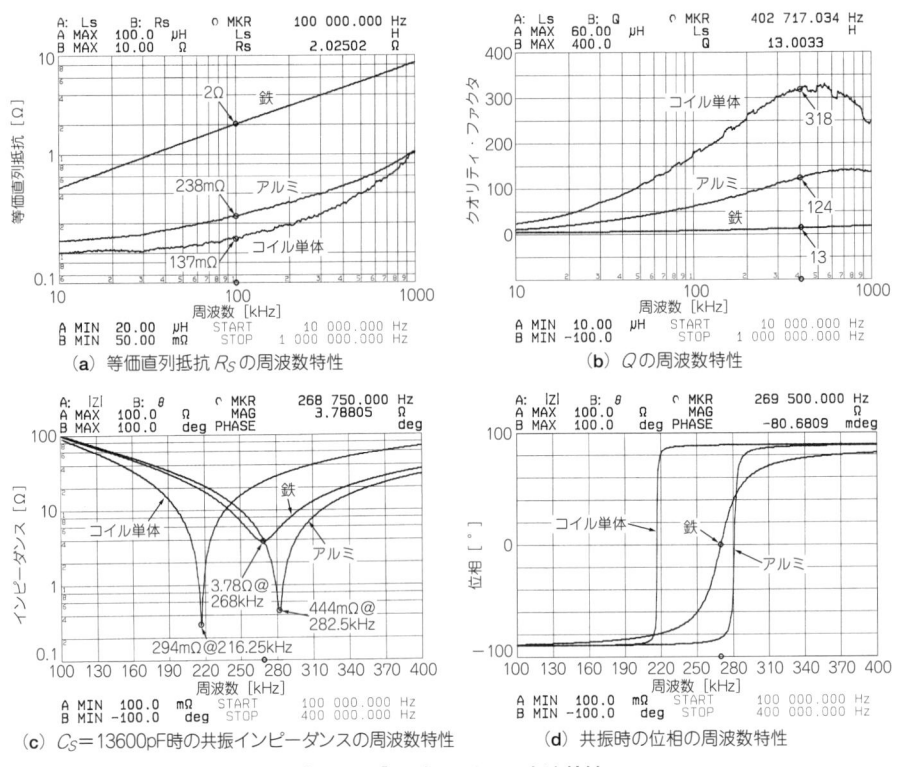

(d) 共振時の位相の周波数特性

[図 12-5] 平板コイルの交流特性

▶ Q の周波数特性

加熱用コイルの Q の周波数特性からも，駆動回路のスイッチング周波数の範囲を予測できます．

図 12-5(b) に示すのは平板コイル単体の Q の周波数特性です．測定周波数範囲は 10 k ～ 1 MHz です．

● 無負荷時

一番上の特性線「コイル単体」のとおり，金属がないとき最大になる周波数は 400 k ～ 500 kHz の範囲です．Q は 400 kHz で 318 です．

● アルミ鍋を近づけたとき

中央の特性線「アルミ」のとおり，アルミ製の鍋を近づけると，無負荷時と比較して 400 kHz で Q は 124 に低下しますが，この値では損失が発生しにくく，加熱しにくい条件です．

● 鉄鍋を近づけたとき

　一番下の特性線「鉄」のとおり，鉄製のフライパンなら，無負荷時と比較して大幅に Q が下がって，400 kHz ならば Q は 13 まで下がります．

　以上の結果から，コイルを駆動する周波数は，100 k 〜 400 kHz にするのが良さそうです．

　加熱効率の良いシステムは，無負荷のときに Q が大きく（R_S が小さく）なって損失を小さく抑え，金属が近づいたら Q が小さくなって（R_S が増大して），加熱のための損失が増大する必要があります．これは定電流駆動における電流 I と抵抗 R_S による損失となる発熱電力 $P = I^2 R_S$ からも判断できます．したがって，発振周波数を決めるときは，単に等価直列抵抗 R_S が大きくなる周波数ではなく，金属がないときの R_S との比率が大きい領域に設定するのが重要です．

● コイルを直列共振させると…

　高い Q を実現するために製作した加熱用平板コイルにコンデンサを直列接続し，直列共振しているときのインピーダンス周波数特性を見てみましょう．

　加熱用コイルと直列に，13600 pF のコンデンサ C_S（2×6800 pF）を接続して，LCR 直列共振させます．**図 12-5(c)** に，このときのインピーダンス周波数特性を示します．

　特性線「コイル単体」で示す，コイルに何も金属を近づけない無負荷時での共振周波数は 216.25 kHz，インピーダンスは 294 mΩ です．

　直列共振周波数 f_S は，次式で算出できます．

$$f_S = \frac{1}{2\pi\sqrt{L_S C_S}} \quad \cdots\cdots\cdots (12\text{-}2)$$

　金属が接近していないときの共振周波数 216.25 kHz から，インダクタンス L_S の値を逆算すると，

$$L_S = \frac{1}{\omega^2 C_S} \fallingdotseq 39.8\,\mu\text{H} \quad \cdots\cdots\cdots (12\text{-}3)$$

と求まります．

　鉄製のフライパンを近づけたときの共振周波数 f_S は 268.75 kHz，インピーダンスは 3.788 Ω です．このとき，L_S は 26.95 μH まで低下します．密着すると 15.86 μH に低下します．

　アルミ鍋を近づけたときは，共振周波数 f_S = 282.5 kHz，インピーダンスは 444 mΩ で，金属がないときのインピーダンスとほぼ等しく，加熱しにくい材料である

ことがわかります．このときの L_S は $23.52\,\mu\mathrm{H}$，密着で $6.18\,\mu\mathrm{H}$ まで下がります．

　駆動回路に組み込む PLL 回路は共振すると電圧と電流の位相差がゼロになることを利用しますが，検討用に共振周波数付近での位相特性も測定しておきます．**図 12-5(d)** が測定結果です．測定条件は**図 12-5(c)** と同じです．鉄製フライパンを接近させると LCR 直列共振回路の Q が低下するので，位相の推移がなだらかなカーブになっています．

● ソレノイド・コイルの交流特性

　缶コーヒーには大きい形状のものと小さい形状の 2 種類あります．大きいタイプは約 $\phi 66\,\mathrm{mm}$，小さいタイプは約 $\phi 53\,\mathrm{mm}$ ですが，製作したソレノイド・コイルの内径は，巻きボビン用に電線用巻き枠を利用したため，約 $\phi 90\,\mathrm{mm}$ と大きめです．駆動回路は同じものを使用したいので，製作したソレノイド・コイルでの特性も計測しておきましょう．

▶ 等価直列抵抗 R_S の周波数特性

　図 12-6(a) は，製作したソレノイド・コイルの等価直列抵抗 R_S の周波数特性です．傾向は前出の平板コイルと似ています．上のカーブはスチール缶(大)で，周波数 $100\,\mathrm{kHz}$ のとき $R_S \fallingdotseq 2.16\,\Omega$，$300\,\mathrm{kHz}$ のとき $R_S \fallingdotseq 4\,\Omega$ です．上から二つ目のカーブは，スチール缶(小)で，$100\,\mathrm{kHz}$ のとき $R_S \fallingdotseq 1.243\,\Omega$ です．アルミ缶(小)は周波数 $100\,\mathrm{kHz}$ で $330\,\mathrm{m\Omega}$，缶を挿入しないコイル単体の無負荷のときの R_S は $121\,\mathrm{m\Omega}$ でした．

▶ 直列共振させると…

　図 12-6(b) に示すのは，$C_S = 13600\,\mathrm{pF}$ を接続して直列共振させたときのソレノ

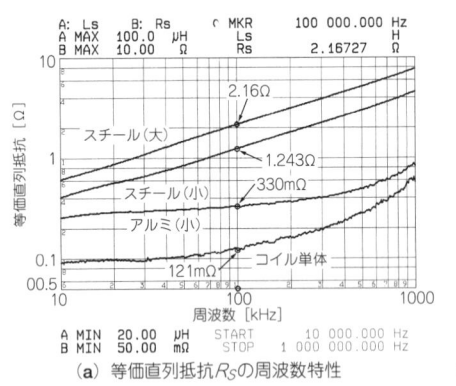

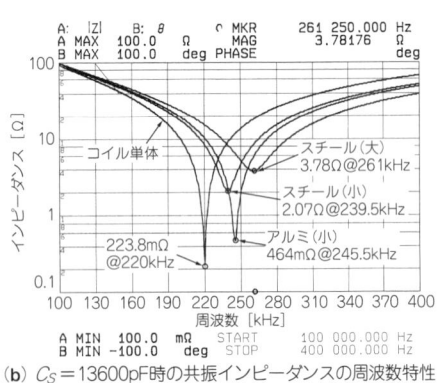

(a) 等価直列抵抗 R_S の周波数特性　　**(b)** $C_S = 13600\,\mathrm{pF}$ 時の共振インピーダンスの周波数特性

[図 12-6] ソレノイド・コイルの交流特性

イド・コイルでのインピーダンス周波数特性です．缶を挿入しないときの共振周波数 f_S は 220 kHz，インピーダンス Z は 233.8 mΩ，右側の共振しているときのカーブはスチール缶(小)で f_S = 239.5 kHz，Z = 2.07 Ω です．アルミ缶(小)の場合は，f_S = 245.5 kHz，Z = 464 mΩ です．スチール缶(大)の場合は，f_S = 261.25 kHz，Z = 3.78 Ω です．

12-3　高周波誘導加熱用発振器の製作

● 回路構成のあらまし

図 12-7 が，設計した高周波誘導加熱用発振器のブロック図です．PLL 回路(PSD…位相比較器と VCO…電圧制御発振器)と PWM 発生回路でループ制御を行い，ハーフ・ブリッジ出力回路で加熱用コイルを駆動します．

前述のように，コイルに金属などが接近するとコイルのインダクタンスが変化し，直列共振回路の共振周波数が変化します．そこで発振には PLL 回路を使って，共振周波数に自動的に追尾する発振回路とします．

PLL 回路はまずカレント・トランスからフィードバックした電流波形(電圧に変換)と，ドライブ電圧波形の位相を PSD で比較します．PSD 出力は共振時の位相がゼロになるまで VCO 回路を制御し，発振周波数が共振周波数になるように可変します．共振周波数になった PWM 波はゲート・ドライブ回路を通してパワー MOS 2SK1522 でスイッチングします．出力構成はハーフ・ブリッジ型としました．

ハーフ・ブリッジ出力回路の電源は商用電源 100V を全波整流し，そのまま使用します．ただし，直列共振回路の共振時はインピーダンスが大きく低下するので，

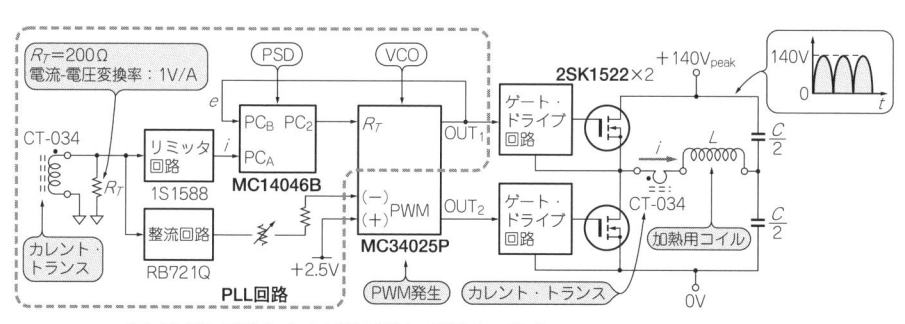

[図 12-7] **製作した高周波誘導加熱装置の構成**
PLL 回路と PWM 発生回路でループ制御を行い，ハーフ・ブリッジ出力回路で加熱用コイルを駆動し加熱する

大きな出力電流が流れてパワー MOS が破壊しないような対策が必要です．このため，コイルには一定電流を流すように，定電流制御を行います．定電流制御回路は，カレント・トランスのフィードバック電流を変換した電圧と比較し，PWM デューティ比を可変します．なお，このブロック図ではカレント・トランスは 2 個記載されていますが，1 個で 1 次側と 2 次側が別々に記載されています．

● ハーフ・ブリッジ出力回路と LC 直列共振回路の製作と動作の確認

図 12-8 は PWM 信号を入力とする絶縁ゲート・ドライブ回路，それに続くハーフ・ブリッジ出力回路と LC 直列共振回路を示します．この回路は後述の PWM 信号発生回路と PLL 回路に接続されます．

ハーフ・ブリッジ出力回路はスイッチング素子としてパワー MOS を使用し，LC 直列共振回路を構成する加熱用コイルを駆動し発熱させます．駆動回路用の電源電圧は，負荷時は無負荷時と比較して直列共振回路の R_S が増大するので，高め（140 V）に設定しておく必要があります．

ハーフ・ブリッジ出力にはカレント・トランス CT-034 を挿入して，加熱用コイルに流れる電流を検出しフィードバックします．フィードバック電流は，PWM デューティ比を可変することによりハーフ・ブリッジ出力を制御します．フィードバック電流は 1 A が 1 V になるように，CT 出力に 200 Ω を接続します．カレント・トランスを流れる電流波形は，加熱コイル L との LC 直列回路が共振していれば

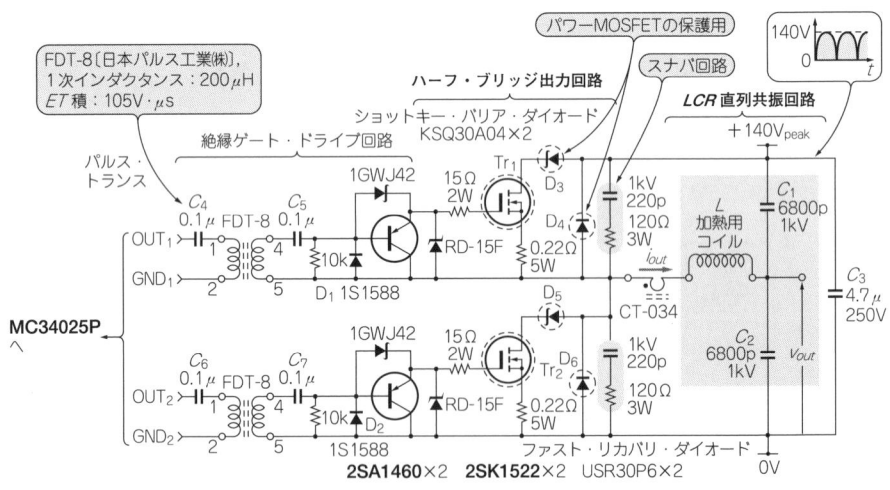

[図 12-8] 絶縁ゲート・ドライブ回路，ハーフ・ブリッジ出力回路，LC 直列共振回路

方形波電圧で駆動しても正弦波になります．

二つの共振用コンデンサ C_1，C_2 は一端を電源ラインに，もう一端をグラウンドに接続し，電源のバイパス・コンデンサとしても機能させます．電源と並列に接続する $4.7\,\mu\mathrm{F}$ のコンデンサ C_3 は，ハーフ・ブリッジ出力回路に近づけて配置します．

写真 12-2 に示すのは，LC 直列共振回路の電圧 v_{out} と加熱用コイルに流れる電流 i_{out} の波形です．本器の駆動回路用電源は，AC100V ラインを全波整流しただけで平滑していません．そのため，電圧と電流波形は 50 Hz の 2 倍，つまり 100 Hz で共振周波数の信号を変調しているように見えます．

写真 12-3 に示すのは，写真 12-2 の最大付近を拡大掃引（時間軸拡大）した波形です．オシロスコープのグラウンドを AC ラインの 0 V に接続して，共振コンデンサの端子電圧を観測しているので，電圧と電流の位相は 90°ずれています．コイ

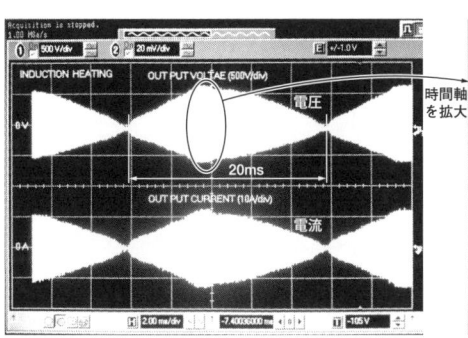

[写真 12-2] **加熱用コイルに加わる電圧と電流**
（上：500 V/div.，下：10 A/div., 2 ms/div.）
AC100V ラインを全波整流したものを共振周波数の信号で変調している

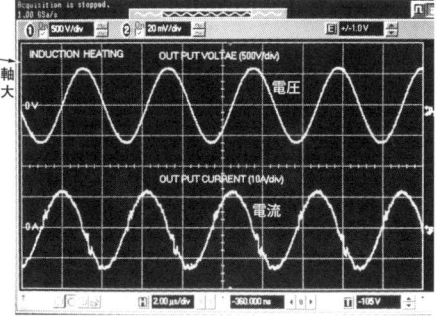

[写真 12-3] **加熱用コイルに加わる電圧と電流波形を拡大した**（上：500 V/div.，下：10 A/div., 2 μs/div.）
共振するとコイルの電圧と電流の位相差はゼロになるはずだが…

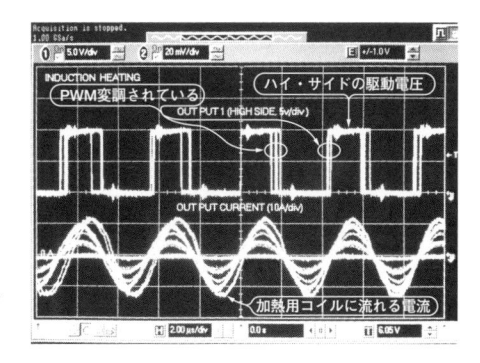

[写真 12-4] **ハイ・サイド駆動電圧と加熱用コイルに流れる電流**（上：5 V/div.，下：10 A/div., 2 μs/div.）

ル側の両端電圧と電流は位相が逆に−90°ずれるので，共振時の位相は相殺されゼロになります．

写真 12-4 に示すのは，ハーフ・ブリッジ回路のハイ・サイド駆動電圧（OUT_1）と，加熱用コイルに流れる電流波形です．100 Hz の周期で，パルス幅変調（PWM変調）されているのがわかります．

加熱用コイルにフライパンなどの負荷がないときは，加熱用コイルの等価直列抵抗 R_S が低下する（Q が増大）ので，出力段パワー MOS には大きなドレイン電流が流れます．そこで，定格ドレイン電流の大きなパワー MOS の 2SK1522（I_D = 50 A）を選択しました．ドレイン-ソース間の耐圧は，ハーフ・ブリッジ回路なので 200 V 以上あれば OK です．

この回路の負荷は LCR 直列共振回路なので，共振周波数から外れると電圧と電流の位相差が生じ，パワー MOS のソースからドレインに向かって電流が流れ，素子を破壊することがあります．このため出力回路には，保護用ダイオードや CR スナバ回路を付加しています．

● ゲート・ドライブ回路の製作と動作の確認

ゲート・ドライブ回路は後述する PWM 回路の OUT_1 と OUT_2（PWM 出力）からそれぞれ絶縁用パルス・トランス（FDT-8）を経由して入力します．この PWM 出力のデューティ比は 0 ％から 45 ％程度まで変化するので，図 12-8 に示した結合コンデンサ $C_4 \sim C_7$ とダイオード D_1，D_2 でクランプし，レベル・シフトしています．

パワー MOS のゲートを ON させるときは，$C_4 \sim C_7$ とパルス・トランス（FDT-8）のリーケージ・インダクタンスを経由してゲート-ソース間容量をチャージするので，立ち上がり時間は遅くなります．OFF させるときは，PNP トランジスタで

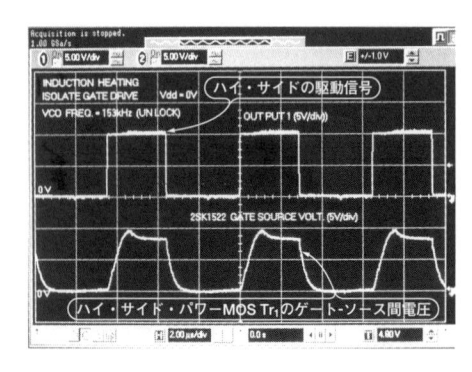

[写真 12-5] ハイ・サイド駆動電圧とパワー MOS のゲート-ソース間電圧（上下：5 V/div., 2 μs/div.）

高速にターン・オフすることができます．

写真 12-5 は，ハイ・サイド側のドライブ波形（PWM 出力）とパワー MOS のゲート-ソース間電圧波形です．ハイ・サイド側の波形観測なので，ハーフ・ブリッジ回路には電圧を加えていません．

● PLL 回路と PWM 回路のあらまし

図 12-9 は，電圧制御発振器 VCO と位相比較器 PSD で構成する PLL 回路と，定電流制御を行うための PWM 回路を示します．図 12-8 で示したハーフ・ブリッジ出力のカレント・トランスで検出した電流位相と，発振させた VCO 出力との位相を比較し，共振周波数になるよう追尾したドライブ出力 OUT_1，OUT_2 を図 12-8 に示した絶縁ゲート・ドライブ回路へ出力します．また，加熱用コイルから検出した電流量で PWM 出力のデューティ比を可変し，加熱用コイルに流れる電流を一定になるように制御します．

▶ PLL 回路-VCO…電圧制御発振器の製作

図 12-9 に示す PLL 回路の VCO は，電圧によって発振周波数を変化させます．この発振周波数の制御は第 9 章で紹介したスイッチング電源制御 IC MC34025P 内の発振回路を利用して実現します．MC34025P は，パワー MOS のゲートを直接駆動できるのでドライブ回路を簡素化できます．

発振周波数は C_T 端子に接続したコンデンサ C_8 とタイミング抵抗 R_T の一部を小信号 MOS 2SK982 のドレイン-ソース間抵抗 R_{DS} で変化させます．

VCO の発振周波数範囲は，前出の計測したコイルの共振周波数特性データからおよそ 200 k～300 kHz あれば可能です．しかし，加熱用コイルの自己インダクタンスや直列共振コンデンサの値にある程度の自由度をもたせて，さらに 2 倍程度の可変範囲とします．

VCO の発振周波数範囲は R_T 端子に接続した $R_{\min}$ と $R_{\max}$ で設定します．MC34025P の仕様から発振周波数の範囲はタイミング・コンデンサ C_8 を 470 pF にすると，$R_{\min}=10\,\mathrm{k}\Omega$，$R_{\max}=5\,\mathrm{k}\Omega$ のとき約 160 k～380 kHz で発振します．

▶ PLL 回路-PSD 回路…位相検出器の製作と動作の確認

図 12-9 における PLL 回路の PSD 回路は，二つの信号の位相差を検出して，差に比例した電圧を出力します．位相検出器 PSD は，汎用の PLL IC MC14046B を使用して，回路の簡素化を図ります．この IC は PC_A と PC_B 端子の位相を比較し，その差を PC_2 として出力するものです．

MC14046B の動作電源は +5 V で使用します．理由は VCO 用の可変抵抗として

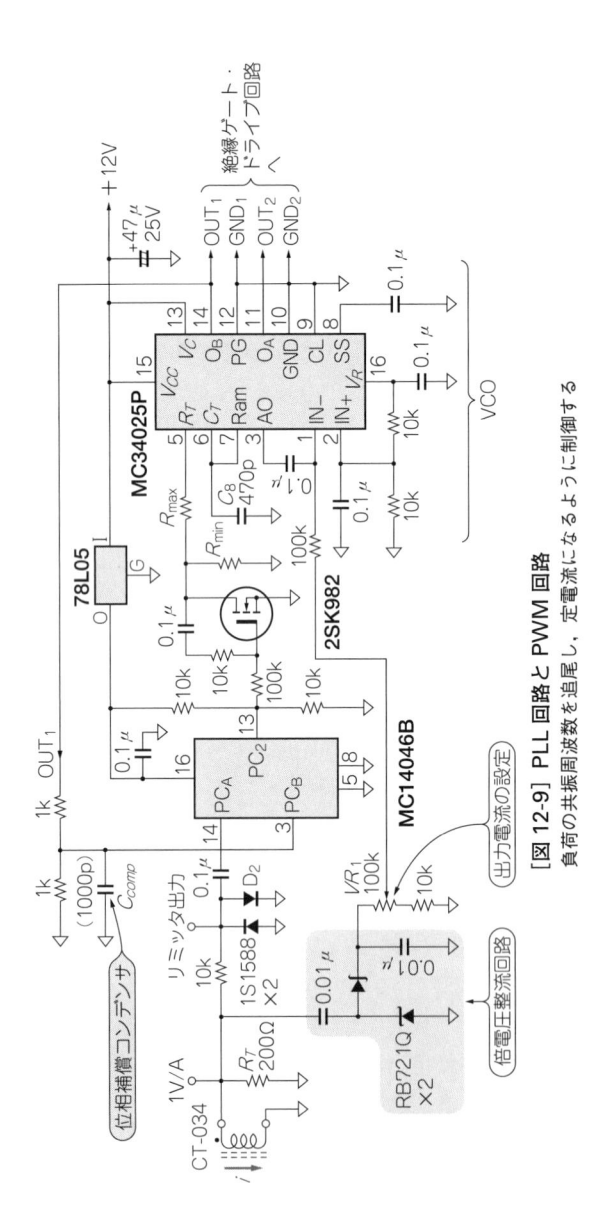

[図12-9] PLL回路とPWM回路
負荷の共振周波数を追尾し、定電流になるように制御する

使用する小信号 MOS (2SK982) のゲート・スレッショルド電圧が約 2.5 V なので，位相コンパレータ出力 PC_2 とインターフェースをしやすくするためです．なお，高速動作の 74HC4046 も使用できますが，この回路のスイッチング周波数は数百 kHz なので，汎用の MC14046B で十分です．

共振時の加熱用コイルを流れる出力電流は数 A になります．ハーフ・ブリッジ出力のカレント・トランス CT-034 の検出結果となる出力側には終端抵抗 R_T を 200 Ω を接続して，1 A の電流を 1 V 電圧に変換します．これは次に述べる定電流制御回路で必要になります．

位相検出器 PSD の PC_A 入力端子には，コンデンサ結合でカレント・トランスで検出したフィードバック信号を入力します．入力信号は，位相情報のみ使用するのでダイオード・リミッタで ±0.6 V にリミットしています．

位相検出器 PSD の PC_B 入力端子は CMOS レベルなので，MC34025P のハイ・サイド側 PWM 出力 (OUT_1) を抵抗分圧で約 5 V_{peak} に降下して使用します．加熱用コイルに流れる検出電流は少し遅れるので，位相補償コンデンサ C_{comp} を追加して PWM 駆動電圧を遅らせて補償します．位相補償コンデンサの容量は，位相ロックしたときの電圧と電流波形を観測して，とりあえず 1000 pF としました．LC 直列共振回路の関係で周波数を変更する場合は，容量を調整します．

f = 300 kHz のとき，位相遅れが 45° になる位相補償容量は，

$$C_{comp} = \frac{1}{2\pi R \cdot f} = \frac{1}{6.28 \times 500 \times 300 \times 10^3} \fallingdotseq 1061 \text{ pF}$$

から，約 1000 pF です．R = 500 Ω は PWM 駆動電圧の分圧抵抗 (並列 1 kΩ) です．

写真 12-6 は，カレント・トランス CT-034 の出力電圧とダイオード・リミッタ出力波形 (リミッタ出力) を測定したもので，加熱用コイルに流れる電流が変調され

[写真 12-6] カレント・トランスの出力とダイオード・リミッタ出力 (上：5 V/div., 下：0.5 V/div., 2 μs/div.)
リミッタ出力は加熱用コイルに流れる電流を ±0.6 V にリミットしているのがわかる

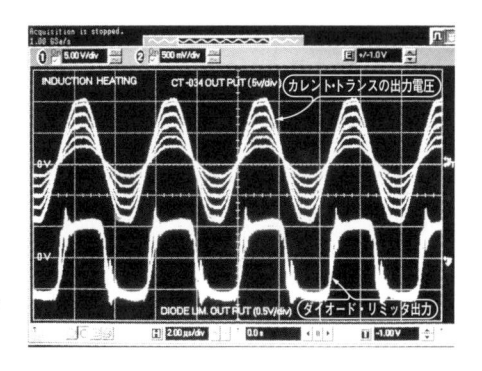

ているにもかかわらず，±0.6 V にリミットされていることがわかります．

● 定電流制御回路の製作

　発振周波数固定でコイルを駆動すると，コイルを流れる電流はアルミ材を接近したとき，LCR 直列共振回路のインピーダンスが大きく低下し，大きな出力電流が流れます．またコイルの電流は，金属を接近させないときの共振周波数に発振周波数を合わせても同じ結果になります．したがって対策を考慮しておかないと，ドライブするパワー MOS が破壊されてしまいます．

　そこで，図 12-9 に示した定電流制御回路にも第 11 章で紹介した超音波発振器と同じように，MC34025P による定電流制御方式を採用します．加熱用コイルに流れる電流検出は，カレント・トランス CT-034 の出力(1 A = 1 V)にショットキ・バリア・ダイオード(SBD)を使用した倍電圧整流回路で，直流電圧に変換します．この電圧(検出電流変換値)との比較のための基準電圧は，MC34025P に内蔵された基準電圧 V_{ref} が +5 V なので，これを抵抗分割して +2.5 V にして使います．

　加熱コイルへの出力電流の可変は，MC34025P 内蔵のエラー・アンプで PWM 出力のデューティ比を可変することにより実現します．つまり，共振してインピーダンスが下がった場合は電流を増加しないようにコイルをドライブする電圧を下げます(PWM 出力のデューティ比を小さくする)．出力電流の設定は，倍電圧整流回路の電圧値を分割する可変抵抗器 VR_1 で行います．

● 電源回路の製作と動作の確認

　電源回路は，商用電源 100 V を全波整流したものと +12 V 安定化電源を使用します．図 12-10 に示す電源回路は，回路用の +12 V 安定化電源とハーフ・ブリッジに供給する +140 V 非安定・非平滑の電源回路です．

　ハーフ・ブリッジ供給用の 140 V 電源は大容量アルミ電解コンデンサを使って平滑してもかまいませんが，大容量コンデンサを使うと大きな突入電流が流れます．ここでは，4.7 μF のフィルム・コンデンサ C_9 を使ったので，AC ON 時の突入電流は無視できます．電源へのトータルのコンデンサ容量は，ハーフ・ブリッジ回路の電源端子に C_3(4.7 μF)を付加しているので 9.4 μF です．

　140 V 電源に使用しているインダクタ L_2 は，ハーフ・ブリッジ出力回路のノイズが AC ラインに逆流しないように挿入し，ノーマル・モード・フィルタ回路を構成しています．

　AC 100 V 入力側にはコモン・モード・チョーク L_1 を挿入しています．**写真 12-**

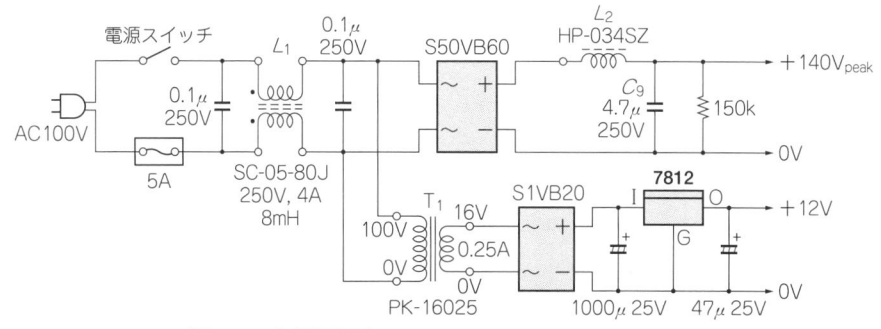

[図 12-10] 電源回路
電源は回路用＋12 V 安定化電源と＋140 V 非安定・非平滑電源

[写真 12-7] 対称π型のノイズ・フィルタの一例

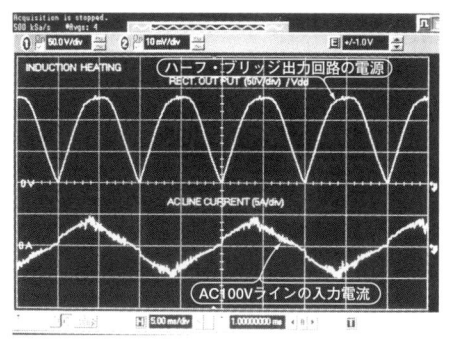

[写真 12-8] ハーフ・ブリッジ回路用電源電圧とAC 100 Vラインに流れる電流(上：50 V/div.，下：5 A/div.，5 ms/div.)
ハーフ・ブリッジ回路へ供給電源は 140 V の平滑されていない全波整流波形となる

7 に示すのが対称π型フィルタのノイズ・フィルタの一例です．

＋12V の安定化電源の負荷電流は約 150 mA 程度です．商用電源(50/60 Hz)用のトランスを使用し，整流・平滑して，3 端子レギュレータ(7812)で安定化します．

写真 12-8 に示すのは，ハーフ・ブリッジ回路に加えた電源電圧波形と，AC 100 V ラインに流れる電流波形です．ハーフ・ブリッジ回路へ供給する電源は，140 V の平滑されていない全波整流波形であることがわかります．

● 高周波誘導加熱装置の評価

最後に完成した IH システム(高周波誘導加熱装置)の性能評価を行います．

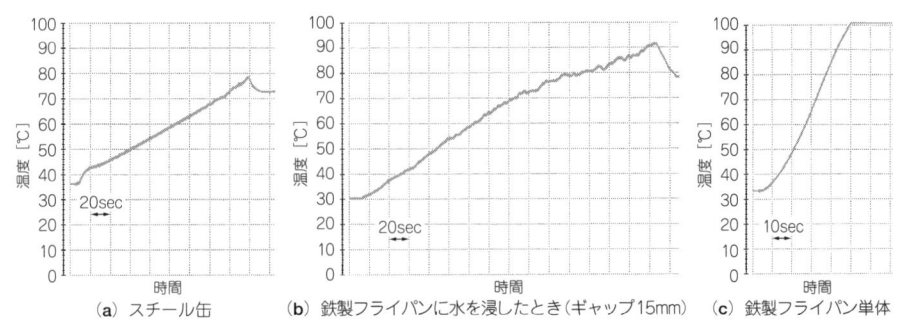

（a）スチール缶　　（b）鉄製フライパンに水を浸したとき（ギャップ15mm）　　（c）鉄製フライパン単体

[図12-11] 製作した高周波誘導加熱装置の加熱性能

　最初は小形スチール缶に水を満タンに入れたときです．図12-11（a）にそのときの温度上昇特性を示します．温度センサは缶の中に挿入して測定しました．ACラインから供給される電力は約250Wです．ACラインの電流が2.5Aになるよう，可変抵抗器 VR_1 を設定しました．特性図の最後で下がっているのは水の温度が上がったので電源スイッチを切ったためで，意味はありません．

　図12-11（b）は，鉄のフライパンに水を浸したときの温度上昇特性です．加熱用コイルとのギャップは，最大電力が供給できる15mmにしています．ここでも特性図の最後で下がっているのは温度が上がったので，電源スイッチを切ったためです．

　図12-11（c）は，フライパン単独の温度上昇特性です．水を入れていないので，いわゆる空焚きを行ったものです．常温から100℃まで到達する時間は約40秒でした．

参考・引用*文献

- (1)* 内田敬人；パワー MOSFET の世代による特性変化と並列接続ノウハウ，「トランジスタ技術」1999 年 3 月号，CQ 出版㈱
- (2)* 山口　覚；パワー MOSFET の種類と構造，トランジスタ技術編集部編「パワー MOSFET の実践活用法」，CQ 出版㈱
- (3)* ㈱東芝；東芝パワー MOSFET VS-6 シリーズ・カタログ，
- (4)* 山口　覚；各種パラメータの意味と特性，トランジスタ技術編集部編「パワー MOSFET の実践活用法」，CQ 出版㈱
- (5)* 日本電気㈱；2SK811 データ・シート
- (6)* インターナショナルレクティファイアー社；IR2121 データ・シート
- (7)* インターナショナルレクティファイアー社；IR2110 データ・シート
- (8)* 日本パルス工業㈱；パワー MOSFET 駆動用 TF シリーズ・パルス・トランス・カタログ
- (9)* 漆原健彦，青木英彦，野沢重喜；2004/2005 最新 FET 規格表，CQ 出版㈱
- (10)* 日本電気㈱；2SJ331 データ・シート
- (11)* 日本電気㈱；μPC1909C データ・シート
- (12)* 日本電気㈱；μPC1099CX データ・シート
- (13)* TDK ㈱；スイッチング電源用フェライト PQ コア，テクニカル・データ
- (14)* 東光㈱；TK83854 データ・シート
- (15)* オン・セミコンダクター㈱；MC34025P データ・シート
- (16)* 日本電気㈱；μPC1094C データ・シート
- (17)* インターナショナルレクティファイアー社；IR2111 データ・シート
- (18) トランジスタ技術編集部編；「パワー MOSFET の実践活用法」，CQ 出版㈱
- (19) 稲葉　保；アナログ技術センスアップ 101，CQ 出版㈱

索引

【アルファベット】

1次側制御 —— 207
1次側制御コントローラ —— 193
2SC2983 —— 016
2SJ114 —— 161, 168, 252
2SJ331 —— 154
2SK1168 —— 085, 113, 119, 267
2SK1499 —— 028, 037, 051, 056, 114, 131, 139, 140, 224
2SK1522 —— 213, 219, 293
2SK1988 —— 195, 198, 205
2SK1994 —— 028, 035
2SK2135 —— 231
2SK2428 —— 030
2SK2778 —— 030
2SK3462 —— 016
2SK400 —— 161, 168
2SK739 —— 225
2SK811 —— 028, 036, 114, 124, 266
2SK982 —— 297
2次 LC ローパス・フィルタ —— 246
2次降伏 —— 068
2石スイッチング回路 —— 063
6N137 —— 098, 103
ACライン・フィルタ —— 218
ACラインの電流波形 —— 232
A級アンプ —— 234
BLT —— 256
BTLアンプ —— 245
B級アンプ —— 234
C_{iss} —— 021, 033, 049, 088, 092
C_{oss} —— 033
CRD回路 —— 124
CRDスナバ回路 —— 147
C_{rss} —— 034
CRスナバ —— 125, 224, 229
CR直列回路 —— 125
CT-034 —— 134, 158, 185, 263, 274, 300
CTR —— 096
C級アンプ —— 235
DC-DCコンバータ —— 191
D級アンプ —— 235
EI-50コア —— 165
EI-60/PC-40 —— 146
ET積 —— 079
FCH10A15 —— 199
FDT-8 —— 296
FRD —— 065, 115, 116, 222
HP-035Z —— 224
I_D —— 046
IGBT —— 099
IH —— 285
IR2110 —— 122, 153
IR2111 —— 101, 153, 281
IR2121 —— 072, 131
IRFP22N50A —— 115, 182
JFET —— 021
KSQ60A04B —— 115
LCR直列共振回路 —— 263
LC共振回路 —— 286
LCトラップ —— 247
LCフィルタ —— 246
LM393N —— 282
LR直列回路 —— 125
LR微分回路 —— 087
LSI製造技術 —— 018
MC14046B —— 297
MC34025 —— 225, 258, 271, 297

MOSFET —— 019
Nチャネル・エンハンスメント型 —— 023
Nチャネル・パワーMOS —— 163
Pチャネル・パワーMOS —— 151
Pch MOS —— 023
PFC —— 210
PLL —— 257
PNPトランジスタ —— 054, 086
PQ20/16 —— 200
PSD —— 258
PWM —— 063, 171
PWM制御 —— 192
PWMパワー・アンプ —— 235
Q_G —— 037
$R_{DS(on)}$ —— 029, 047, 049
RL直列回路 —— 130
SBD —— 116, 222
SF10JZ47 —— 279
$t_{d(off)}$ —— 031
$t_{d(on)}$ —— 031
t_f —— 031
TF-B1 —— 165
TF-C1 —— 180
TF-C2 —— 225
TF-C3 —— 084
TK75050 —— 103
TK83854 —— 213
TL082 —— 225
TLP250 —— 099
TLP521 —— 096, 148, 149
TLP552 —— 098
TLP559 —— 097, 100, 101
t_{off} —— 031
t_{on} —— 031
t_r —— 031
t_{rr} —— 031
UC3825 —— 225
UC3854 —— 213
USR30P6 —— 115, 216
$V_{(BR)DSS}$ —— 047
V_{BE}マルチプライヤ回路 —— 168

VCO —— 257, 271
V_{DSS} —— 047
$V_{GS(th)}$ —— 028, 042, 047
$|y_{fs}|$ —— 047
μPC1094C —— 092, 276
μPC1099CX —— 193, 237, 244
μPC1909C —— 180
μPD5201 —— 178
π型フィルタ —— 186

【ア行】
アイソレーション —— 077
アドミタンス —— 261, 278
アナログ・スイッチ —— 105
アナログ・テスタ —— 024
アバランシェ —— 109
アバランシェ時間 —— 110
アバランシェ電流 —— 142
アバランシェ破壊 —— 109
アラーム信号 —— 144
位相検出器 —— 297
位相推移特性 —— 265
位相比較回路 —— 272
位相比較器 —— 258
インダクタンス —— 057
インピーダンス・アナライザ —— 034, 260
インピーダンス整合 —— 258
インピーダンス変換 —— 066
インラッシュ電流 —— 189
エネルギ破壊 —— 110
エミッタ・フォロワ —— 096
エミッタ・フォロワ回路 —— 055
エラー出力端子 —— 075
エリプティック —— 239
エンハンスメント型 —— 019, 023
応答遅延用コンデンサ —— 145
オーバ・ドライブ —— 041, 042, 056, 156
オープン・コレクタ —— 096
オフ時間 —— 031, 042
オフ遅延時間 —— 031
オン・ボード型DC-DCコンバータ
　—— 095

オン時間 —— 031
オン遅延時間 —— 031
オン抵抗 —— 016, 029, 038, 047, 049, 109, 173
オン抵抗の温度特性 —— 045
温度異常 —— 127

【カ行】

過電圧 —— 127
過電圧保護回路 —— 142
過電流 —— 126, 285
過電流検出 —— 282
過電流検出回路 —— 197
過電流検出抵抗 —— 070, 197
過電流検出電流 —— 206
過電流センシング —— 128
過電流保護 —— 068, 089, 185
過電流ラッチ回路 —— 195, 206
過電力 —— 127
ガラス管ヒューズ —— 140
カレント・トランス —— 133, 185, 300
カレント・プローブ —— 052, 114, 118, 136, 158, 202
カレント・ミラー回路 —— 037
間欠動作 —— 205
貫通電流 —— 112, 122
感電 —— 138
機械的振動子 —— 259
帰還容量 —— 034
擬似的な接地 —— 163
寄生バイポーラ・トランジスタ —— 109
寄生発振 —— 041
起動抵抗 —— 198
絹巻き線 —— 269
逆回復時間 —— 031, 111, 222
逆回復電荷量 —— 112
共振 —— 125
共振インピーダンス —— 258
共振用ホーン —— 262
強制空冷用ファン・モータ —— 127
金属板抵抗器 —— 129, 133, 217
クオリティ・ファクタ Q —— 201, 203

グラウンドを絶縁 —— 166
クロスオーバひずみ —— 168
ゲート・カットオフ電圧 —— 028
ゲート・スレッショルド電圧 —— 027, 042
ゲート・チャージ —— 037
ゲート・ドライブ —— 049, 092
ゲート・ドライブ IC —— 101
ゲート・ドライブ回路 —— 100, 160
ゲート・ドライブ電力 —— 041
ゲート・ドライブ用トランス —— 165
ゲート・バイアス —— 170
ゲートしきい値電圧 —— 027
ゲート直列抵抗 —— 029, 041, 043, 050, 055, 101, 127
ゲート電流波形 —— 051
ゲート内部抵抗 —— 046
ゲート入力電荷 —— 037
ゲート入力容量 —— 021, 030
コアの実効断面積 —— 200
降圧型コンバータ —— 174
高周波誘導加熱 —— 285
高速駆動 —— 079
高速ゲート・ドライブ回路 —— 054, 103
高速リカバリ・ダイオード —— 065
高耐圧 —— 044
高調波 —— 184
高調波ノイズ —— 212
交流安定化電源 —— 189
交流スイッチ —— 176
小形トロイダル・コア —— 089
小形トロイダル・コイル —— 253
故障率 —— 127
誤ターン・オン —— 123
コモン・モード・チョーク —— 281
コモン・モード・フィルタ —— 218
固有デバイス容量 —— 258
コンデンサ入力型整流回路 —— 137, 212
コンプリメンタリ・スイッチング —— 160
コンプリメンタリ・ハーフ・ブリッジ出力回路 —— 168
コンプリメンタリ・プッシュプル —— 157

コンプリメンタリ・ペア —— 161
コンプリメンタリ回路 —— 152
コンプリメンタリ型ハーフ・ブリッジ —— 164
コンプリメンタリ接続 —— 092

【サ行】
サージ —— 145
サージ電圧 —— 109, 127, 142, 206
サイクル・バイ・サイクル —— 226
最新FET規格表 —— 151
最大磁束密度 —— 200, 202
最大デューティ比 —— 196
最大ドレイン電流 —— 046
サグ —— 134
雑音端子電圧 —— 186
三角波回路 —— 251
磁気飽和 —— 193, 198, 202
磁気飽和防止 —— 146
自己共振 —— 062
自動制御 —— 283
しゃ断周波数 —— 160
シャットダウン —— 075
ジャンクションFET —— 019
シュート・スルー —— 032
ジュール熱 —— 286
出力電圧応答 —— 232
出力トランス —— 165
出力ノイズ —— 206
出力容量 —— 033
出力リプル電圧 —— 199
純抵抗 —— 057
昇圧コンバータ回路 —— 060
昇圧動作 —— 269
ショットキ・バリア・ダイオード —— 053, 089, 116, 199, 244
スイッチング・トランス —— 060, 193, 200
スイッチング周波数 —— 109
スイッチング損失 —— 045, 108
スイッチング波形 —— 161
ステップ・ダウン・コンバータ —— 174

スナバ回路 —— 062, 124, 146, 149, 200, 206
スピード・アップ・コンデンサ —— 016, 101
スライダック —— 172
スレッショルド電圧 —— 016, 118
整合回路 —— 262
静電破壊 —— 108
静電容量 —— 050
絶縁ゲート・ドライブ —— 077, 103, 112, 266
絶縁トランス —— 166
絶縁補助電源 —— 094
絶縁用パルス・トランス —— 296
接地 —— 108
セメント抵抗 —— 129
セラミック共振子 —— 259
ゼロ・クロス —— 169
センス電圧 —— 133
ソース接地回路 —— 063
ソース接地プッシュプル回路 —— 064
ソース抵抗 —— 118
ソフト・スタート —— 188, 218, 277
ソレノイド・コイル —— 287, 292

【タ行】
ターン・オフ —— 027, 050, 086, 097, 109
ターン・オフ・ディレイ —— 122
ターン・オフ時間 —— 052, 094
ターン・オン —— 027, 032, 109
ターン・オン時間 —— 094
耐圧破壊 —— 142
ダイオード・クランプ —— 083
対称PWM —— 136
大電力・高速スイッチング —— 077
大電力アナログ・スイッチ —— 175
多数個並列接続 —— 092
立ち上がり時間 —— 031
立ち下がり時間 —— 031
単極性パルス —— 135
単信号アバランシェ耐量 —— 110

短絡電流 —— 032
チェビシェフ —— 238
蓄積エネルギ —— 110
蓄積時間 —— 019
超音波 —— 255
超音波振動子 —— 255
超音波発振器 —— 255
チョーク入力型 —— 136
直列共振 —— 288
直列変換 —— 259
チョッピング波形 —— 179
地絡 —— 066
ツイスト・ペア —— 058
ツェナ・ダイオード —— 143
ツェナ電圧 —— 143
定K型LCローパス・フィルタ —— 186
低オン抵抗 —— 044
低ゲート・チャージ —— 045
抵抗負荷 —— 027
ディスチャージ回路 —— 230
定電流回路 —— 272
定電流制御 —— 267, 277, 300
デッド・タイム —— 066, 102, 105, 121, 147, 185, 187, 270
デッド・タイム設定回路 —— 165
デプレッション型 —— 019, 023
デューティ比 —— 018, 080, 087, 171, 172, 192
電圧温度係数 —— 143
電圧可変型スイッチング電源 —— 209
電圧駆動素子 —— 021
電圧制御 —— 171
電圧制御発振器 —— 297
電気的ストレス —— 107
電極間容量 —— 034
電源ライン・スイッチ —— 155
電子式トランス —— 174
電子の移動度 —— 023
電子ヒューズ —— 140
電流駆動素子 —— 019
電流制限 —— 139

電流センス抵抗 —— 131, 227
電流センス電圧 —— 131
電流破壊 —— 110
電流ブースタ —— 092
電力損失 —— 118, 133
電力用抵抗器 —— 129
電力を伝送 —— 079
出力リプル電圧 —— 199
等価直列抵抗 —— 199, 247, 259, 262
同期整流 —— 102, 105, 193
同時ON —— 270
同時スイッチング —— 032
銅箔の厚さ —— 120
トータル・ゲート・チャージ —— 037
突入電流 —— 137, 141, 189, 221, 300
突入電流制限回路 —— 138, 279
トランジスタ —— 015
トランスが飽和 —— 196
トランスのリセット —— 198
ドレイン電流アンバランス —— 117
トロイダル・コア —— 159

【ナ行】
内部ゲート直列抵抗 —— 039, 043
入力トランス —— 165
入力容量 —— 033, 049, 088, 092
ノーマル・モード・フィルタ —— 186

【ハ行】
ハーフ・ブリッジ —— 065, 105, 102, 121, 187, 224
ハーフ・ブリッジ型パワー・スイッチング回路 —— 267
ハーフ・ブリッジ出力回路 —— 116, 136, 163, 211
ハーフ・ブリッジ用絶縁ドライブ回路 —— 084
ハイ・サイド —— 064
ハイ・サイド・ゲート・ドライブ回路 —— 067
ハイ・サイド・スイッチング —— 153
ハイ・サイド・ドライブ —— 066, 095, 243

ハイ・パワー化 —— 117
配線インダクタンス —— 044
配線材 —— 058
配線パターン —— 120
バイファイラ巻き —— 089
バイポーラ・トランジスタ —— 015
バタワース —— 238
バタワース型 LC フィルタ —— 236
パターン・インダクタンス —— 119
発熱 —— 127
パルス・ジェネレータ —— 028
パルス・トランス —— 077, 078, 153, 180
パルス・バイ・パルス —— 226
パルス・バイ・パルス動作 —— 069
パルス幅変調 —— 063, 171
パワー・スイッチング回路 —— 266
パワー MOS ドライブ IC —— 103
パワー MOS の並列接続 —— 117
パワー用インダクタ —— 224
半導体スイッチ —— 178
ピーク・ホールド —— 069
ひげノイズ —— 132
微細化技術 —— 018
皮相電力 —— 212
非絶縁型可変電源 —— 101
非絶縁チョッパ —— 196
微分トランス —— 087
微分波形 —— 131
表皮効果 —— 285
ファスト・リカバリ・ダイオード —— 115, 116
フィルム・コンデンサ —— 270
ブートストラップ —— 067
ブートストラップ回路 —— 102
フェライト・コア —— 193, 200
フェライト・ビーズ —— 050, 127
フォト・カプラ —— 077, 094, 178, 199
フォト・カプラ出力 —— 149
フォト MOS リレー —— 176, 178
フォワード・コンバータ —— 060, 084, 191
負荷オープン検出回路 —— 145, 147

負荷がオープン —— 142
負荷短絡 —— 068
不感帯 —— 165, 167
プッシュプル —— 152
プッシュプル・エミッタ・フォロワ —— 028
プッシュプル回路 —— 079
プッシュプル出力回路 —— 145
プッシュプル・スイッチング回路 —— 064
フライバック効果 —— 220
フライバック方式 —— 197
プライマリ・コントローラ —— 193
プライマリ・コントロール —— 207
フリー・ホイール・ダイオード —— 065
ブリーダ抵抗 —— 229
ブリーダ抵抗器 —— 230
フル・ブリッジ回路 —— 065
ブレーク・ダウン —— 059
平滑用チョーク・コイル —— 199
平滑用電解コンデンサ —— 199
平板コイル —— 287, 289
ベッセル —— 238
変換効率 —— 170
放射ノイズ —— 127
放出エネルギ —— 111
放電用抵抗 —— 230
放熱 —— 127
放熱設計 —— 108
飽和損失 —— 108
ホーン —— 256
保護回路 —— 245
ボディ・ダイオード —— 025, 059, 105, 111, 115, 177
ボディ・ダイオードの逆回復時間 —— 084, 085
ボルト締めランジュバン型振動子 —— 255

【マ行】
マイクロメタル社 —— 050
巻き線抵抗器 —— 129
見かけ上の入力容量 —— 050
脈流電圧波形 —— 213

ミラー効果 —— 034, 042, 047, 050, 055
向かい合わせ構造 —— 120
【ヤ行】
有効電力 —— 212
誘導加熱 —— 285
【ラ行】
ラグ・リード型ループ・フィルタ —— 276
ランジュバン型振動子 —— 255
リアクタンス負荷 —— 258
リーケージ・インダクタンス —— 060, 081
力率 —— 212
力率コントローラ —— 213
力率補正回路 —— 210
リセット —— 086
リセット回路 —— 193
リッツ線 —— 287

リッツ・ワイヤ —— 269
リニア動作 —— 168, 170
リプル電圧 —— 247
リンギング —— 125
リンギング電圧 —— 145
リンギング波形 —— 149
ループの応答時間 —— 283
連続アバランシェ耐量 —— 111
ロー・サイド —— 064
ロー・サイド・ゲート・ドライバ —— 072
ロー・サイド・ゲート・ドライブ回路
　　　—— 053, 068
ロー・サイド・ドライブ —— 243
ロード・スイッチ —— 023, 066, 153
ローパス・フィルタ —— 171, 186, 248

〈著者略歴〉

稲葉　保（いなば・たもつ）

1948 年	千葉県に生まれる
1968 年	国立仙台電波高等学校 専攻科卒業
1968 年	第 1 級無線通信士資格取得
1971 年	原電子測器㈱入社
1974 年	同社退社
1976 年	㈱日本サーキット・デザイン設立
	現在同社代表取締役

著　書　　発振回路の完全マスター（日本放送出版協会）
　　　　　アナログ回路の実用設計（CQ 出版）
　　　　　精選アナログ実用回路集（CQ 出版）
　　　　　電子回路のトラブル対策ノウハウ（共著，CQ 出版）
　　　　　定本　発振回路の設計と応用（CQ 出版）
　　　　　波形で学ぶ電子部品の特性と実力（CQ 出版）
　　　　　アナログ技術センスアップ 101（CQ 出版）　　他

●本書記載の社名,製品名について —— 本書に記載されている社名および製品名は,一般に開発メーカーの登録商標です.なお,本文中では™,®,©の各表示を明記していません.

●本書掲載記事の利用についてのご注意 —— 本書掲載記事は著作権法により保護され,また産業財産権が確立されている場合があります.したがって,記事として掲載された技術情報をもとに製品化をするには,著作権者および産業財産権者の許可が必要です.また,掲載された技術情報を利用することにより発生した損害などに関して,CQ出版社および著作権者ならびに産業財産権者は責任を負いかねますのでご了承ください.

●本書に関するご質問について —— 文章,数式などの記述上の不明点についてのご質問は,必ず往復はがきか返信用封筒を同封した封書でお願いいたします.ご質問は著者に回送し直接回答していただきますので,多少時間がかかります.また,本書の記載範囲を越えるご質問には応じられませんので,ご了承ください.

●本書の複製等について —— 本書のコピー,スキャン,デジタル化等の無断複製は著作権法上での例外を除き禁じられています.本書を代行業者等の第三者に依頼してスキャンやデジタル化することは,たとえ個人や家庭内での利用でも認められておりません.

[JCOPY] 〈出版者著作権管理機構委託出版物〉
本書の全部または一部を無断で複写複製(コピー)することは,著作権法上での例外を除き,禁じられています.本書からの複製を希望される場合は,出版者著作権管理機構(TEL:03-5244-5088)にご連絡ください.

パワーMOS FET活用の基礎と実際

2004年11月1日　初版発行　© 稲葉 保 2004
2024年11月1日　第11版発行

著　者　稲葉　保
発行人　櫻田洋一
発行所　CQ出版株式会社
　　　　〒112-8619 東京都文京区千石4-29-14
電話　　出版　03-5395-2148
　　　　販売　03-5395-2141

編集担当　蒲生 良治
DTP　㈲新生社
印刷・製本　三晃印刷㈱

乱丁・落丁本はご面倒でも小社宛お送りください.送料小社負担にてお取り替えいたします.
定価はカバーに表示してあります.
ISBN978-4-7898-3038-6
Printed in Japan